U0274369

航天科技图书出版基金资助出版

通信卫星星座系统
频率干扰分析基础

刘慧梁 孙 茜 蔡亚星 著

中国宇航出版社

·北京·

版权所有　侵权必究

图书在版编目（ＣＩＰ）数据

通信卫星星座系统频率干扰分析基础 / 刘慧梁，孙茜，蔡亚星著 . -- 北京 : 中国宇航出版社，2024.2

ISBN 978 - 7 - 5159 - 2263 - 8

Ⅰ.①通… Ⅱ.①刘… ②孙… ③蔡… Ⅲ.①通信卫星－信息系统－频率－分析 Ⅳ.①V474.2

中国国家版本馆 CIP 数据核字（2023）第 133026 号

责任编辑	赵宏颖		**封面设计**	王晓武

出　版
发　行　中国宇航出版社

社　址	北京市阜成路 8 号　**邮　编**　100830		**版　次**	2024 年 2 月第 1 版
	（010）68768548			2024 年 2 月第 1 次印刷
网　址	www.caphbook.com		**规　格**	787×1092
经　销	新华书店		**开　本**	1/16
发行部	（010）68767386　　（010）68371900		**印　张**	15.75　**彩　插**　9 面
	（010）68767382　　（010）88100613（传真）		**字　数**	397 千字
零售店	读者服务部　　（010）68371105		**书　号**	ISBN 978 - 7 - 5159 - 2263 - 8
承　印	北京中科印刷有限公司		**定　价**	98.00 元

本书如有印装质量问题，可与发行部联系调换

航天科技图书出版基金简介

航天科技图书出版基金是由中国航天科技集团公司于 2007 年设立的，旨在鼓励航天科技人员著书立说，不断积累和传承航天科技知识，为航天事业提供知识储备和技术支持，繁荣航天科技图书出版工作，促进航天事业又好又快地发展。基金资助项目由航天科技图书出版基金评审委员会审定，由中国宇航出版社出版。

申请出版基金资助的项目包括航天基础理论著作，航天工程技术著作，航天科技工具书，航天型号管理经验与管理思想集萃，世界航天各学科前沿技术发展译著以及有代表性的科研生产、经营管理译著，向社会公众普及航天知识、宣传航天文化的优秀读物等。出版基金每年评审 1～2 次，资助 20～30 项。

欢迎广大作者积极申请航天科技图书出版基金。可以登录中国航天科技国际交流中心网站，点击"通知公告"专栏查询详情并下载基金申请表；也可以通过电话、信函索取申报指南和基金申请表。

网址：http：//www.ccastic.spacechina.com

电话：(010) 68767205，68767805

前　言

　　无线电频率轨道资源作为空间业务领域发展的重要战略资源，与石油、矿产等资源类似，属于稀缺且不可再生的有限自然资源。随着信息技术在经济发展、国防建设和社会生活各个领域的广泛应用，无线电频谱和轨道的战略价值和基础作用日益突出，已成为影响国民经济和国防建设发展乃至国家安全的重要战略资源。无线电频率轨道资源的申请、协调与使用作为一门综合性专业技术，必须在国际公约、规则框架下合法进行。近年来，以"星链"和 OneWeb 为代表的大规模低轨星座在全球范围内掀起了快速建设部署的热潮，基于现行国际规则体系中频率轨道资源"先登先占，先占永得"的基本原则，未来必然会面临资源愈发紧张、多星近轨、多星同频等局面。同时，伴随着 5G/6G 的研发部署，在非地面网络中通信卫星已成为实现天地互联的重要组成部分。未来，在通信卫星星座规划及建设过程中，系统开展频率干扰分析及干扰规避策略设计，综合评估多系统间潜在频率干扰风险，可以有效降低实际运营中的有害干扰概率。

　　本书是一本系统介绍空间频率轨道资源政策法规，以及低轨通信星座与地球静止轨道卫星通信系统之间、低轨通信星座之间的频率干扰分析方法与干扰规避策略的专著，主要面向国内卫星运营与应用服务提供商、卫星制造部门、地面设备制造部门等卫星产业从事者，可指导读者高效地开展通信卫星星座频率轨道资源的申报、协调与使用工作。全书共8章。第1章绪论，概述本书内容的研究背景与意义。第2章向读者介绍国际无线电管理组织与主要法规，具体包括空间频率轨道资源的基本属性，国际组织以及世界主要航天国家无线电通信部门的组织结构与主要的政策法规。第3章为读者介绍开展频率干扰分析工作需要掌握的卫星通信系统的基础知识，具体包括无线电波传播的基本理论、卫星通信系统的组成、地球非静止轨道卫星系统设计、链路计算方法等，为后续章节中复杂场景下的频率干扰建模仿真方法奠定基础。第4章主要介绍国际电联对卫星通信的各项管理规定，重点围绕低轨通信星座的频率选择、申报、协调和投入使用规定进行详细阐述，给出国际电联公布的典型星座数据库有用信息的提取方法，并与实际建设计划进行对比。第5章深入阐述频率干扰产生机理，详细介绍频率干扰评估指标体系，以及国际现有干扰评估与规避方法，为后续针对低轨通信星座的频率干扰建模及仿真实例构建理论基础。第6章围绕低轨通信星座与地球静止轨道卫星通信系统之间的频率干扰研究，系统梳理干扰场景、干扰分析方法、干扰评价标准，重点围绕关键参数——等效功率通量密度限值国际标准的制定历程及限值合理性进行研究。第7章聚焦低轨通信星座之间的频率干扰研究，在干扰分析方法方面给出基于轨道外推的时域分析法和卫星位置概率分析法，在干扰评估标准方面构建将系统级容量损失作为评价多链路系统受干扰影响的衡量指标，在兼容共用策略方面提出一种基于地球站视场进行空间资源预规划的低轨卫星星座之间的干扰规避策略。第 8 章是总结与展望。

关于本书对不同卫星轨道的描述，采用工程系统设计与国际电联《无线电规则》两种常用术语体系。工程系统设计术语体系中，按照全国科学技术名词审定委员会《测绘学名词》通常将卫星轨道分为地球静止轨道（Geostationary Earth Orbit，GEO）、中地球轨道（Medium Earth Orbit，MEO）、低地球轨道（Low Earth Orbit，LEO）、倾斜地球同步轨道（Inclined Geo－Synchronous Orbit，IGSO）等，本书第 3 章第 3.2.1 节采用此术语体系。国际电联《无线电规则》术语体系中，将卫星轨道分为地球静止卫星轨道（GSO，Geostationary－Satellite Orbit）与地球非静止卫星轨道（NGSO，non－Geostationary－Satellite Orbit），通常简称为地球静止轨道（或静止轨道）与地球非静止轨道（或非静止轨道），本书除第 3.2.1 节之外的其他章节均采用此术语体系。

本书能够出版，首先感谢国家航天局卫星通信系统创新中心各位领导和专家的悉心指导与大力支持。创新中心自 2021 年成立起，坚持系统观念，谋划并制定领域发展战略；坚持守正创新，对标并设计先进卫星通信系统；坚持问题导向，研究并解决系统建设中遇到的问题，同时，全面开展空间频率技术领域规划、系统论证及关键技术攻关。在本书撰写成稿过程中，得到了中国空间技术研究院通信与导航卫星总体部黄普明部长、王作为书记、郑驰研究员、李静涛研究员、白光明研究员、吕红剑研究员等领导、专家的关心支持，同时还要感谢国际电联第四研究组 4A 工作组主席 J. Wengryniuk 先生、ITU－R S. 1503 技术建议书工作组主席 J. Pahl 先生以及国内同行的无私分享，在此一并表示感谢。

本书面向卫星系统总体设计与工程技术人员，可作为通信卫星系统频率政策法规及干扰分析方法的参考书。

由于作者水平有限，加之国际电联卫星频率相关前沿议题研究成果日新月异，难以覆盖周全，书中难免有疏漏和不足之处，敬请读者批评指正。

目　录

第1章 绪 论

2022 年是全球通信卫星星座大放异彩的一年。从年初"星链"星座在俄乌冲突中的出色表现，到华为、苹果、高通等公司纷纷推出直连低轨卫星的旗舰产品，再到太空 5G、6G 星地一体化等新型概念的广泛热议，低轨通信星座逐步将卫星通信服务带入大众视野。

然而，低轨通信星座本身并不是新鲜事物。虽然业内关于全球"第一个"低轨通信星座究竟花落谁家并未达成共识，但由美国摩托罗拉公司于 1987 年提出的"铱星"计划无疑是公认影响力最大的第一代低轨通信星座系统。"铱星"系统通过部署在 6 个轨道面的 66 颗卫星，向全球商业用户提供低速率的移动通信业务。随后，美国劳拉公司与高通公司联手创办的"全球星"系统、美国轨道科学公司与加拿大环球电讯公司共同提出的"OBCOMM"系统纷纷投入使用，与"铱星"系统共同组成了美国三大低轨移动通信星座。由于同时期地面蜂窝移动网络发展迅猛，以及国际市场反应平平、系统运营维护成本过高等，铱星、全球星系统先后经历了破产、重组，并逐渐焕发生机。

2010 年前后，随着卫星制造、火箭发射、卫星应用和商业模式的全面创新，瞄准宽带服务的低轨通信星座卷土重来。2007 年，致力于为世界上信息落后地区的"其他 30 亿人"提供高速通信服务的中轨通信星座 O3b 计划横空出世；2015 年，OneWeb 公司因获得空客、可口可乐和维珍集团等重量级企业的 5 亿美元投资而名噪一时；2016 年，OneWeb 公司在日本软银公司领导的新一轮投资中又筹集了 12 亿美元；2019 年，SpaceX 公司利用猎鹰 9 号运载火箭成功将"星链"星座系统首批 60 颗卫星送入轨道，正式拉开了宽带通信星座系统建设的帷幕。截至 2023 年 5 月，OneWeb 公司已完成 618 颗卫星部署，实现一代星座组网；"星链"星座已完成超过 4 000 颗卫星部署，全球宽带卫星通信星座系统已转入实质性部署阶段。

无论是以"铱星"为代表的初代窄带移动通信星座，还是以"星链"为代表的宽带卫星互联网星座，都必须在国际电联（International Telecommunication Union，ITU）的规则框架下合法申报和使用无线电频率轨道资源。无线电频率轨道资源是全人类共享的稀缺自然资源，具有很强的排他性，在一定的时间和空间范围内，若某个卫星系统使用了某段无线电频率，那么其他卫星系统势必要付出一定的代价才有争取使用相同频率资源的可能。基于国际电联"先登先占，先占永得"的原则，世界各国对建设通信卫星星座所需要的无线电频率轨道资源的争夺已经趋于白热化。

"星链"星座系统已经向国际电联申报了宽带通信卫星星座系统建设的主流 Ku、Ka、Q/V 以及 E 频段，由于其系统规模巨大、部署密度远超其他卫星系统，申报时间落后于"星链"星座系统的其他星座系统很难与其在没有有害干扰的情况下共享频率资源，除此之外，"星链"星座系统部署在极低地球轨道和低地球轨道（LEO）上，增大了卫星运行以及穿行过程中的碰撞风险。

卫星互联网的热度同样激发了我国传统卫星公司以及新兴商业卫星公司的浓厚兴趣，但是，与欧美低轨通信星座的大规模建设以及快速部署进程相比，我国宽带通信卫星星座的起步稍晚——业内将 2020 年视作我国卫星互联网建设的元年，因为正是在这一年，国家发展和改革委员会正式将卫星互联网纳入"新基建"信息基础设施。由于我国低轨通信星座向国际电联申报卫星网络的时间相对较晚、国际协调地位落后，低轨通信星座系统的实际建设与部署在国际频率协调方面面临着较大的制约。除此之外，我国还有大量工作在地球静止轨道（GSO）的卫星通信系统需要国内外低轨通信星座系统的同频干扰保护，因此，急需围绕低轨通信星座与 GSO 卫星通信系统之间、低轨通信星座之间，持续开展并推进频率干扰分析与兼容共用策略等专业性技术研究。

本书从空间频率轨道资源的本质属性出发，为读者提供关于国际电联组织机构、空间频率轨道资源政策法规、开展频率干扰分析过程中涉及的通信卫星系统基础知识以及映射到国际电联的研究成果分析，重点围绕通信卫星星座频率轨道资源的申报、协调与投入使用的规则程序，低轨通信星座与 GSO 卫星通信系统之间、低轨通信星座之间的频率干扰分析与干扰规避策略展开研究。

第 2 章为国际电联简介，具体包括空间频率轨道资源属性，国际电联特别是其无线电通信部门的组织结构与主要的政策法规，以及中国、美国、俄罗斯等世界典型航天大国、航天强国关于频率轨道资源的管理政策。

第 3 章介绍开展频率干扰分析工作需要掌握的卫星通信系统的基础知识，具体包括无线电波传播的基本理论、卫星通信系统的组成、地球非静止轨道（NGSO）卫星系统的设计及链路分析与计算方法等。通过对本章内容的学习，读者既可以掌握必要的基本概念，还可以了解国际电联在无线电波传播、天线辐射特性等相关领域的研究成果，为后续章节中复杂场景下的频率干扰建模仿真方法奠定基础。

第 4 章主要介绍国际电联对卫星通信的各项管理规定，既介绍了参与国际电联相关工作所必须掌握的基础知识，还分别介绍了国际电联对 GSO 卫星通信和 NGSO 卫星通信的管理规定，全面阐述了卫星网络申报、协调、通知和启用流程，并重点围绕低轨通信星座的频率选择、申报、协调和投入使用规定进行了详细阐述，特别地，以 Starlink、OneWeb 和 Telesat 星座为例，给出了国际电联数据库的有用信息提取方法，并与星座系统的实际建设计划进行了对比。

第 5 章深入阐述频率干扰产生机理，详细介绍频率干扰评估指标体系，以及国际电联现有干扰评估与规避方法，为后续章节针对低轨通信星座的频率干扰建模仿真实例构建理论基础。

第 6 章围绕低轨通信星座与 GSO 卫星通信系统之间的频率干扰研究，系统梳理了低轨通信星座与 GSO 卫星之间的 8 类干扰场景，从干扰分析方法、干扰评价标准以及兼容共用分析方法等方面总结了现阶段国际电联的研究成果，并重点围绕关键参数——等效功率通量密度限值国际标准的制定历程及限值合理性进行研究，为我国卫星网络参与国际频率技术协调提供合理策略建议。

第 7 章聚焦低轨通信星座之间的频率干扰研究，系统梳理了干扰场景，总结了现阶段国际电联相关建议书的研究成果与不足，在干扰分析方面，介绍了基于轨道外推的时域分析法和卫星位置概率分析法，并进行了建模与仿真分析；在干扰评估标准方面，将系统级容量损失作为评价多链路系统受干扰影响的衡量指标，从而全面反映低轨星座系统受到同频干扰的整体影响；在兼容共用策略方面，提出了一种基于地球站视场进行空间资源预规划的低轨卫星星座之间的干扰规避策略，大幅降低了传统由卫星主动实施干扰规避带来的卫星系统设计复杂度以及协调需求不确定性带来的设计风险。

第 8 章是总结与展望。

第 2 章　国际电联简介

空间频率轨道资源是保障各类卫星系统正常建设、运行的根本，是关系国家安全和利益的重大战略稀缺资源，也是全世界共享的不可再生的自然资源。由于无线电波的传播不受国界约束，所以卫星系统的频率选择，与其他同频卫星系统之间的干扰判定、干扰规避都需要在国际规则框架下统一实施。

本章主要介绍空间频率轨道资源的特殊属性，主管频率轨道资源的国际组织——国际电联的职责、部门结构、主要政策法规，以及包括中国在内的典型国家主管部门对频率轨道资源的管理办法与重要政策法规。

通过本章内容，读者可以建立对空间频率轨道资源的基本认识，了解国际电联和典型国家关于频率轨道资源的主要政策法规与管理办法，为后续章节奠定基础。

2.1　空间频率轨道资源属性

与石油、天然气等矿产资源类似，空间频率轨道资源是稀缺且不可再生的有限自然资源，是世界各国开展各类航天活动时必不可少的战略性资源。

空间频率轨道资源还具有其自身特有的属性，可以具体概括为国际性、前瞻性和共享性。只有对空间频率轨道资源的特性进行全面、深入的理解和认识，对其自然属性和社会属性准确把握，才能对其进行有效的管理、开发与利用。

（1）国际性

由于卫星及各类航天器都运行于地球大气层之外的空间，所使用频率轨道资源不受任何国家的领土、领空和政治区域的约束，无线电波也不会因为跨越国境而停止传输，因此，空间频率轨道资源是全人类共有的宝贵资源，即"空间无国界"。无论是军用、民用，还是商业、科学研究，所有空间无线电业务系统都需要在国际电联制定的规则框架下合法、合理、规范地使用无线电频率资源，这既是国际电联各成员国履行国际义务必须遵守的要求，也是各国空间业务领域长远发展获得资源保障的必要前提。

国际电联的全称为"国际电信联盟"，是联合国主管信息通信技术的专门机构，负责分配和管理全球无线电频谱与卫星轨道资源，制定全球电信标准，向发展中国家提供电信援助，促进全球电信发展。国际电联在尊重各国主权的基础上，通过协调各种力量，提出"消除不同国家无线电台之间的有害干扰及改进无线电通信业务中无线电频谱及卫星轨道的使用"的目标，是管理日益复杂的无线电频率轨道资源的国际平台。

我国于1972年正式恢复在国际电联的合法权利和席位后，遵守国际电联的《组织法》《公约》和《无线电规则》就既是我国的权利又是我国的义务了。当国际电联修订用于管理无线电频率和卫星轨道资源的《无线电规则》（各会员国必须执行的强制性文件）时，各国主管部门均会提出有利于本国无线电通信的意见和建议，并通过协调达成一致。对于本国无线电管理法规的制定和修改，国家主管部门通常会考虑《无线电规则》的相关规定，将其合理纳入本国无线电管理法规或使两者有效衔接。

（2）前瞻性

空间频率轨道资源作为发展空间业务的基础性资源，其技术可行性、获取方法与策略、使用与维护都需要超前规划，才能满足各相关业务领域的使用需求和长远发展需求。

国际电联无线电通信部门每 3～4 年组织召开的世界无线电通信大会（World Radiocommunication Conference，WRC）是具有立法权的国际性会议，会议主要对《无线电规则》进行修订。应届 WRC 大会的议程由上一届 WRC 大会审议通过，经过 3～4 年研究周期的研究与讨论，各成员国协商并确定可能在应届 WRC 大会上做出的决定，包括对《无线电规则》的具体修改。

当 WRC 议题涉及为某类无线电业务增加新划分时，若目标候选频段或业务面临的协调风险比较复杂或困难，很难通过一届 WRC 大会取得突破，往往需要两个研究周期，即 5～10 年或更久的时间才有可能成功纳入国际法规，这就需要推动方提前谋划与布局。一个经典的成功案例是"全球星"系统的馈电链路获取新的频率划分。

故事的主角是美国 LQSS（Loral Qualcomm Satellite Service）公司。LQSS 公司是由劳拉空间公司和高通公司共同组建的一个股份公司，该公司于 1991 年向美国联邦通信委员会（FCC）提出建设一个低轨卫星移动通信系统的计划，即"全球星"系统。任何卫星系统的建设都需要首先确定用户、馈电等各个链路系统具体使用哪一段频率，这时候，LQSS 公司发现国际电联现有的频率划分并不能满足"全球星"系统馈电链路的建设需求，于是，如何为卫星系统争取合适的频率划分成为 LQSS 公司的头等大事。经过大量的调研和分析，LQSS 公司盯上了 5 091～5 150 MHz 这一频段，欲将其作为"全球星"系统的馈电链路频段。在 1995 年之前，该频段划分给了航空无线电导航业务，并不能应用于低轨星座系统的馈电链路，如果直接使用是违反国际电联规则的。经过努力运作，包括积极培养"全球星"系统的国际用户，以及多次在国际电联研究组和工作组层面的技术会议中与其他国家专家交流等，最终在 1995 年的 WRC 上，所有成员国同意就 5 091～5 150 MHz 频段进行修订，于是在 5 091～5 150 MHz 频段新增"为低轨卫星移动业务（MSS）系统提供馈电链路（地对空）"的卫星固定业务划分，值得一提的是，为了避免各成员国对新划分频率的抵触心理，LQSS 公司主动提出只要求在 2010 年之前能够使用 5 091～5 150 MHz 频段作为馈电链路的频率即可。那么，LQSS 公司真的打算在 2010 年之前就放弃 5 091～5 150 MHz 频段了吗？当然不是。在接下来的十几年内，LQSS 公司一刻也没有放松过，大力发展和培养了更广泛而稳定的"全球星"系统国际客户群，并不断游说客户国家支持 5 091～5 150 MHz 频段继续作为"全球星"系统馈电链路的频率。在 2007 年的 WRC 上，国际电联各成员国同意将 5 091～5 150 MHz 频段的使用时间延长至 2018 年。趁热打铁，LQSS 公司没有放松对规则制定的主导和对国际客户的长期培养，最终在 2015 年的 WRC 上，获得了 5 091～5 150 MHz 频段原利益方国际民航组织的同意，并且在此基础上，获得了所有客户国家的大力支持，在国际电联讨论时，顺利删除了所有关于 5 091～5 150 MHz 频段的使用限制，使"全球星"系统馈电链路能够彻底合法使用 5 091～5 150 MHz 频段，不再有任何约束。

寥寥数语只能讲个故事，LQSS 公司谋划新的频谱资源过程中的各种艰难我们无法体会。但是，作为在国际电联一直处于技术领先、规则制定工作中占据主导地位的美国，也需要为一段频率资源精心经营 20 年，这对于从事无线电频率轨道资源研究的工作者来说，是极为震撼的。这也再次证明，为了满足卫星系统的长远发展需求，频率领域的相关工作必须要提前部署、合理规划。

（3）共享性

为提高有限的空间频率轨道资源的利用率，国际电联在保证无线电系统之间能够兼容共存的情况下，尽可能将同一段无线电频率分配给不同的无线电业务。国际电联各成员国在制定本国的无线电频率划分规定时，也通常会遵守《无线电规则》的相关规定。我国工信部网站上发布的《中华人民共和国无线电频率划分规定》给出了我国无线电频率划分规定，几乎每一段频率都被同时划分给多种无线电业务。

表 2 - 1 给出了《无线电规则》（2020 年）关于 14.47～14.5 GHz 频段的划分，可以看到，同一段频率被同时划分给了地面固定业务、地面移动业务（航空移动业务除外）、卫星固定业务（地对空）、卫星移动业务和射电天文业务。

表 2 - 1　14.47～14.5 GHz 频段划分

频段/GHz	业务类型
14.47～14.5	地面固定业务
	地面移动业务(航空移动业务除外)
	卫星固定业务(地对空)
	卫星移动业务
	射电天文业务

在卫星系统使用的空间业务与地面业务频率兼容共用方面，无线电业务系统的技术发展一般都经历了"先地面、后空间"的历程，这一特点决定了空间业务的发展总是滞后于地面业务。也就是说，虽然某段频率在《无线电规则》中同时划分给了地面业务和空间业务，但基本都是在地面业务应用已经比较充分甚至饱和的情况下才向空间发展。因此，空间业务通常处于弱势地位，往往只能通过兼容共用研究、设置各种约束条件才能与地面业务共用。

除了与地面业务之间的兼容共用要求，众多的卫星系统同时在地球外层空间运行，不同国家、不同空间业务系统之间，乃至同类空间业务系统之间都存在频率共用的情况（图 2 - 1），使卫星系统频率使用环境日益复杂，发生频率资源冲突的情况也越来越多。

近几年来，以 Starlink、OneWeb 星座系统为代表的新一代巨型低轨宽带卫星互联网星座系统蓬勃发展，庞大的卫星规模、对全球连续覆盖能力的追求以及无处不在的用户终

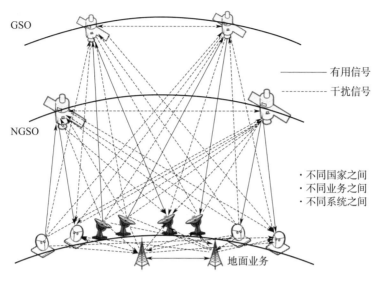

图 2-1　无线电业务系统间频率共用态势

端，将对使用相同频率的 GSO 卫星系统、地面系统、射电天文系统，以及使用相同频率的其他 NGSO 星座系统造成频率干扰，进一步增加了在 Ku、Ka 和 Q/V 等卫星通信热点频段共享频率资源的困难。

2.2　国际电联组织结构

2.2.1　国际电联

国际电联是联合国主管信息通信技术事务和电信界最具权威的标准制定机构之一，是世界各国政府或其电信主管部门之间协调电信事务的国际组织，使用英语、法语、西班牙语、中文、俄文和阿拉伯语 6 种正式工作语言，总部设于瑞士日内瓦。

虽然国际电联是联合国的一个机构，但国际电联的历史远比联合国悠久。国际电联的前身为"国际电报联盟"，由法国、德国、俄罗斯等 20 个国家于 1865 年 5 月 17 日在巴黎为顺利实现国际电报通信而成立，因此每年的 5 月 17 日被确定为"世界电信和信息社会日"。1932 年，70 个国家的代表在西班牙马德里召开会议，同意将《国际电报公约》和《国际无线电公约》合并为《国际电信公约》，并将"国际电报联盟"更名为"国际电信联盟"。1934 年 1 月 1 日，《国际电信公约》正式生效，标志着国际电信联盟正式成立，该名称一直沿用至今。

为适应电信科学技术发展的需要，在国际电报联盟成立之后，又相继成立了三个咨询委员会：1924 年在巴黎成立了国际电话咨询委员会（CCIF），1925 年在巴黎成立了国际电报咨询委员会（CCIT），1927 年在华盛顿成立了国际无线电咨询委员会（CCIR）。以上三个咨询委员会被赋予协调电信领域的技术研究、测量和测试，以及起草国际标准的任务。

1956 年，国际电话咨询委员会和国际电报咨询委员会合并成国际电报电话咨询委员会（International Telegraph and Telephone Consultative Committee，CCITT），主要职责是研究电信的新技术、新业务和资费等问题，并通过研究推动全世界的电信标准化。1992 年 12 月，为适应不断变化的国际电信环境，国际电联对其体制、机构和职能进行了改革：自 1993 年 3 月 1 日起，CCITT 改组成为国际电联的电信标准化部门，简称 ITU - T；CCIR 与国际频率登记委员会合并，改组成为国际电联的无线电通信部门，简称ITU - R。

国际电联既吸收各国政府作为成员国加入，也吸收运营商、设备制造商、研发机构和国际及区域电信组织等私营机构作为部门成员加入，这两种成员资格都可以直接参与标准的讨论与制定。目前，国际电联共有 193 个成员国和 900 多个部门成员及部门准成员，正式部门成员有权参与所有研究组的工作，部门准成员则需要根据其侧重的领域选择参与单一研究组的工作。

目前，国际电联的最高权力机构是全权代表大会（Plenipotentiary Conference）。全权代表大会下设理事会（Council）、总秘书处（General Secretariat）、无线电通信部门（ITU - R）、电信标准化部门（ITU - T）和电信发展部门（ITU - D）等。ITU - R 的主要职责是确保所有无线电通信业务合理、公平、有效和经济地使用无线电频谱和轨道资源，制定有关无线电通信课题的建议。ITU - T 的主要职责是研究技术、操作与资费问题，并就这些问题制定标准化建议，研究并制定统一电信网络标准，其中包括与无线电系统的接口标准，以促进并实现全球的电信标准化。ITU - D 的主要职责是在电信领域内促进和提供对发展中国家的技术援助，帮助发展中国家发展电信基础设施。

国际电联的组织结构如图 2 - 2 所示。

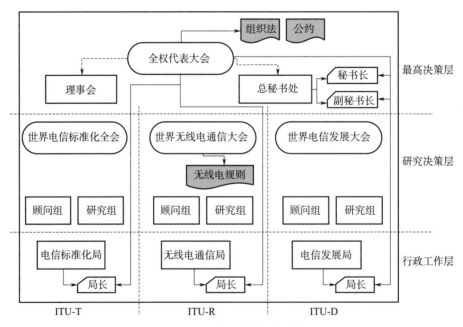

图 2 - 2　国际电联的组织结构

国际电联的宗旨是维持和扩大国际合作，以改进并合理地使用电信资源；促进电信技术、设施的更新、发展和有效利用，提高电信业务的效率，尽量使公众广泛使用，协调各国行动。

（1）全权代表大会

全权代表大会是国际电联的最高权力机构，每 4 年召开一次会议，旨在确定国际电联的总体政策，通过 4 年期的战略规划和财务规划，选举本组织的高层管理人员、理事国和无线电规则委员会（Radio Regulations Board，RRB）委员。

全权代表大会是国际电联成员国决定本组织未来作用的关键性活动，并由此确定本组织在影响全球信息通信技术发展中的能力。国际电联的部门成员、区域性电信和政府间组织以及联合国及其专门机构作为观察员出席大会。

全权代表大会选举并任命国际电联秘书长、副秘书长，以及电信标准化局、无线电通信局和电信发展局局长。

（2）理事会

在全权代表大会闭会期间，即在两次全权代表大会之间，由理事会行使大会赋予的职权，审议电信政策等问题，确保国际电联的活动、政策和战略完全适应当前电信环境。理事会还负责编制国际电联的政策与战略规划报告，采取一切措施推动国际电联的《组织法》、《公约》、各类行政规则（例如《国际电联电信规则》《无线电规则》）、全权代表大会的决议及国际电联其他大会相关决议的落实。

除此之外，理事会还负责确保国际电联日常工作的顺利运转，协调工作计划，批准预算并控制财务和支出。

国际电联理事国由全权代表大会选举产生，最多占成员国总数的 25%，理事国席位在世界五大区公平分配。在 2019—2022 年周期，理事会由 48 个理事国组成，美洲 9 席、西欧 8 席、东欧 5 席、非洲 13 席、亚洲和澳大拉西亚 13 席。

（3）总秘书处

总秘书处的使命是向国际电联成员提供优质、高效的服务。总秘书处对国际电联的活动进行行政和财务管理，包括提供大会服务、规划和组织大型会议、提供信息服务、提供安保服务、开展战略规划和行使宣传、法律咨询、财务、人事、采购、内部审计等机构职能。

其中，秘书长负责国际电联的整体管理工作，是国际电联的法定代表人。副秘书长协助秘书长主持日常工作，其主要职责是拟定战略方针与策略，管理各种资源，协调各部门的活动等。

前任国际电联秘书长赵厚麟，是国际电联历史上首位中国籍秘书长，于 2015 年 1 月 1 日正式上任，并于 2019 年 1 月 1 日成功连任、2022 年 12 月 31 日卸任。

（4）世界电信标准化全会

世界电信标准化全会（World Telecommunication Standardization Assembly，WTSA）是国际电联 ITU－T 最高级别会议，负责确定 ITU－T 下一研究周期的战略方向和研究组织架构等事宜，每 4 年左右举行一次，对全球信息通信技术创新、产业发展、国际交流与合作具有重要意义。

（5）世界无线电通信大会

WRC 每 4 年左右举行一次，负责审议并在必要时修改《无线电规则》和指导无线电频谱、对地静止卫星轨道和非对地静止卫星轨道使用的国际条约，是全球范围的顶级无线电通信会议。根据《组织法》规定的职责范围，WRC 能够：

1）修订《无线电规则》和相关的频率划分及规则；

2）研究世界性无线电通信问题；

3）向无线电规则委员会和无线电通信局做出指示，并审议其活动；

4）确定未来 WRC 的议程。

（6）世界电信发展大会

世界电信发展大会（World Telecommunication Development Conference，WTDC）每 4 年左右举行一次，审议与电信发展相关的议题、项目和计划，并在 4 年期间举办若干区域性筹备会议。

WTDC 为电信/信息通信技术的发展确定战略和目标，为 ITU-D 指出发展方向并提供指导。

2.2.2　无线电通信部门

ITU-R 负责无线电通信管理，包括无线电频谱和卫星轨道资源，指导各成员国合理、公平、有效和经济地使用无线电频率轨道资源，在无线电频谱和卫星轨道资源的管理方面发挥着至关重要的作用。ITU-R 的结构如图 2-3 所示。

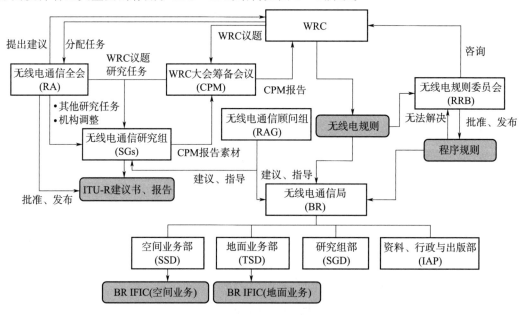

图 2-3　ITU-R 的结构

（1）无线电通信局

ITU－R 负责全球无线电频谱资源的分配和管理，具体的工作由无线电通信局主任组织和协调，无线电通信局的主任由国际电联全权代表大会选举产生。无线电通信局管理并负责以下国际电联活动：

1）为 WRC、无线电通信全会和研究组提供行政和技术支持；

2）《无线电规则》和各种区域性协议条款的应用和执行；

3）记录并登记频率指配以及空间业务的轨道特性，维护国际频率登记总表；

4）按照公平、有效、经济地使用无线电频谱和卫星轨道资源的原则，调查并帮助解决有害干扰的问题，为成员国提供建议；

5）负责协调由无线电通信部门拟定的通函、文件和出版物的准备、编辑和分发工作；

6）就国家频率管理和无线电通信提供技术信息和组织研讨会，并在援助发展中国家的问题上与电信发展局密切合作。

（2）无线电通信顾问组

国际电联《组织法》（第 84A 款）和《公约》（第 160A～160H 款）规定，无线电通信顾问组是无线电通信部门的职能机构，其职责如下：

1）审议 ITU－R 内部通过的各项工作重点和相关战略；

2）跟踪研究组的工作进展；

3）对研究组的工作予以指导；

4）就促进与其他组织和国际电联其他部门之间的合作与协调提出建议。

无线电通信顾问组就上述事宜向无线电通信局局长提出意见和建议。

（3）无线电规则委员会

无线电规则委员会由 12 名委员组成，在独立和非全职的基础上履行职责，通常每年在日内瓦召开 4 次会议。12 名委员全部由全权代表大会选出，由无线电通信局的局长担任执行秘书。

在 2022 年 10 月召开的国际电联 2022 年全权代表大会上，中国国家无线电监测中心主任程建军当选新一届无线电规则委员会委员。

无线电规则委员会负责：

1）批准无线电通信局实施《无线电规则》具体条款时补充使用的《程序规则》；

2）处理无线电通信局转交的采用《无线电规则》和《程序规则》无法解决的问题；

3）审议无线电通信局应主管部门要求就未解决的干扰问题进行调查的报告，并编制建议书；

4）向 WRC 和无线电通信全会提供咨询意见；

5）审议对无线电通信局的频率指配决定的异议；

6）履行相关大会或理事会规定的所有附加职责。

当卫星操作者因不可抗力因素无法在《无线电规则》规定的期限内发射卫星、完成频率轨道资源的启用时，可以向无线电规则委员会提出将卫星网络资料适当延期的申请。无线电规则委员会在其第 60 次会议（2012 年 9 月召开）定义了关于不可抗力的判定标准，分别是：

1）事件必须超出义务人控制能力，并且不是由自己造成的。

2）被视为不可抗力的事件必须是不可预见的，如果事件是可预见的，则必须是不可避免或者不可抵抗的。

3）事件必须使义务人无法履行义务。

4）不可抗力事件和义务人无法履行义务这两者之间必须存在直接有效的因果关系。较为典型的不可抗力事件有卫星发射失败、作为搭载星受主星发射任务推迟影响等。

在新冠疫情出现之前，每次无线电规则委员会会议收到的关于卫星网络资料延期的申请并不太多，基本保持在 2 个左右。新冠疫情席卷全球之后，无线电规则委员会每年会议减少至 3 次，且大部分采取线上会议的形式。无线电规则委员会也陆续收到很多份因新冠疫情影响而希望延期卫星网络资料的申请，仅 2020 年 10 月召开的第 85 次无线电规则委员会会议，就收到了以色列、印度尼西亚、印度和巴基斯坦 4 个国家的卫星网络资料延期申请。无线电规则委员会在会上拒绝了所有申请，并针对因疫情延期这个共性热点问题，对申请材料提出了以下几点建议：

1）应详细阐述疫情如何导致项目延期；

2）应阐述为了争取按期使用网络资料，都做了哪些努力、采取了哪些措施；

3）应证明延期与疫情之间的直接关联；

4）应介绍延期的具体时长是如何得出的，包含目前已经延误的时间、后期制造商和发射商预计的延期时间等。

（4）无线电通信研究组

ITU - R 通过设立研究组来组织探讨、研究、应对新兴无线电通信技术及应用对国际电联现有规则体系提出的挑战，来自世界各地的电信组织及主管部门的专家定期参加研究组的活动。无线电通信研究组负责：

1）从技术层面为 WRC 奠定基础；

2）制定 ITU - R 建议书草案，其内容涵盖无线电通信业务和系统的技术特性与操作程序；

3）编写关于频谱管理和新兴无线电通信业务和系统的手册。

目前，ITU - R 共有 6 个不同技术领域的研究组，以及词汇协调委员会（Coordination Committee for Vocabulary，CCV）：

第 1 研究组：频谱管理（Spectrum Management）；

第 3 研究组：无线电波传播（Radio Wave Propagation）；

第 4 研究组：卫星业务（Satellite Services）；

第 5 研究组：地面业务（Terrestrial Services）；

第 6 研究组：广播业务（Broadcasting Services）；

第 7 研究组：科学业务（Science Services）。

各研究组下设的工作组内容如下：

第 1 研究组（SG 1）下设 3 个工作组，即：

1）1A 工作组（WP 1A）——频谱工程技术；

2）1B 工作组（WP 1B）——频谱管理方法和经济战略；

3）1C 工作组（WP 1C）——频谱监测。

第 3 研究组（SG 3）下设 4 个工作组，即：

1）3J 工作组（WP 3J）——传播因素；

2）3K 工作组（WP 3K）——点到面传播；

3）3L 工作组（WP 3L）——电离层传播及无线电噪声；

4）3M 工作组（WP 3M）——点对点和地对空传播。

第 4 研究组（SG 4）下设 3 个工作组，即：

1）4A 工作组（WP 4A）——卫星固定业务（FSS）和卫星广播业务（BSS）轨道/频谱的有效利用；

2）4B 工作组（WP 4B）——FSS、BSS 和卫星移动业务（MSS）系统的空中接口、性能和可用性指标，其中包括基于 IP 的应用和卫星新闻采集；

3）4C 工作组（WP 4C）——MSS 和卫星无线电定位业务（RDSS）轨道/频谱的有效利用。

第 5 研究组（SG 5）下设 4 个工作组，即：

1）5A 工作组（WP 5A）——除用于 IMT 之外的其他陆地移动业务，以及地面业余业务和卫星业余业务；

2）5B 工作组（WP 5B）——包括全球水上遇险和安全系统（GMDSS）在内的水上移动业务、航空移动业务和无线电测定业务；

3）5C 工作组（WP 5C）——固定无线系统、固定和陆地移动业务高频（HF）系统；

4）5D 工作组（WP 5D）——国际移动通信（IMT）系统。

第 6 研究组（SG 6）下设 3 个工作组，即：

1）6A 工作组（WP 6A）——地面广播传输；

2）6B 工作组（WP 6B）——广播业务组合与接入；

3）6C 工作组（WP 6C）——节目制作与质量评估。

第 7 研究组（SG 7）下设 4 个工作组，即：

1）7A 工作组（WP 7A）——标准频率和时间信号传播的系统及应用；

2）7B 工作组（WP 7B）——空间操作、空间研究、卫星地球探测和卫星气象业务的遥控指令、跟踪和遥测数据的发射和接收；

3）7C 工作组（WP 7C）——遥感系统；

4）7D 工作组（WP 7D）——射电天文。

词汇协调委员会负责 ITU-R 内部的词汇协调工作，与上述 ITU-R 研究组、总秘书处会议及出版部和其他有关组织密切合作，协调和批准以下事项：

1）词汇，包括缩略语和首字母缩略语；

2）相关专题（测量单位、图形和字母符号）。

（5）无线电通信全会

无线电通信全会负责 ITU - R 研究组的结构、计划和输出物批准，通常每 4 年左右举行一次会议。无线电通信全会负责：

1）向研究组分配 WRC 筹备工作和其他课题；

2）应对国际电联 WRC 的其他要求；

3）就适宜的议题向未来的 WRC 提出建议；

4）批准和发布 ITU - R 建议书以及研究、制定的 ITU - R 课题；

5）确定研究组的工作计划，并根据需要解散或成立研究组。

无线电通信全会可将属于其权力范围内的具体事宜交由无线电通信顾问组完成（《公约》第 137A 款）。

（6）大会筹备会议

由于世界无线电通信大会的会期通常只有 3～4 星期，为提高会议效率，由大会筹备会议（Conference Preparatory Meeting，CPM）负责提前将各主管部门、研究组及其他来源提交审议的有关规则、技术、操作和程序问题的文稿综合和整理，并尽可能将关于同一问题的不同方法进行折中，将不同意见及其理由汇成一份综合性的报告，提交至世界无线电通信大会，以支持其工作。

（7）无线电通信研讨会

无线电通信局定期组织召开有关频谱管理的国际研讨会，同时特别针对发展中国家的具体需要组织召开区域性研讨会。研讨会的主要目标是通过培训、情况通报、研讨、制定手册和提供频谱自动化管理工具等手段在频谱管理活动方面向成员国提供帮助，在频率指配的协调和登记以及在《无线电规则》应用方面扩大为成员国提供帮助的范围，同时特别关注发展中国家以及新近加入国际电联的国家的需要。

2.2.3　主要政策法规

在联合国《外层空间条约》、国际电联《组织法》《公约》等国际法规的框架下，无线电频率和轨道资源的具体分配及使用应遵守国际电联《无线电规则》。《无线电规则》规定各成员国在使用空间业务频率和轨道资源之前，必须按照程序先向国际电联无线电通信局提出申请，以便各方能够采取有效的干扰控制机制来充分利用无线电频率和轨道资源。随着无线电业务的应用场景越发多样化、复杂化，《无线电规则》的许多未尽事宜通过《程序规则》进行解释、说明。除此之外，ITU - R 还组织制定并颁布技术建议书、报告、手册，为各类无线电业务提供技术层面的标准与建议。

（1）《无线电规则》

首届国际无线电报大会于 1906 年在柏林召开，并签署了第一份《国际无线电报公约》，其附件载有最早的关于无线电报通信的规则，经历届无线电大会的补充和修订，特别是在 1963 年引入了空间无线电业务相关规定，逐步形成了《无线电规则》。

《无线电规则》是各国主管部门规划、管理、申报、协调无线电频率相关事宜的最重要国际法规之一，规定了各成员国平等拥有和平探索和利用外太空活动的权利和义务，并给出具体的方法和程序。其主要内容包括：

① 规定各类无线电业务可用的频段（无线电频率划分规定）

《无线电规则》将不同的频率分配给不同的无线电业务，并对不同业务之间相互重叠的频段制定共用条件。无线电频率划分规定是对各种无线电业务使用频率进行管理的基础，国际电联各成员国均应该遵守。如果某卫星网络使用的频率与《无线电规则》的频率划分表不一致，则必须征得所有受影响的合法使用该频段的主管部门的同意，且不能得到保护。

② 规定各国使用无线电频率所必须遵守的程序和规则（国际地位的获得）

具体包括无线电频率申请、协调和登记程序，频率的技术特性及其使用原则、建议、报告、决议，干扰处理程序，电台的识别和保密，各种无线电台的操作要求和使用规定等，以便保障各成员国使用无线电频率和轨道资源的权利和义务。

③ 记录并公布各国网络的国际地位（国际地位的确认）

凡是按照《无线电规则》履行了规定的程序、符合要求的频率指配，均可记录到国际频率登记总表（Master International Frequency Register，MIFR），并获得国际的认可与保护。

MIFR 通常被卫星操作者简称为"总表"，但这不意味着真存在这样一张表让卫星操作者可以很方便地直接查找所有已获得国际保护地位的频率指配，MIFR 其实是一些数据库的集合——国际电联定期公布其收到的卫星网络通知资料，并备注每个频率指配的具体状态信息，符合国际电联各项规定的频率指配拥有不容置疑的国际保护地位，未能完全符合国际电联规定的频率指配仅登记供参考。

（2）《程序规则》

由于《无线电规则》中的许多条款都有较深的内涵，在实际申报、协调、登记的过程中需要更加有针对性的具体指导，因此，国际电联额外制定了《程序规则》，对《无线电规则》一些条款加以解释和说明。值得注意的是，《程序规则》与《无线电规则》拥有同等约束力，各成员国在开展具体工作时需要同时遵守。

（3）BR 国际频率信息通报

BR 国际频率信息通报（BR International Frequency Information Circular，BR IFIC）是 BR 向各成员定期提供的一份 DVD‐ROM 格式的服务型文件，由于其两星期发布一次，也因此被业内人士简称为"周报"。

按照《无线电规则》的规定，凡是希望得到国际电联承认并要求国际保护的卫星业务或地面业务，都需要按照规定程序、使用规定的软件、按照规定的技术范围向 BR 提出频率及轨道资源使用申请。BR 在收到各成员国提交的频率及轨道资源申请之后，按照《无线电规则》和《程序规则》的要求进行检查，根据相应的技术标准判断是否需要协调，并将检查结果和所需协调的国家和网络清单公布在 BR IFIC 上。

除此之外，BR IFIC 发布的信息中还包含最新版本的国际电联软件和数据库，以及各类辅助文档。值得注意的是，在国际电联的网站上可以直接下载国际电联的最新软件安装包，也可以直接查询某卫星网络申报的频率、轨道和载波等信息，但是国际电联关于卫星网络的具体检查结果和所需协调的国家和网络清单，以及完整的数据库信息，都只能在需要付费购买的 BR IFIC 中获得。

（4）建议书

建议书是 ITU－R 基于无线电通信研究组课题的研究成果制定，经由国际电联成员国批准并发布的国际技术标准。若某份建议书被《无线电规则》引证归并，那么 ITU－R 将强制执行该建议书相关规定；若没有，则并不强制执行。由于一份技术建议书通常是各成员国经过多次会议讨论并最终达成一致的成果，所以，虽然很多建议书并不强制执行，但仍然被广泛用于频率轨道资源的国际协调中。

与固定卫星通信相关的是 S 系列建议书，与移动卫星通信相关的是 M 系列建议书，与遥感卫星通信相关的是 SA 系列建议书。

（5）报告

报告是由研究组就特定主题制定的技术、操作或程序说明，与建议书类似，没有被《无线电规则》引证归并的报告并不强制执行。

与固定卫星通信相关的是 S 系列报告，与移动卫星通信相关的是 M 系列报告，与遥感卫星通信相关的是 SA 系列报告。

（6）手册

手册就无线电通信某些方面的基础知识、研究现状及运营状况良好的技术做出说明，主要服务对象是各国负责无线电业务或系统规划、设计与使用的无线电从业人员。手册特别关注发展中国家的要求，内容自成一体，不要求读者熟悉国际电联其他的无线电规则、程序。

2.3　主要国家管理政策

2.3.1　中国

虽然联合国和平利用外层空间委员会关于"频率轨道资源"是否属于"太空资源"尚无明确的结论，但是我国早在 1993 年出台的《中华人民共和国无线电管理条例》中就已经明确规定"无线电频谱资源属于国家所有"，国家对无线电频谱资源实行统一规划、合理开发、有偿使用的原则。

我国于 1920 年加入国际电报联盟，1932 年派代表参加了于马德里召开的国际电联全权代表大会，1947 年在美国大西洋城召开的全权代表大会上被选为行政理事会的理事国和国际频率登记委员会委员。新中国成立后，我国的合法席位一度被非法剥夺。1972 年 5 月 30 日国际电联第 27 届行政理事会才正式恢复了我国在国际电联的合法权利和席位，并先后由原邮电部、信息产业部及目前的工信部代表国家参加国际电联的各项活动。

在正式恢复在国际电联的合法权利和席位后，遵守国际电联《组织法》《公约》和《无线电规则》既是我国的权利又是我国的义务。对于我国无线电管理法规的制定和修改，主管部门会考虑《无线电规则》的相关规定，将其合理纳入国家无线电管理法规或使两者有效衔接。

（1）主管部门与管理机制

依据《中华人民共和国无线电管理条例》（2016 年 11 月修订版），无线电频谱资源属于国家所有。无线电管理工作在国务院、中央军事委员会的统一领导下分工管理、分级负责，贯彻科学管理、保护资源、保障安全、促进发展的方针。工信部是中国负责频谱管理的国家机关，工信部无线电管理局承担国家的日常频谱管理工作。国家无线电监测中心（国家无线电频谱管理中心）是国家无线电管理技术机构，为工信部直属事业单位，主要承担无线电监测和无线电频谱管理工作。在上级无线电管理机构和同级人民政府的领导下，省、自治区、直辖市和设区的市无线电管理机构负责辖区内的无线电管理工作。

《中华人民共和国无线电管理条例》是我国无线电频谱管理的主要法律依据。工信部根据国际电联《无线电规则》，并结合我国无线电业务的发展现状和未来应用需求，发布了《中华人民共和国无线电频率划分规定》（现行版本自 2018 年 7 月 1 日起实施）。该规定对频谱管理的术语与定义、无线电业务与划分的类别、频率划分表、国际电联频率划分脚注和中国频率划分脚注做了详细规定，是选择和使用频率的基本依据，在频率管理中发挥了非常重要的作用。研制、生产、进口、销售、测试和设置使用的各种无线电设备，均应遵守该规定。在这些法规基础之上，工信部及无线电管理局还针对无线电频率及卫星轨道资源申请、应用及维护工作制定了一系列规定、办法及程序，以规范无线电频率及卫星轨道资源的有效使用。

（2）频率轨道资源管理规定

无线电业务的申请与应用不仅需要依据本国法律、法规，还需要依据国际电联《无线电规则》，并按照国际规则开展国际协调磋商，实现同种业务和不同业务间的兼容运行，进而实现频率轨道资源的高效使用。计划使用频率轨道资源提供卫星业务，必须先提出申请并通过协调获得资源，在此过程中，以《中华人民共和国无线电管理条例》和《中华人民共和国无线电频率划分规定》为指导和法规框架的国内频率轨道资源管理规定，成为国内各卫星业务操作单位日常工作所需要遵循的规章程序。

除安全业务、业余业务以及微功率（短距离）无线电通信外，使用无线电频率应当取得许可，具体规定详见《无线电频率使用许可管理办法》。卫星频率轨道资源的使用需要规避对先期已提出申请或已投入使用的无线电业务或系统造成干扰，并开展干扰协调与磋商。提出卫星频率轨道资源应用申请和应用需求应按照国内卫星频率轨道资源申请、应用及维护管理办法，履行相关规章程序。

目前，我国现行的较为重要的卫星频率轨道资源管理办法及规定见表 2-2。

表 2 - 2　卫星频率轨道资源管理办法及规定

序号	文件名称	颁布时间
1	《卫星网络申报协调与登记维护管理办法(试行)》	2017
2	《卫星网络国际申报简易程序规定(试行)》	2019
3	《卫星无线电频率使用可行性论证办法(试行)》	2020
4	《工业和信息化部无线电管理局关于进一步规范明确民用卫星设置使用过程中有关无线电管理要求的通知》	2021
5	《工业和信息化部无线电管理局关于进一步明确卫星无线电管理相关要求的通知》	2022
6	《工业和信息化部无线电管理局关于进一步做好卫星网络申报协调及国际电联周报处理等相关工作的通知》	2016
7	《工业和信息化部办公厅关于进一步加强和改进卫星网络国际信函协调工作的通知》	2015
8	《无线电频率使用率要求及核查管理暂行规定》	2017
9	《国家无线电办公室关于加强无线电频率和轨道资源协调使用风险预警有关工作的通知》	2021
10	《地球站国际协调与登记管理暂行办法》	2015
11	《内地与香港卫星网络申报协调登记办法》	2006
12	《设置卫星网络空间电台管理规定》	1999
13	《建立卫星通信网和设置使用地球站管理规定》	2009
14	《无线电台执照管理规定》	2009
15	《卫星移动通信系统终端地球站管理办法》	2011
16	《对地静止轨道卫星动中通地球站管理办法》	2023

2.3.2　美国

（1）主管部门与管理机制

在美国，参与国家频谱组织工作的实体包括：

1）国会；

2）国家电信和信息管理局（NTIA），特别是下属频谱管理办公室（OSM）和下属跨部门无线电顾问委员会（IRAC）；

3）联邦通信委员会（FCC）。

上述实体的任务和特权如下：

由国会发布政策指导方针。

NTIA 是根据 1978 年的一项行政命令在美国商务部内成立的一个行政机构，负责管理联邦政府对无线电频谱的使用。NTIA 是总统的首席电信政策顾问机构，它代表行政部门从事国际电联世界无线电通信大会相关研究工作。

NTIA 主要负责：

1）制定长期频谱规划，目的是满足未来联邦政府的频谱需求，拟定与 FCC 协调、以有效利用频谱的政策；

　　2）制定在紧急情况下管理无线电通信的规划；

　　3）在国际上通过 FCC 协调和登记联邦政府的卫星网络；

　　4）满足联邦机构的频谱需求，为联邦机构的新无线电通信系统提供频谱认证；

　　5）为评估和规划频谱的使用而进行必要的工程分析；

　　6）为开展这些活动而提供必要的自动化信息技术能力。

　　NTIA 的频谱管理办公室负责日常的频谱管理裁决，并负责为频谱管理政策提出建议。它是决定联邦政府所有频谱管理裁决的最高当局。联邦机构之间关于频率指配裁决的申诉由 NTIA 的管理和预算办公室（OMB）解决。

　　NTIA 的跨部门无线电顾问委员会成立于 1922 年，代表 20 个联邦机构，与 FCC 合作，向 NTIA 提出关于频谱政策的制定与程序事项，关于联邦政府在影响美国频谱使用的条约问题上的立场以及关于冲突解决方案的建议。

　　IRAC 有 6 个小组委员会（频谱规划、技术、无线电大会、应急规划、频率指配和空间系统），NTIA 任主席。

　　FCC 是一个独立的美国政府机构，直接向国会负责。FCC 是根据 1934 年通信法成立的，负责为州间和国家间以无线电、电视、有线、卫星和线缆方式提供的通信制定规则。FCC 的工作人员按职能分成七个局，负责日常行使 FCC 的权力和执行 FCC 的决定。

　　美国将无线电频谱划分为 FCC 专用、NTIA 专用以及 FCC 与 NTIA 共用三类，其中，专用频段由 FCC 和 NTIA 分别单独管理，共用频段由部间顾问委员会（简称 IRAC）负责协调管理。NTIA 隶属商务部，直接对总统负责，管理联邦机构的无线电频谱使用，而 FCC 直接对国会负责，管理非联邦机构（即私营部门，包括广播、移动通信、商业、工业、个人以及州和地方政府）的无线电频谱使用。两个机构协调频率分配，并设定技术要求，以避免干扰。

　　联邦政府机构具体包括广播理事会、农业部、商务部、国防部、能源部、国土安全部、内政部、司法部、国务院、运输部、财政部、退伍军人事业部、国家航空航天局、国家科学基金会、田纳西州流域管理局、美国海岸警卫队、美国邮政总局等。

　　随着频谱共享技术的出现，美国不仅鼓励将频谱从联邦实体重新分配给非联邦实体，还鼓励联邦用户和商业用户共享频谱。

　　美国国会负责平衡商业和消费者无线服务的频谱分配，同时保护联邦机构对执行关键任务功能的频谱的使用。当美国国会考虑为商业用途分配新增频谱的政策时，会考虑对频谱日益增长的需求，对美国国防部系统和应用的影响、频率干扰、频谱分配跨部门流程以及美国国防部预测未来频谱需求的能力。

　　随着移动业务持续增长，对频谱的需求不断增加。美国国会已经颁布政策，促使更多频谱可用于商业，在某些情况下，频谱将从联邦机构重新分配给商业用途。

　　美国国会可审查 FCC 和 NTIA 或其他联邦机构解决频谱纠纷的程序。FCC 和 NTIA 根据谅解备忘录开展工作，该备忘录要求进行频谱规划和协调。在与 FCC 的会议中 NTIA 代表联邦机构发言。

2018 年，美国总统指示 NTIA 制定国家频谱战略，提出"平衡、前瞻性、灵活和可持续的频谱管理方法"；指示联邦机构审查当前频率分配和频谱使用，以确定可以重新分配或与商业应用共享的频谱。美国政府寻求更灵活地使用频谱，以支持新应用，或通过共享方式使用频谱。

（2）频率轨道资源管理规定

美国频率轨道资源管理的立法制度和规章制度主要分为以下三部分：

1）1934 年通信法，是管理美国境内和美国与其他国家之间有线通信和无线电通信的基本法律。

2）1993 年国会表决通过的统一预算协调法（OBRA），授权 FCC 拍卖频谱。

3）1996 年电信法。

从美国频谱战略规划的制定与实施来看，一方面，NTIA 和 FCC 分别提出联邦政府和非联邦政府的频谱战略规划，战略规划具有很强的前瞻性和实用性，并能折射出美国频谱资源管理的新理念。另一方面，美国高度重视战略规划的落实，从加强对规划实施的监督，到积极推进频谱资源优化配置，在一定程度上缓解了美国频谱资源使用日益紧张的局面。

FCC 归口管理主要依据的法规文件是《美国联邦规则法典，第 47 编，电信卷》（Code of Federal Regulations，Title 47，Telecommunication，CFR47）。电信卷由 5 个分卷组成，共计 199 个部分，内容包括 FCC 的组织机构以及各种电信业务管理规定，其中对建立台站申请程序、执照、电台审批要求、电台执照的资格要求、收费、技术标准、技术操作等都做了详细规定。其中，第 25 部分是《卫星通信法》法规文件，它详细规定了空间电台和地球站的执照申请、审批、变更、运营要求及相关标准，具体由一般性规定、申请与许可、技术标准、技术操作、其他条款、数字音频广播业务（DARS）竞标程序、公共利益义务等几部分组成，其中，申请与许可部分详细规定了地面电台和空间电台的申请和审批过程，以及空间电台操作者的具体要求等内容。

NTIA 和 FCC 都有各自的频谱使用划分表，其中除了国际划分还有美国划分，特别区分出了联邦和非联邦的频率划分及使用规则，并用 3 种不同类型的脚注细化每一段频谱的使用。

2.3.3　俄罗斯

（1）主管部门与管理机制

2008 年 5 月 12 日，俄罗斯在联邦信息技术与通信部的基础上，成立了通信与大众传媒部；2018 年 5 月 15 日，根据俄罗斯联邦第 215 号总统令，俄罗斯联邦通信与大众传媒部正式更名为俄罗斯联邦数字发展、通信与大众传媒部，简称为俄罗斯联邦通信部。

俄罗斯联邦通信部是受俄罗斯联邦政府直接管理的联邦权力执行机关，下设 15 个部门，其主要职能是通过网络为国家、州、区提供基本的社会服务，保证 IT 行业高速发展，保质保量且及时地开展邮政服务，普及通信网络和服务，普及大众传媒。俄罗斯联邦通信部主要负责 IT 行业、电信（包括无线电频率分配和使用）、邮政、大众传媒（包括电子媒体、电视广播、互联网等）、新闻印刷出版等领域国家政策和法律法规的制定、调整及施行。

其中，具体负责无线电管理工作的职能部门为俄罗斯联邦通信部下属的无线电频率和通信网络管理局，其负责制定及调整电信和无线电频谱相关领域的国家政策和法律法规等，主要工作为国家电信管理，保证俄罗斯联邦统一电信网的安全和平稳运行、保障网络安全，保护个人信息安全和规范统筹通信领域的计量、测量和溯源等工作；同时作为国家无线电频率委员会行使相关职能，作为部门间协调机构，负责制定无线电频谱使用和分配领域的相关政策、准备参加国际电信联盟所需提案及文件、维护国家频谱权益等方面的工作。相关职责如下：

1）建立健全无线电频谱管理领域的相关法律法规等；

2）确保俄罗斯联邦的无线电频谱权益，保障无线通信设备电磁兼容性；

3）科学合理地提高俄罗斯无线电频谱资源使用效率。

无线电频率和通信网络管理局下属 3 家单位分别是俄罗斯联邦通信署，俄罗斯联邦新闻印刷出版署以及俄联邦通信、信息技术和大众传媒领域监督局（以下简称为"俄联邦监督局"），其中俄罗斯联邦通信署及俄联邦监督局的工作内容涉及无线电管理。

（2）频率轨道资源管理规定

俄罗斯联邦无线电频谱资源分为国家优先、民用优先和公共使用 3 类。对于国家优先频段的管理，主要由国防部及相关政府权力机构负责；对于民用优先频段的管理，主要由联邦通信部无线电频率和通信网络管理局负责；对于公共使用及需要协商使用频段的管理，主要由联邦无线电频率管理委员会协调使用。

俄罗斯在电磁频谱管理领域的法律法规有《通信法》《俄罗斯无线电频谱法》《俄罗斯频率轨位资源条例》《俄罗斯联邦无线电规则》等。其中，《通信法》是无线电管理领域的根本依据，《俄罗斯无线电频谱法》用于规范无线电频率分配和使用的法律依据，《俄罗斯频率轨位资源条例》用于规范频率轨位资源的分配、使用与保护活动，《俄罗斯联邦无线电规则》是基础性、操作性文件。无线电频谱资源的划分和使用通常会随着国际用频规则、国内应用需求及协调情况动态变化，相应的法规文件也随之更新。

2.3.4　法国

（1）主管部门与管理机制

无线电频谱是法国国家公共资源的一部分，不可分割，不可转让。《邮政和电子通信法》将频率管理委托给国家无线电频率管理局（ANFR），并与负责无线电频率的行政机构和当局协商。总理应根据视听和数字通信管理局及电子通信管理局的建议，确定邮政和新闻发行以及分配给国家当局的无线电频率或频段及分配给其中一个当局的频率或频段。1 区的频谱由 7 个行政部门（具体涉及民航、国防、空间、内陆、气象、港口和海上航行、国家教育、研究和技术部门）以及 2 个独立的行政机构［具体涉及视听高级委员会（CSA）和电子通信、邮政和新闻发行监管局（ARCEP）行政机构］共享，这些行政机构本身可以将频谱分配给第三方。使用无线电频率是一种私人占用国家公共资源的方式，都需要经过两个步骤，即频率分配和频率使用许可。

ANFR 于 1998 年 1 月成立，其主要任务是规划、管理和控制无线电频率的使用。

根据法国《邮政和电子通信法》的有关规定，ANFR 的任务包括：

1）统一法国的立场，并协调法国代表在无线电频率领域的国际谈判中的行动。在这方面，筹备国际电联组织的全球和区域无线电通信会议，以及欧洲邮政和电子通信会议与欧洲联盟关于其职权范围内主题的会议。协调法国代表在这些机构设立的委员会、专家组和工作组中的工作，并与之保持永久联系，与负责频谱管理的外国当局保持联系。

2）对无线电频谱进行前瞻性分析，以期公共或私人用户在不影响已有无线电业务系统使用的情况下最佳利用无线电频谱。委员会应定期审查频谱利用情况，并给出调整建议。

3）编制并提交国际电联《无线电规则》所指服务类别之间以及受影响机构和当局之间的频段分配，供总理批准。

4）建立和维护国家频段分配表。编制和维护与频率使用有关的所有文件，特别是国家频率文件。协调共享频段的频率分配，被告知在有减损的专用频段分配新频率的计划，并可就此发表意见。2021 年 12 月 14 日，总理通过了 ANFR 理事会于 2021 年 6 月 17 日审议提出的对国家频段分配表（NRBP）的修正案，形成 NRBP 的最新修订版本。

5）协调在国家领土上建立各种类型的无线电台，以确保最佳利用现有场地，防止频率用户之间的有害干扰。

6）在收到无线电系统干扰的报告后，对此类干扰进行调查，可以进行现场测量，评估并判断是否存在来自其他国家的跨界有害干扰。

7）就电磁兼容性规则、频谱工程、受影响当局之间的无线电频谱共享、限制公众接触电磁场，以及确保无线电系统正确使用的标准提出任何建议。

8）负责卫星通信系统的国际协调。

9）确保无线电频谱的使用方式不妨碍其他欧盟成员国在各自领土内授权使用相关无线电频谱，尽可能减少欧盟成员国之间的跨界有害干扰。如有必要，委员会应要求实施欧洲议会和理事会 2018 年 12 月 11 日第 2018/1972 号指令（EU）第 28 条规定的合作程序，该指令规定了欧洲电子通信规范。

10）根据受影响机构和当局的要求，并在与之签订的协议框架内，可对其频率计划和分配进行全部或部分管理，审查授权申请，签发此类授权产生的行政文件，并进行必要的检查。

11）应代表负责电子通信的部长接收和处理第 L.97-2 条所述卫星系统的频率分配申请。

12）应与视听和数字通信管理局联络，确保观众在法令规定的条件下，继续接收经授权以数字方式进行地面微波广播的电视服务。

ANFR 由 18 名成员组成的理事会管理：根据能力选出的 6 名人员（包括主席，该主席不得兼任视听和数字通信管理局主席和电子通信、邮政和新闻发行监管局主席），国防部长代表，内政部长代表，外交部长代表，负责电子通信的部长代表，负责空间事务的部长代表，负责运输的部长代表，负责研究的部长代表，负责预算的部长代表，负责海外部门和领土的部长代表，负责通信的部长代表，视听和数字通信管理局的一名代表，电子通信、邮政和新闻发行管理局的一名代表。理事会成员任期 5 年，任期中断的，在任期届满前的剩余时间内予以更换。

理事会应决定该机构活动的总体方向，并应特别审议下列事项：

1）批准拟议的国家频段分配表，列出受影响机构和当局之间的频段分配以及这些频段所针对的服务类别；

2）关于法国出席国际无线电通信会议代表团的任务和相关技术提案；

3）批准工程处的活动和投资方案；

4）批准工程处的预算和预算修正案，包括增加支出或减少收入，或在资本运营科和业务科之间转移拨款；

5）批准年度活动报告；

6）财务账户审批；

7）确定和分配财政年度的结果；

8）批准机构的总体组织；

9）批准第 R.20 - 44 - 11 条第 11 款所述公约；

10）规定合同、频谱重组援助和协议草案须经其批准的条件；

11）在原子能机构各任务范围内设立主管咨询委员会；

12）批准有关机构或当局提出的使用频谱重建基金提供援助或预先资助重建业务的申请，批准频谱重建捐款的支付费用与再利用条件的协议；

13）根据第 R.20 - 44 - 11 条第 18 条所述法令的规定，批准实施允许连续接收电视服务的安排的细则。

理事会可授权总干事代表机构行使其权力，但以上第 1）、3）～10）和 12）～14）条所述权力除外。

ANFR 的具体管理由总干事负责，总干事是征求理事会主席意见后根据颁布的法令任命的，提供行政、财务技术指导，确保集体效率。ANFR 现任总干事为吉勒·布莱格。ANFR 还负责根据与法国电子通信、邮政和新闻发行监管局（ARCEP）的协议，管理专业网络和临时使用的频率。

在法国，与卫星系统有关的频率分配申请均应提交给 ANFR。ANFR 管理所有向国际电联无线电通信局提出的卫星系统频率分配申请，审查无线电通信局登记的卫星系统之间，以及这些系统与其他无线电通信服务之间的频率共用申请。ANFR 咨询委员会还代表负责电子通信的部长处理这些系统频谱的许可申请。法国除了管理本国卫星业务外，还负责对总部设在巴黎的两个国际卫星组织即欧洲通信卫星公司（EUTELSAT）和欧洲空间局（ESA）的卫星网络进行管理。ANFR 编制和维护与频率使用有关的所有文件，包括无线电台（站）文件。它与有关部门和机构联络，编制和分发与无线电台有关的文件、目录等。

另外，法国空间研究中心（CNES）也负责管理科学卫星（卫星地球探测、空间操作、空间研究、卫星无线电测定等业务）使用的频率。

（2）频率轨道资源管理规定

法国有关卫星频率轨道资源的管理规定主要体现在《邮政和电子通信法》和2006年8月11日关于卫星系统频率分配和修订《邮政和电子通信法》的第2006-1015号法令中，涉及卫星系统频率分配许可申请、许可申请的审查和授予、许可期限、许可持有人的义务、许可的修改和失效、频率申请相关费用、违反相关规定的处罚措施等方面。

①卫星系统频率分配许可申请

与卫星系统有关的频率分配申请应向ANFR提出。申请应包含国际电联《无线电规则》附录4所规定的材料。申请需要支付向国际电联提交的文件审核费用，以及其他应付给国际电联的费用。ANFR应在一个月内以法国的名义，代表申请人申报频率应用申请，并启动《无线电规则》规定的程序，不符合国家频段分配表或国际电联规定的申请除外。申请人应向ANFR提供执行国际电联《无线电规则》规定所需的技术援助。

②许可申请的审查和授予

在卫星系统频率分配使用许可申请的程序中，ANFR公开申请摘要，并在其确定的时限和条件下收集有关第三方的意见，同时咨询有权使用有关无线电频率的行政部门和公共当局，并征集他们的意见。上述征求意见如在告知后6周内没有答复，则默认无意见。ANFR在结束许可申请的审查后，最迟在收到申请书的4个月内，应向负责电子通信的部长发送一份文件，包括申请书、审查报告、征集的意见和建议以及授予许可或拒绝许可草案。负责电子通信的部长在收到上述文件后应在2个月内做出决定，如在该期限内未做出决定，则默认拒绝许可。负责电子通信的部长应将结果告知申请人及ANFR。

授予许可的条件是，申请人必须证明其有能力控制所有使用该频率的无线电台，包括地球站，且向法国ANFR支付其向国际电联申报处理文件的费用。如有下列情形之一，可拒绝授予许可：出于保护公共秩序、国防需要或公共安全的需要；该申请不符合法国在无线电通信领域的规定，或是不符合现有或可预见的频段使用，或是与其他能够更好地管理频率的许可申请相冲突；该申请影响法国已经向国际电联提交的频谱资源；申请人曾因违反相关规定受到过处罚。

③许可期限

一般情况下，卫星系统频率使用许可有效期为20年。当许可涉及试验性系统，或当申请人提出缩减有效期申请，或考虑到系统预期寿命，许可期限可以缩短。许可期限也可以延长，若有延期需要，许可持有人应在许可到期日前至少3年向ANFR提出延期申请。对于前述试验性系统，许可中可规定3年以下的提前延期申请期限。

④许可持有人的义务

许可持有人应采取必要手段，确保遵守法国在国际电联框架内做出的承诺，尤其是

ANFR 已向国际电联提交的关于无线电有害干扰和电台识别的承诺。许可持有人还应在负责电子通信的部长提出要求时，按照《无线电规则》的规定，消除由许可持有人的卫星系统造成的任何有害干扰。

许可持有人应当直接或通过与电台运营商签订合同，对根据该许可运营的所有无线电台（包括地球站）的传输保持永久控制。与电台运营商签订的合同应包含使许可持有人能够中断电台运行的条款。许可持有人应将这些规定告知 ANFR，ANFR 应相应告知负责电子通信的部长。

许可持有人应至少每年一次向负责电子通信的部长和 ANFR 提交与卫星系统项目或其运行有关的财务、商业和技术信息，特别是与使用许可所涉及的指定频率有关的信息，以及卫星系统运行中已经发生的或计划进行的调整变化。

许可持有人应将下列信息及其变化及时告知相关部门：与其资本和投票权的任何变化有关的信息，与任何妨碍使用（或是部分妨碍使用）许可频率相关的信息，与负责电子通信的部长确定的卫星系统有关的信息，与发射服务提供者有关的信息，卫星系统无线电空间站运营商的名称，分配给卫星系统频率的投入使用日期。

未经相关行政部门的同意，许可持有人不得转让其持有的频率使用许可。对许可持有人规定的上述义务也同样用于许可所涉及的由第三方持有、安装或运营的位于法国境外的无线电台。

⑤许可的修改和失效

如分配给卫星系统频率使用许可申请人的卫星系统的频率在许可授予后 5 年内未运行，则许可将失效。当部分分配的频率被国际电联无线电通信局取消时，在法国与国际电联其他成员国或向国际电联申报频率的其他运营商签订协调协议的情况下，应由负责电子通信的部长根据 ANFR 的建议修改许可。如果与许可有关的所有指定频率被国际电联无线电通信局取消，则许可将失效。如果所分配的频率全部或部分停止使用，负责电子通信的部长在听取许可持有人的意见后，可根据 ANFR 的建议，撤销对相应频率分配的使用许可。

⑥频率申请相关费用

任何关于频率分配的申请，最迟应在提交申请时支付国际电联要求的相应费用。此外，申请人提交许可申请后必须向法国主管部门支付 20 000 欧元准备金，即频率使用许可授权费（Authorization Fee）。在收到许可申请后，ANFR 将签发一份证书，以支付此费用为前提条件，但业余卫星服务的卫星系统免缴授权费。

⑦违反相关规定的处罚措施

未经 ANFR 许可自行启用法国向国际电联申报的频谱资源，或违反 ANFR 宣布许可暂停、撤销、失效的决定，继续进行这种操作的，应处以 6 个月的监禁和 75 000 欧元的罚款。根据法国《刑法》第 121 - 2 条规定的条件，被宣布对上述罪行负有刑事责任的法人，除《刑法》第 131 - 38 条规定的罚款外，还将受到该法第 131 - 39 条款第 4、5、8 和 9 条规定的处罚。负责电子通信的管理部门和 ANFR 的官员及代理人可以根据该条规定的条件调查和记录这些违法行为。

2.3.5　日本

（1）主管部门与管理机制

2001 年 1 月 6 日，由邮电部、总务厅、自治省和总理府外局（公正贸易委员会、环境纠纷协调委员会）合并形成了现在的总务省（Ministry of Internal Affairs and Communications，MIC）。作为日本政府内阁的重要组成部分，总务省位居日本内阁 11 个省之首，主要负责建立与国家的行政组织、公务员、地方财政、公民选举、消防防灾、信息通信、无线电频谱管理、邮政事业等有关的基本行政制度，管理支撑国民经济和社会活动的基础行政系统，其下设部长秘书、行政管理局、行政评估局、地方行政局、地方公共财政局、地方税务局、信息通信相关机构、统计局、政策规划局等。

在无线电频率使用和管理方面，总务省内部设置了一系列的部门和办公室，下面介绍几个主要部门和办公室。

①无线电政策司

无线电政策司负责制定规划、设计和推广无线电使用的一般政策，进行频率分配，运行操作者认证系统，其下又设协调科，规划科，政策科，开发科以及第一、二、三频率分配科（以 15.4 GHz 和 770 MHz 为分界线，每科室负责其中一段频段的分配）等科室。

此外，无线电政策司还设有国际频率政策办公室和频率使用费用办公室两个重要部门，前者主要负责国际政策及国际协调相关的工作，包括国际政策的制定及实施、与相关主管部门的频率协调以及国际电联相关工作。后者主要负责频率使用费用的收取和管理，运行综合无线电台管理系统。

②固定无线电通信司

固定无线电通信司主要负责固定无线电台的相关工作，其下设协调科、国际事务科、通信科和卫星通信科。

③公共安全无线电通信办公室

公共安全无线电通信办公室主要负责公共安全通信相关无线电台的管理工作。

④陆地移动通信司

陆地移动通信司主要负责陆地移动无线电台的管理工作，其下设规划科、第一服务科、第二服务科、第一技术科和第二技术科等科室。

⑤移动卫星通信司

移动卫星通信司主要负责航空、海事和卫星系统无线电台的相关工作，其下设协调科、海事科、航空科和国际事务科等科室。

⑥电磁环境司

电磁环境司主要负责预防和减少无线电波对无线电设备造成的损伤，也负责制定无线电设备、校准和发射无线电波的工业设施相关技术规则。除规划科、技术开发科和技术管理科等科室外，电磁环境司还设有无线电监测办公室，负责检查和调查未获许可的无线电台，处理无线电通信的干扰等工作。

除了总部机构以外，日本还对地区进行了划分，在全国设置了 10 个综合通信管理局管区及冲绳综合通信事务所，负责辖区内通信行业的管理、通信基础设施的建设、无线电频谱资源合理利用等。

（2）频率轨道资源管理规定

日本的法律法规有 3 个层次，分别是法律、内阁政令和部门条例，内阁政令是对相关法律的执行法规，部门条例是执行相关法律及法令的具体实施规定，此外还有一些对法律补充和完善的各种政策。

在频率轨道资源管理方面，日本最高法为 1950 年由国会认可并出台的《无线电波法》，旨在通过确保公平而有效地利用无线电波，保障公共福利。随着时间的推移，日本对其进行了多次修订，最近一次修订是在 2005 年，当前版本共 9 章 106 条。

第一章为总则，第二章对无线电台许可证的申请及流程进行了规定，包括对申请人的要求，总务省对许可证申请的审查以及相关变更流程；第三章为无线电设备相关技术标准及规定，包括对船舶电台、飞机电台和卫星空间电台的要求以及无线电设备技术法规符合性认证相关规定；第四章为无线电工作人员相关标准，包括成为无线电工作人员的合规流程；第五章为无线电台使用相关规定，其中特别对航空无线电台及船舶电台，以及一些特殊电台的使用进行了详细规定；第六章为无线电台审查相关内容，包括主管部门在对频率划分进行变更时应对相关操作者进行补偿，同时应对无线电台的使用进行定期检查以及检查机构所应满足的资质条件和对审查结果的相关处理方式；第七章和第七章之二规定了无线电相关从业者如果不满意主管部门处理方式申述的流程和机制以及电波监理审议会的架构和工作流程；第八章为其他一些相关规定，包括无线电设备周围高层建筑的要求、无线电频谱使用收费等相关内容；第九章为无线电从业人员在违反相关法律法规后的惩罚规定，包括未申请无线电台使用许可进行相关操作、未按主管部门要求开展工作、泄露无线电通信相关秘密等情况的处罚规定。

除了上述《无线电波法》外，日本同年颁布电波监理委员会规则《无线电波法施行规则》，对《无线电波法》相关规定进行了进一步说明，日本内阁又在 2001 年颁布政令《无线电波法施行令》再一次进行补充说明。例如《无线电波法》第 38 - 2 条规定，如果有无线电从业者想要推动设立或修改无线电设备相关技术标准，需要按照《无线电波法施行规则》中的要求提交申请，《无线电波法施行规则》第 32 - 9 - 2 条规定则明确，如果有无线电从业者依据《无线电波法》第 38 - 2 条提交申请，需要按照附表 2 - 6 的要求，提交申请人的姓名或地址、公司代表的姓名、技术标准制定或变更申请的分类、拟制定技术标准概要或拟变更技术标准概要 6 个方面内容。

需要注意的是，广播电台的相关规定在《无线电波法》中占据了较多篇幅。《无线电波法》《电波管理委员会设置法》和《放送法》被称为日本广播的“电波三法”。1950 年 4 月，日本国会通过了“电波三法”，其中《电波管理委员会设置法》规定设置一个相对独立的委员会，全面指导和管理广播活动（1952 年该委员会撤销，广播活动改由政府直接管理）；《放送法》对日本广播协会和民间私营广播（被称为"一般广播事业体"）的性质地位、业务范围、经营管理等做出了规定；《无线电波法》则对电波和广播的技术问题做出相应的规定。

日本电信管制的法律依据是《电信事业法》，其规定了电信业务、电信设施、普遍服务提供措施、电信业务的批准和土地使用、电信业务争端解决和仲裁等方面的内容，其目的是确保正确合理地开展电信运营和电信服务，促进公平竞争，保护电信用户利益。

此外，1950 年日本颁布了电波监理委员会规则《无线电台许可程序规则》，规定了无线电台许可的申请和办理流程。日本内阁还于 1958 年出台了政令《无线电波法相关收费条例》，对无线电台执照的申请和频谱使用等收费进行了详细规定。2016 年和 2017 年，日本又针对人造卫星发射和人造卫星管理陆续颁布了《人造卫星发射和人造卫星管理法》和《人造卫星发射和人造卫星管理执法条例》。上述两条例重点介绍了火箭和人造卫星相关管理要求，包括发射许可的申请，发射失败后的相关处置、卫星管理者资质的申请和收回、卫星故障和离轨处置等相关要求。

第3章　卫星通信系统的基础知识

在开展卫星通信系统间频率干扰分析时，涉及大量卫星通信系统的基础知识，既需要了解无线电波传播的基本理论，还需要掌握卫星通信系统的组成及卫星链路的分析与计算方法。本章概要介绍电波传播基础知识、卫星通信系统的组成、NGSO 卫星系统设计及链路分析与计算方法等基础知识。

通过本章内容，读者既可以掌握上述基本概念，还可以了解国际电联在无线电波传播、天线辐射特性等相关领域的研究成果，为后续章节中复杂场景下的频率干扰建模仿真方法奠定基础。

3.1　无线电波传播理论

3.1.1　电波传播基础知识

信道是以传输媒质为基础的信号通道，按照传输媒质特性的不同可以进一步分为有线信道和无线信道。有线信道以导线为传输媒质，信号沿导线进行传输，信号的能量集中在导线附近，传输效率高但是部署不够灵活，常见的传输媒质包括同轴电缆以及光纤等。无线信道主要以辐射无线电波为传输方式，无线电波被发射机的天线辐射至整个自由空间进行传播。

相较于有线信道来说，无线信道的传输环境更为恶劣：除了直射之外，无线电波每遇到一个障碍物，都会根据自身波长与障碍物的相对大小发生发射、绕射与散射，这些都对无线电波的能量造成一定的损耗，我们将信号经过多个路径到达接收端从而导致信号强度发生随机变化的现象称为衰落。根据发射机和接收机之间的距离与无线电波波长之间的大小关系，可以将无线信道的衰落分为大尺度衰落和小尺度衰落两类，如图 3-1 所示。

大尺度衰落通常描述发射机与接收机之间长距离（通常几百米、几千米甚至更多）上的场强变化，用于给定范围内平均接收场强的预测——进而可以估测无线系统的覆盖范围。大尺度衰落产生的原因多为收、发端之间因地表轮廓（如高山、森林、建筑物等）的遮挡影响，具体表现为接收端信号能量的减少。大尺度衰落包括路径损耗和阴影衰落两种类型。路径损耗指无线电波在空间传播时信号强度随距离产生的变化，本质上是能量的辐射扩散。阴影衰落由地形起伏、建筑物及其他障碍物对电波传播路径的阻挡、遮蔽所引起，衰落程度与电波频率和阻碍物有关。

小尺度衰落通常描述无线信道特性在短距离上或短时间内变化时，信号受周围阻碍物反射、绕射和散射，导致接收信号场强或相位的快速波动。小尺度衰落通常表现为接收信号的时延扩展和信道的时变特性，由多径效应或多普勒效应引起。

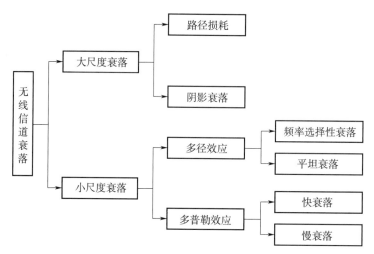

图 3 - 1　无线信道衰落的分类

多径效应指无线电波经不同路径传播后，各个分量到达接收机的时间不同、相互叠加而造成信号失真、产生错误，最快到达接收机的信号与最慢到达接收机的信号之间的时间差产生了时延扩展。根据多径效应产生的时延扩展，可以进一步将小尺度衰落分为频率选择性衰落（信道相干带宽小于信号带宽，信号在自身频带内不同的频率经历的信道特性差异性很大，不同频率的信号衰落不同）和平坦衰落/频率非选择性衰落（信道相干带宽大于信号带宽，信号在自身频带内经历的信道具有恒定增益和线性相位）。

多普勒效应由发射机与接收机之间的相对运动引起，当接收机朝向发射机运动时，接收信号频率变高；当接收机远离发射机时，接收信号频率变低，最大频率偏移与最小频率偏移之间的差值带来了频域的扩展，称作多普勒扩展。依据多普勒效应产生的频域扩展，可以进一步将小尺度衰落划分为快衰落（信道相干时间比信号周期短，且基带信号的带宽小于多普勒扩展）和慢衰落（信道相干时间远远大于信号周期，且基带信号的带宽远远大于多普勒扩展）。

3.1.2　卫星通信信道模型

卫星通信信道是指地球站与通信卫星之间的通信路径，是卫星信道与移动通信信道的融合体。在卫星通信中，卫星与地球站之间的无线电波传播链路主要受到传输距离、大气环境因素（大气吸收、对流层闪烁、雨、雪、云、雾等因素）、地面环境因素（阴影、多径）、收发终端相对运动引起的多普勒频移，以及天线跟踪误差和极化方向误差等众多因素的影响。图 3 - 2 给出了无线电波在星地信道传输过程中受到各类大气环境因素的影响。

在星地链路传输过程中，无线电波在大气层以外的自由空间（接近真空状态）传播损耗占主导地位，其次是大气环境因素造成的衰减，以及多径、多普勒频移等其他影响因素造成的衰减。这些在电磁波传播过程中出现的问题，都会造成有用信号的衰减以及接收端噪声增加，带来信号多径、去极化、传播延迟，甚至中断等影响，不同程度地影响卫星通

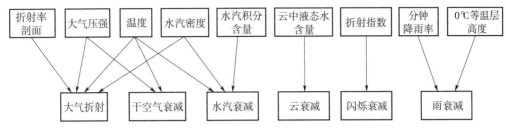

图 3 - 2　大气环境因素对无线电波传播的影响

信系统的性能。

　　卫星通信系统的传输速率与通信质量受到无线信道的直接制约，因此，准确掌握无线信道的传播特性十分重要。信道模型是对无线信道传播特性的统计学描述，在卫星通信系统规划、设计和部署等各个环节都发挥着无可替代的作用。如果低估信道对电波传输的影响，则无法达到系统预期的可靠性要求和服务质量，严重可能导致系统断链，无法提供通信服务；如果高估信道对电波传输的影响，那么将增加系统的建设成本及复杂度，导致资源的浪费。

　　ITU - R 的第三研究组作为电磁波传播特性研究的负责组，多年来围绕星地信道传输特性开展了大量的研究，形成了 P 系列建议书，给出了卫星通信系统设计时所需要的传播数据和传输衰减预测方法。1986 年，ITU - R 在 P 系列建议书中给出了大气吸收损耗模型。1997 年，Dissanayake 等人基于对数正态分布由相似原理推导出 DAH 模型，经第三研究组测试验证其准确度好于当时其他模型，被 ITU - R P.618 建议书采纳，作为国际通用标准沿用至今。但随着国际电联降雨衰减数据库积累数据的增多以及国际上进行的热带地区降雨衰减测试等，逐步发现 DAH 模型存在一些不合理的地方，以及在热带地区预报偏差较大等问题。2003 年，英国提出了全概率的星地路径雨衰减模型，其同时提出了降雨衰减率的计算公式并修订了 ITU - R P.839 建议书。近 10 年来，巴西和韩国等多个国家也向国际电联提交了新的星地路径雨衰减预测模型。

　　ITU - R 在 P 系列建议书中给出了卫星通信信道模型及预测方法，表 3-1 列出了与卫星通信信道模型相关的国际电联建议书。

表 3 - 1　与卫星通信信道模型相关的国际电联建议书

建议书	描述	适用频段	使用场景	生效日期
P. 525	自由空间传播模型	3 kHz～300 GHz	所有业务	2019 年 8 月
P. 528	卫星航空移动和卫星无线电导航传播模型	125 MHz～15.5 GHz	卫星航空移动/卫星无线电导航	2021 年 9 月
P. 618	地空固定传播模型	1～55 GHz	卫星	2017 年 12 月
P. 676	地球表面和倾斜路径的大气气体衰减评估方法	逐线计算法:1～1 000 GHz 近似计算法:1～350 GHz	卫星	2022 年 8 月
P. 678	传播现象可变性的特征描述	12～50 GHz	卫星链路降雨率、降雨衰减	2015 年 7 月

续表

建议书	描述	适用频段	使用场景	生效日期
P.679	卫星广播传播模型	500 MHz～5.1 GHz	卫星广播	2015 年 7 月
P.680	卫星水上移动传播模型	800 MHz～8 GHz	卫星水上移动业务	2022 年 8 月
P.681	卫星陆地移动传播模型	800 MHz～20 GHz	卫星陆地移动	2019 年 8 月
P.682	卫星航空移动传播模型(1～2 GHz:海平面衰减,1～3 GHz:来自地面的多径衰减)	1～3 GHz	卫星航空移动	2022 年 8 月
P.1623	地空路径衰落动态范围预测模型	10～50 GHz	卫星	2005 年 3 月
P.1853	对流层衰减时间序列的合成方法	4～55 GHz	卫星	2019 年 8 月
P.2041	卫星航空移动传播模型	1～55 GHz	卫星航空移动业务	2013 年 9 月

表 3-2 从星地链路传播损耗的角度列出了相关建议书的主要内容。

表 3-2　与星地链路传播损耗相关的国际电联建议书

传播损耗	适用频段	相关建议书
自由空间传播损耗	3 kHz～300 GHz	P.525
大气衰减	逐线计算法:1～1 000 GHz 近似计算法:1～350 GHz	P.619(100 MHz～100 GHz) P.676
降雨衰减	1～55 GHz	P.618 P.619 P.841
云雾衰减	10～200 GHz	P.840
闪烁	电离层闪烁:10 GHz 以下 对流层闪烁:4～20 GHz	P.618 P.619 P.531
晴空效应	10 GHz 以上,10°仰角以下	P.618 P.619
去极化衰减	10 GHz 以下	P.618 P.619 P.531

3.2　卫星通信系统的组成

　　无线电通信使用电磁波来传递信号,其具有视距直线传播的特性,因此会受地球弯曲表面的影响,难以在全频率实现超视距信息传递。通信卫星的发明和使用,其主要目的就是通过卫星来实现远距离通信,通过卫星来传递和放大无线电信号,建立地面发射站与接收站之间的信息通道。

　　目前主流的卫星通信系统,通常可以划分为空间段、用户段与地面段三部分,如图 3-3 所示。空间段通常由一颗或者多颗通信卫星组成,不同卫星之间可以通过星间链路进行信息的传输与交换。用户段通常由各类用户终端设备组成,卫星通信系统的用户终端大小可以不同，从几厘米到几米不等，应用场景也可以不同，包括手持、便携、车载、机载、船载等不同类型终端。地面段通常由中心站、测控站、信关站及地面支撑网组成，负责提供对空间段的测控、网络运行管理及用户管理等功能。

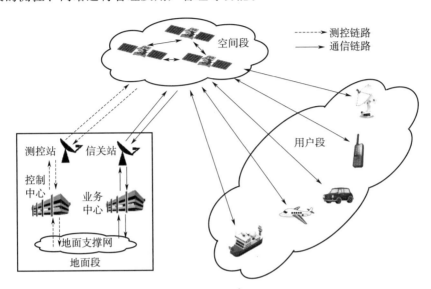

图 3-3　卫星通信系统的基本组成

3.2.1　空间段

空间段的通信卫星通常由卫星平台和有效载荷两部分组成。卫星平台为有效载荷的正常工作提供包括能源、温度、控制以及数据管理等功能保障服务。有效载荷一般由天线分系统和转发器分系统组成，其中，转发器分系统根据是否支持基带处理可进一步分为透明转发器与再生转发器两类。

在一些早期卫星通信的实践与探索中，空间段采用无源反射器实现超视距通信，之后为了满足更大容量的需求，通常采用有源转发器，卫星通过对接收信号的低噪声放大、变频及功率放大后，回传至地面。图 3-4 所示为典型卫星通信系统原理框图。

卫星通信信道和地面通信信道最大的不同点在于信号传播路径长度，地面微波通信距离通常小于 50 km，但地球静止轨道卫星距离地面为 35 786 km，中轨道卫星距离地面约为 10 000 km，低轨卫星距离地面约为 300～2 000 km。这一显著差别，使卫星需提供额外数十至百分贝量级放大增益，来补偿路径损耗，这也是通信卫星系统通常是大功率系统的原因。

根据所处轨道位置的不同，可以将通信卫星分为静止轨道通信卫星和非静止轨道通信卫星。

（1）静止轨道通信卫星

地球静止轨道（Geostationary Earth Orbit，GEO）是指地球赤道面上方35 786 km的圆形轨道，该轨道上航天器的运行方向和地球自转方向一致，运动角速度与地球自转相

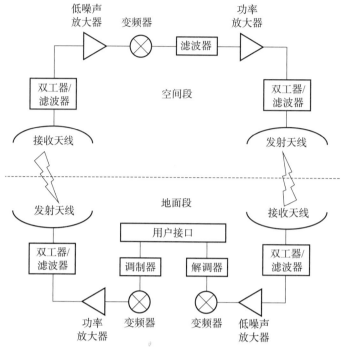

图 3-4　典型卫星通信系统原理框图

同，因此从地球上观测此类卫星是相对静止的，如图 3-5 所示。

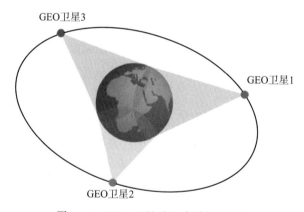

图 3-5　GEO 卫星对地球覆盖示意图

第一个提出把地球静止轨道卫星用于通信业务的是赫尔曼·波托奇尼克，他于 1928 年提出了这个设想（但并没有广为人知）。George O. Smith 在系列科幻小说 *Venus Equilateral* 中提到了 GEO，这是静止轨道第一次出现在大众文学作品中，但 Smith 并没有进行深入的探讨。1945 年，英国著名科幻作家亚瑟·查理斯·克拉克在《无线世界》发表了题为 *Extra - Terrestrial Relays - Can Rocket Stations Give Worldwide Radio Coverage?* 的文章，对 GEO 的原理进行了详细解释，这也使 GEO 这个概念广泛传播。克拉克承认，他引入的 GEO 概念和 Smith 的 Venus Equilateral 有联系，克拉克第一个阐明了静止轨道对于广播和中继通信卫星的作用。所以，有时候 GEO 也被称为克拉克轨道，这一轨道周长大约是 265 000 km。

传统高轨通信卫星一般运行在 GEO，其地面站天线只要对准卫星定点位置就可以通信，而不用频繁转动天线。这个特殊轨道为地面天线操作带来便利的同时，也存在一个明显的缺点，就是该轨道卫星距离地面遥远，所以地面与卫星的通信延迟很明显。信号从一个地面站到卫星再返回到另外一个地面站所需的时间大约为 0.25 s，也就是说，信号从地面站 A 到达地面站 B 再返回地面站 A 所经历的时间接近 0.5 s。

GEO 卫星位于赤道的正上方，随着地面站由赤道向南北极移动，静止卫星在天空中的仰角变低，与卫星的通信信道也变得更加复杂，这是由于大气折射、地球热辐射、视线阻隔和地面与建筑物信号反射等因素的影响，通信质量有所降低。当纬度高于 81° 时，GEO 卫星将低于地平线，不能被观测到。因此，服务于南北极的通信卫星需要采用闪电轨道和冻结轨道等非静止轨道，解决这一问题，提升高纬度地区卫星可见性。

（2）非静止轨道通信卫星

非静止轨道卫星通信系统按照轨道形状可以分为圆形轨道卫星通信系统和椭圆轨道卫星通信系统两大类，其中圆形轨道通信卫星具有高度及卫星运动速度相对稳定的特点，业务波束覆盖特性不会随着时间有较大变化，相对适用于服务区为全球均匀覆盖的星座；而椭圆轨道卫星运行高度、速度及覆盖性均随着轨道位置变化而变化，且在远地点附近运行时间较长，通常可以利用这一特点，实现对特定目标区域的长时间驻留覆盖（图 3-6）。

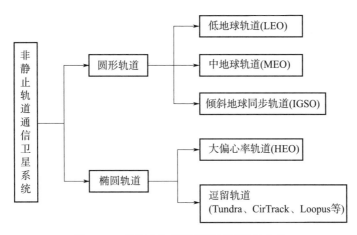

图 3-6　非静止轨道通信卫星系统的分类

1）低地球轨道（Low Earth Orbit，LEO）的高度一般在 2 000 km 以下，同时考虑到大气阻力等影响，通常高度不低于 300 km，由于该轨道离地球近，有着路径损耗小、传输时延低（一般小于 10ms）的特点。传统的移动通信卫星系统 Iridium、Orbcomm、Globalstar 以及新兴的卫星互联网星座 Starlink、OneWeb 等均选择这一轨道。

2）中地球轨道（Medium Earth Orbit，MEO）距地面高度 2 000～35 786 km，为避免卫星受范·艾伦（Van Allen）辐射带中高能粒子的影响，通常选择轨道高度范围为 5 500～16 000 km 及 18 000～25 000 km，传输时延一般小于 50 ms，大于 LEO 卫星。当星座轨道高度为 10 000 km 时，每一颗卫星可实现地球表面 23.5% 的覆盖性，相比 LEO 星座，只要少量卫星就可以完成全球覆盖。宽带通信卫星系统 O3b、ICO 等星座均选择 5 500～16 000 km 高度的 MEO。

3）倾斜地球同步轨道（InclinedGeo‐Synchronous Orbit，IGSO）为一类特殊的地球同步轨道，其轨道平面为圆形，与赤道平面夹角不为零，回归周期为 1 恒星日，星下点轨迹为对称 "8" 字曲线，且交点位于赤道上方，这一轨道上运行的卫星相比 GEO 卫星，可以对高纬度地区形成较好的覆盖，通常由不少于三颗卫星组成的 IGSO 星座实现全球连续覆盖。

4）大偏心率轨道（Highly Eccentric Orbit，HEO）又称为大椭圆轨道，近地点高度约为数百千米，远地点高度约为数万千米，具有较大的偏心率。运行于此类轨道的卫星在远地点附近运动缓慢，可视时间长，适合于实现高纬度地区覆盖。其中，一种最具代表性的 HEO 为闪电轨道（Molniya Orbit），又称为莫尼亚轨道，轨道倾角多采用 63.4°，近心点辐角为 270°，轨道周期约为半个恒星日。该轨道得名于莫尼亚卫星（Molniya Satellite），即从 20 世纪 60 年代中期开始便采用闪电轨道运行的一系列苏联民用和军用通信卫星。

5）逗留轨道。在椭圆轨道中，有一系列轨道其星下点轨迹中存在逗留点，即星下点地理经度对时间的导数为 0，此类轨道统称为逗留轨道。在逗留轨道上运行的卫星，能够长期 "逗留" 于某一局部地区，所以用作通信卫星，可以实现对特定重点区域的长时间、针对性覆盖。典型的椭圆逗留轨道包括苔原轨道（Tundra Orbit），一种椭圆地球同步轨道，该轨道的倾角为 63.4°，并且为冻结轨道（轨道半长轴指向不变，且偏心率和形状均保持不变），因此不需要过多的轨道保持。在这种轨道上需要两颗及以上卫星能够对一个区域连续覆盖。Tundra 轨道的偏心率不断增大，将演化为 CirTrack 轨道，是一种星下点轨迹为近圆形的 IGSO。还有一种典型的椭圆逗留轨道为 Loopus 轨道，又名持续环轨道，其特点为非地球静止轨道卫星持续占据准静止轨道环，卫星周期性遍历准静止轨道环，顺序覆盖南北半球，且在高纬度地区有较好的通信仰角，欧洲的陆地移动通信系统即采用九颗 Loopus 轨道卫星组成通信星座。

与上述工程实际中将卫星轨道根据高度和倾角等特性划分成多种轨道类型不同，国际电联将所有卫星轨道简单划分为两种类型，一种为地球静止轨道（GSO），另外一种为地球非静止轨道（NGSO）。

国际电联在《无线电规则》第一卷的第 1.189 条款对 "地球静止卫星" 的概念进行了定义，即 "运行在地球赤道平面上的圆形轨道，并对地球保持相对静止的地球同步卫星"，广义而言，指对地球保持 "大致相对静止"（在第 9 章的 A.9.6A 条款中进一步明确轨道倾角应小于或等于 15°）的地球同步卫星，记作 GSO 卫星。除上述地球静止卫星外，国际电联将所有工作于其他类型轨道的卫星都定义为地球非静止轨道卫星，记作 non‐GSO，有时也被简写作 NGSO。

我国自主研制建设的跟踪与数据中继卫星 "天链" 系统、移动通信卫星 "天通" 系统，以及中星系列通信广播卫星，都工作在国际电联定义的 GEO，属于 GEO 卫星；而对于目前全球热议的各类低轨通信卫星星座来说，工作在中轨道的 O3b 星座系统，SpaceX 星座、OneWeb 星座工作在低轨道的倾斜轨道、极轨道的卫星系统，俄罗斯卫星系统青睐的闪电轨道，地球观测卫星较常使用的太阳同步轨道，在国际电联的规则体系中均属于 NGEO 卫星，在申报、协调、通知和启用时必须遵守国际电联关于 NGEO 卫星的相关规定。

3.2.2　用户段

卫星通信系统的业务主要可分为以下几类：

1）广播业务；

2）移动通信业务（手持终端、船舶/飞行器/车辆终端等）；

3）固定业务（地面站之间数据传输）；

4）中继业务（其他卫星与地面站之间数据传输）；

5）互联网、物联网等新型业务。

提供上述各类业务的卫星通信系统的终端通过安装无线收发天线实现用户对通信状态的设置与获取，完成通信，具体可以有不同的表现形式，按照终端能否移动可以分为固定终端和移动终端两大类。

（1）卫星通信系统固定终端

①VSAT 终端

VSAT（Very Small Aperture Terminal）直译为 "甚小孔径终端"，是 20 世纪 80 年代中期开发的一种卫星通信终端。"甚小孔径终端" 的 "小" 指的是 VSAT 终端天线口径通常较小，一般在 2 m 以下，因其设备结构紧凑、固体化、智能化、价格便宜、安装方便、对使用环境要求不高（如可安装在楼顶，甚至居家阳台上）且不受地面网络的限制，组网灵活等优点，在传统卫星通信系统较为常用，并且随着使用 VSAT 终端的卫星通信系统综合了诸如分组信息传输与交换、多址协议以及频谱扩展等多种先进技术，可以进行数据、语音、视频图像等多种信息的传输，已逐渐从单一窄带业务的卫星通信网向一个融合电信、广播、计算机的宽带卫星网络发展，支持远程教育、远程医疗、电视会议、视频点播、视频广播等功能。

VSAT 系统有两种类型，一种是双向 VSAT 系统，它由中心站控制许多 VSAT 终端提供数据传输、语音和传真等业务；另一种是单向 VSAT 系统，图像和数据等信号从中心站单向传输至单收 VSAT 终端。

VSAT 卫星通信系统目前在我国使用范围较广，以专用网居多，一般规模不大，除上海证券交易所和深圳证券交易所两个 VSAT 系统规模较大，各网均有数千座 VSAT 地球站之外，其他 VSAT 系统都在几十至数百座 VSAT 地球站量级。目前在我国，VSAT 系统属于工业和信息化部指定的开放性通信业务，经营者必须按照规定向工业和信息化部申请 VSAT 许可。

②卫星广播电视接收终端

卫星广播电视系统是利用地球静止轨道卫星将数字压缩的电视信号传输到用户端的一种广播电视形式。卫星广播电视系统主要有两种工作方式，一种工作方式是将电视信号传送到有线电视前端，再由有线电视台将电视信号传送到用户处；另一种工作方式是将电视信号直接传送到用户处（DTH，"直播到户"）。与第一种工作方式相比，DTH 模式下卫星发射功率更大，允许用户使用相对较小的天线进行接收，普通家庭即可购买终端并安装使用。

DTH 模式下卫星广播电视系统的接收终端由一个小型的碟形接收天线、综合接收解码器及智能卡组成。

在我国，DTH 卫星电视直播到户服务是为了贯彻中央领导指示精神，尽快解决广大农村地区群众长期无法收听收看广播电视的问题，经中宣部审批，由国家广播电视总局组织实施的直播卫星广播电视新服务。DTH 卫星直播到户以最低成本、最快速度、最有效方式，从根本上解决了中国广大农村地区家家、户户、人人听广播、看电视的问题，为推动城乡广播电视公共服务均等化做出了巨大贡献。

（2）卫星通信系统移动终端

卫星通信系统移动终端能够提供实时、灵活、高效的通信质量，实现用户终端在移动过程中的不间断通信，被广泛应用于各种领域。典型的移动终端可分为手持/便携式终端、车载终端、机载终端和船载终端。

①手持/便携式终端

手持/便携式终端主要面向个人，最主要的优势体现在终端设备的小型化和便携化，能够为个人用户提供全天时、全天候、稳定可靠的移动通信服务。对于卫星手持/便携式终端来说，任何地方的用户都可以被呼叫，不受用户所在国家和区域位置的约束，并且通信费用与距离无关，不需要昂贵的长途接续费用。

下面列出了目前国际上较为典型的卫星手持/便携式终端：

（a）Inmarsat 卫星手持/便携式终端

国际海事卫星组织（Inmarsat）于 1976 年首次使用通信卫星提供海上搜索救援服务，同时也提供日常通信服务，到目前为止已发展了五代卫星通信系统。

第一代海事卫星基本已经淡出人们视线；第二代共有四颗卫星，其中大西洋上空有两颗，太平洋、印度洋上空各有一颗，形成了三颗常规卫星、一颗卫星用于租赁和专用的卫星体系；第三代卫星仿照第二代卫星体系，但由五颗卫星组成，大西洋上空有三颗，太平洋、印度洋上空各有一颗，形成了四颗常规通信卫星、一颗卫星用于租赁和专用的卫星体系；第四代卫星由三颗卫星组成；第五代卫星瞄准宽带通信市场，卫星配置与以往的 Ka 频段载荷不同，共包含四颗卫星。

海事卫星终端用于船舶与船舶之间、船与陆地之间的通信，可以进行通话、数据传输和传真。海事卫星电话的业务种类有遇险电话、叫号电话和叫人电话。Mini - M 系统是 Inmarsat 最经典的卫星电话终端，它的大小类似于笔记本计算机。质量约有 2 kg，携带方便、使用灵活，拥有数字技术、清晰的通话质量、最短的接通时间、可以忽略的时延和高度的保密性等特点，并支持语音（48 kbit/s）、传真、数据（24 kbit/s）业务，完全能够满足非科考性质的船舶通信需求，是性价比最高的卫星通信单元，被绝大多数航运企业远洋船舶所采用，也可以配置到陆地交通运输工具和飞行器上。

（b）Iridium 手持/便携式终端

2009 年 6 月，Iridium 卫星手机用户已达到 34.7 万人。2007 年 2 月，下一代 Iridium 系统（即 IridiumNext）计划启动；2008 年，Iridium 选择了美国 Lockheed Martin 和欧洲 Thales Alenia Space 两家公司作为竞争者同时设计 IridiumNext 系统。

（c）天通手持/便携式终端（图 3 - 7）

在 20 世纪 90 年代初期，以童凯院士为代表的航天人提出："对于我国这样一个幅员辽阔、人口分布不均匀、自然灾害频发的大国来说，发展卫星移动通信是必然要求。"汶川地震发生后，所有地面通信系统瘫痪，仅靠租用的国外卫星电话保持灾区与外界的沟通，因此，国家提出要建设自己的通信系统，天通一号的立项研制提上日程。

图 3 - 7　天通卫星手持终端

天通一号 01 星于 2016 年 8 月发射，覆盖我国及周边地区和海域，能够为个人通信、海洋运输、远洋渔业、航空救援、旅游科考等各领域提供全天时、全天候、稳定可靠的移动通信服务，支持语音、短消息和数据业务。天通智能卫星电话——T900 是我国自主研发的卫星电话，其打破了卫星电话长期由国外垄断的局面，与国外海事卫星、铱星、欧星相比，它具有卫星系统自主可控、通话保密性好、终端智能化、资费便宜等优点。

②车载终端

卫星车载终端主要服务于陆地上行驶的车辆，面向目前地面蜂窝移动通信所不能覆盖的地区、无法支持的通信场景提供服务，例如幅员辽阔、山区和沙漠占比很大的国家，高铁通信等场景。

在我国，车载动中通终端的生产、研制与应用也十分成熟，如图 3 - 8 所示。和卫通 T900Dock - C 是一款专业的天通卫星车载电话，可以在行驶的车中通过天通卫星进行通话、定位，从设计到生产完全自主，如图 3 - 9 所示。

图 3 - 8　车载动中通示例

图 3 - 9　天通卫星车载电话

③机载终端（图 3 - 10）

图 3 - 10　机载动中通终端示例

　　宽带航空卫星通信受限于机载天线的加装，为减小飞行过程中的阻力，要求机载卫星通信尽可能与机身共形。早期航空卫星通信主要用于侦察机和预警机等军事特种飞机，随着互联网的广泛应用，航空卫星通信广泛应用于民用运输飞机，不仅为飞行安全和管理提供卫星通信服务（前舱服务），也为旅客提供网络服务（后舱服务），其中后舱服务主要采用的是 Ku 或 Ka 频段宽带卫星通信。

　　前舱服务的典型案例是在空中交通管制中的应用：对于 21 世纪的空中交通管制，机载终端可提供飞机与地面站之间的通信业务，完成通信导航监视和空中交通管理。机载终端向地面控制中心动态实时报告飞机位置和航向信息，地面控制中心计算并向飞机反馈最节省燃料的线路。航空数据通信和语音通信可分别用于日常的航行控制和紧急航空控制通信，使航行中的飞机与航空管控系统的联系更为密切，提高操作和管理的效率。而后舱服务的应用包括驾驶舱语音、数据、自动位置与状态报告和乘客直拨电话、上网等服务。

　　目前，国际各大航空公司均已逐步加装卫星通信，特别是洲际飞行的班机基本都采用了宽带卫星通信手段，并由专业的航空卫星通信运输商进行运营。当前，广泛使用的是基于 Ku 频段卫星资源的宽带航空机载卫星互联网服务，采用 Ka 频段的机载宽带卫星通信已成为新的热点。

　　④船载终端（图 3 - 11）

图 3 - 11　船载动中通终端示例

　　地球上海洋面积约占全球总面积的 71%，利用卫星是实现海事通信的唯一手段。船载终端旨在帮助海上救援工作，提高船舶使用效率和管理水平，改善海上通信业务能力和提高无线定位能力。当船舶发生遇险事件时，可在第一时间将遇险信息发送至地面接收站，并通过专线通知搜救中心，搜救中心可根据船舶上报的位置信息快速调用救援船舶、飞机等开展救助活动，极大程度提高海上搜救效率，保证船舶和人员的生命财产安全。

　　在海事运营领域，针对全球海运市场的需求，已经建立了多个业务运营公司开展面向海运、游轮和采油等多个领域的卫星通信服务。

3.2.3　地面段

　　为了保证卫星段与用户段之间的通信业务能够正常运行，卫星通信系统还配置了测控系统以及运控系统。测控系统的任务是提供卫星从发射段至运行段的测控支持，帮助卫星准确进入目标轨道位置，待卫星入轨正常运行后，还需要对卫星进入轨道修正、姿态与位置保持等控制。运控系统的任务是在业务开通之前对通信卫星与地球站进行各项通信参数的测定，在业务开通之后，对卫星和地球站的各项通信参数、通信性能和通信链路进行监视与管理。

20 世纪 90 年代初,支持更高速率的互联网接入、更复杂的交互式服务(如 VoIP、视频会议、远程教学等)的宽带卫星通信系统逐渐兴起。对于宽带卫星通信系统来说,信关站是系统管理、交换与控制的中心,承担着具体的信号接入、数据交换以及用户身份鉴别等任务,是整个地面段建设中非常重要的节点。

信关站连接地面电信网络与卫星,容量通常很大,需要配置大口径天线,远端小站通过双向宽带卫星链路与关口站进行通信,用户数据从远端小站通过卫星传到关口站,再传输至地面网络;回程数据在反方向由信关站传向远端小站。在建设宽带卫星通信系统时,信关站建设位置的选择非常重要,需要综合考虑很多因素,以获取最优解:信关站的选址处应配备有良好的互联网光纤接入条件,要有充沛、可靠的电力供应,最好选在低降雨概率区域,减小降雨衰减对链路可用度的影响,最好选在业务量密度较为稀疏的区域,以便信关站能够拥有更多的带宽等。

3.3 NGSO 卫星系统设计基础

3.3.1 卫星轨道设计基础

对于 NGSO 通信星座的频率干扰分析,轨道动力学是仿真建模中重要的一部分,用以构建卫星的平动运动规律及动态特性,提取卫星轨道空间几何关系,为卫星星座无线电辐射干扰建模奠定轨道几何关系基础。本节将重点概述卫星轨道动力学基础,介绍常用的轨道预报模型,并简要介绍星座构型设计相关知识。

轨道动力学以卫星为研究对象,将其抽象为刚体,并研究在外力作用下的质点运动规律,根据研究对象的个数,可分为二体问题、三体问题乃至多体问题。卫星环绕地球运动的问题属于限制性二体问题,若考虑日、月等其他天体引力摄动影响,则属于多体问题。从牛顿力学开始,二体问题就一直不断被关注及研究,目前其分析体系已经趋于完善,轨道具有解析解,可用圆锥曲线描述。

在二体问题中,根据开普勒定理,卫星环绕地球运动的轨迹为椭圆形,并以地心为其中的一个焦点,这一运动轨迹可采用不同的天体坐标系描述,如日心坐标系、近焦点坐标系或本体坐标系等,但最常使用的是以地心为坐标原点、赤道平面为参考面的地心赤道坐标系。地心赤道坐标系下卫星轨道参数示意图如图 3-12 所示,X 轴指向春分点,即春分日太阳与地心连线从南半球向北半球运动时与赤道的交点,Z 轴指向北极,X 轴、Y 轴和 Z 轴构成右手坐标系。

轨道平面以赤道平面为参考,可以由参数 Ω 和参数 i 确定。Ω 代表轨道的升交点经度,为升交轨道平面与赤道平面的相交处和春分点方向之间的夹角(从 X 轴沿地球自转方向度量)。i 代表轨道倾角,为轨道平面法线与 Z 轴间夹角,即卫星轨道面与赤道平面的夹角。

轨道面确定后,轨道形状及卫星空间位置由图 3-13 所示其他参数确定。

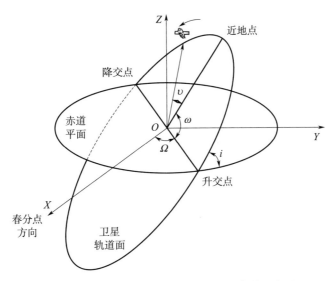

图 3-12 地心赤道坐标系下卫星轨道参数示意图

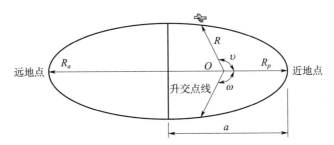

图 3-13 卫星在轨道面内参数示意图

轨道形状由半长轴 a 以及偏心率 e 描述，表达式为

$$a = (R_a + R_p)/2 \tag{3-1}$$

$$e = (R_a - R_p)/(R_a + R_p) \tag{3-2}$$

式中，R_a 为地心至远地点距离；R_p 为地心至近地点距离。近地点在轨道上的位置由近地点幅角 ω 确定，为升交点线与近地点和地心连线间的角度。卫星在轨道平面上的位置，由真近点角 υ 确定，即近地点到卫星所在位置间的地心角，这一变量为时间的函数，用以描述具体时刻卫星空间位置。

在二体问题中，其他常用参数还包括：

半通径 p，表达式为

$$p = a(1 - e^2) \tag{3-3}$$

卫星地心距 R，即卫星真近点角为 υ 时，从地心至卫星的距离为

$$R = \frac{p}{1 + e\cos\upsilon} \tag{3-4}$$

偏近点角 E，表达式为

$$E = \arccos\left(\frac{a - R}{ae}\right) \qquad (3-5)$$

平均近点角 M，表达式为

$$M = E - e\sin E \qquad (3-6)$$

轨道周期 T，表达式为

$$T = 2\pi\sqrt{a^3/\mu} \qquad (3-7)$$

其中，μ 为地球引力常数，等于 398 600.441 8 km³/s²。

对于标准球体，地球势函数为 $U = -\mu/R$，但由于实际地球并非标准球体，使其势函数具有复杂的表达式，即

$$U = \frac{\mu}{R} - \frac{\mu}{R}\sum_{n=2}^{\infty} J_n \left(\frac{R_e}{R}\right)^n P_n(\sin\phi) - \frac{\mu}{R}\sum_{n=2}^{\infty}\sum_{m=1}^{n} J_{mn}\left(\frac{R_e}{R}\right)^n P_{mn}(\sin\phi)\cos m(\lambda - \lambda_{mn})$$

式中，ϕ 为地理经度；R_e 为地球赤道半径；P_n 为勒让德多项式；P_{mn} 为缔合勒让德多项式；J_n 与 J_{mn} 为地球引力势谐波系数；λ_{mn} 为平衡点经度。通常，式中第二项称作带谐项，其仅与纬度相关，第三项中当 $n = m$ 时为扇谐项，其仅与经度相关，$n \neq m$ 时为田谐项，其与经纬度均相关。

地球非球特性引起的摄动影响最大的项为 J_2，等于 $1.082\,636 \times 10^3$，为最大的带谐系数，引起升交点经度与近地点幅角的长期变化。考虑非球摄动影响后，卫星平均角速度 n，表达式为

$$n = \sqrt{\frac{\mu}{a^3}}\left[1 + \frac{3}{2}\frac{J_2 R_e^2}{p^2}\left(1 - \frac{3}{2}\sin^2 i\right)(1 - e^2)^{1/2}\right] \qquad (3-8)$$

升交点经度长期漂移率 Ω_r 可表示为

$$\Omega_r = -\frac{3}{2}\frac{J_2 R_e^2}{p^2}n\cos i \qquad (3-9)$$

由式（3-9）可以看出，升交点经度长期漂移量与轨道倾角相关，当轨道倾角等于 90° 时旋进率为 0。当轨道倾角小于 90° 时，升交点向西（朝升交点经度减小的方向）漂移；当轨道倾角大于 90° 时，升交点向东（朝升交点经度增大的方向）漂移。

近地点幅角长期旋进率 ω_r 可表示为

$$\omega_r = \frac{3}{2}\frac{J_2 R_e^2}{p^2}n\left(2 - \frac{5}{2}\sin^2 i\right) \qquad (3-10)$$

由式（3-10）可以看出，近地点幅角长期旋进率与轨道倾角相关，当轨道倾角等于 0° 和 180° 时，旋进率最大；当轨道倾角为 63°26′ 及 116°33′ 时，旋进率为 0。

引入升交点漂移量及近地点幅角旋进率修正后的轨道预测模型为

$$\Omega = \Omega_0 + \Omega_r t \qquad (3-11)$$

$$\omega = \omega_0 + \omega_r t \qquad (3-12)$$

其中，Ω_0 与 ω_0 分别为初始时刻的升交点经度及近地点幅角。则修正后的轨道周期为

$$T_p = \frac{2\pi}{\omega_r + n} \qquad (3-13)$$

对于一般圆轨道，卫星在笛卡儿坐标系下的空间位置可以表示为

$$
\begin{bmatrix} x \\ y \\ z \end{bmatrix} = \begin{bmatrix} R\left[\cos(\upsilon+\omega)\cos\Omega - \sin(\upsilon+\omega)\sin\Omega\cos i\right] \\ R\left[\cos(\upsilon+\omega)\sin\Omega + \sin(\upsilon+\omega)\cos\Omega\cos i\right] \\ R\sin(\upsilon+\omega)\sin i \end{bmatrix} \tag{3-14}
$$

以上详细讨论了考虑地球非球形摄动下的卫星轨道数学模型，这一轨道也广泛应用于国际电联频率干扰仿真建模相关建议书中，例如 ITU - R S. 1503 建议书利用上述模型来快速评估 J_2 项对非静止轨道的长期影响。除地球非球形摄动以外，日月引力摄动、太阳光压摄动等因素也会对卫星轨道产生影响，对于 NGSO 卫星来说，这些摄动相比 J_2 项的影响要小得多，在国际电联的轨道预报模型中通常忽略其他摄动因素，本书篇幅有限，不对其他摄动影响做详细分析，有兴趣深入研究的读者可参看张洪波编著的《航天器轨道力学理论与方法》。

3.3.2　星座构型设计基础

自通信卫星星座系统概念被提出以来，卫星星座构型设计一直是航天系统研究中的热门领域。1970 年，英国人 John Walker 对不同轨道倾角的星座系统进行了深入研究，提出了 Walker 星座的概念。Walker 星座是具有相同轨道高度和轨道倾角的多颗圆轨道卫星所构成的，其中星座内卫星以地球为球心均匀分布。Walker 星座构型描述方式为 $(N/P/F/h/i)$，其中，N 代表星座卫星总数，P 代表星座轨道面数量，F 代表相位因子，h 代表轨道高度，i 代表轨道倾角。通过以上五个参数，即可确定星座构型。其中，相位因子 F 为 0 至 $P-1$ 之间的整数，由其确定星座中相邻轨道面上对应卫星之间的相位差 Δu，Δu 与相位因子 F 的关系为

$$
\Delta u = u_{i+1,j} - u_{i,j} = \frac{2\pi}{N}F \tag{3-15}
$$

式中，$u_{i+1,j}$ 为第 $i+1$ 个轨道面上的第 j 颗卫星的相位；$u_{i,j}$ 为第 i 个轨道面上的第 j 颗卫星的相位。

Walker 星座具体又可以分为星形星座和 δ 星座等。

星形星座轨道面倾角均为 90° 或接近 90°，星座构型如图 3 - 14 所示，$\Delta\Omega$ 为轨道面之间右旋升交点经度差，表达式为

$$
\Delta\Omega = \frac{\pi}{P} \tag{3-16}
$$

Walker 星座的特征是可通过星座内任意一颗卫星与星座参数获取星座中所有卫星的位置信息，且由于对称性，星座中任意一颗卫星均可作为基准卫星。当基准卫星右旋升交点经度 Ω_0 确定，即可由式（3 - 17）确定星座内任意卫星升交点经度。

$$
\Omega_{i,j} = \Omega_0 + i\left(\frac{\pi}{P}\right) \quad i = 0,\cdots,P-1; j = 0,\cdots,\frac{N}{P}-1 \tag{3-17}
$$

式中，$\Omega_{i,j}$ 为第 i 个轨道面上的第 j 颗卫星的右旋升交点经度。

当基准卫星的平近点角 M_0 确定，即可由式（3 - 18）确定星座内任意卫星的平近

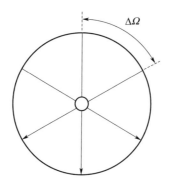

图 3-14　地球北极点视角下星形星座示意图

点角。

$$M_{i,j} = M_0 + 2\pi\left(\frac{F}{N}i + \frac{P}{N}j\right) \quad i = 0, \cdots, P-1; j = 0, \cdots, \frac{N}{P} - 1 \tag{3-18}$$

式中，$M_{i,j}$ 为第 i 个轨道面上的第 j 颗卫星的平近点角。

　　星形星座构型在低轨通信卫星系统中应用广泛，例如 Iridium、OneWeb 等系统都采用星形星座构型。其覆盖特性的最大特征是，星座内卫星在地球两极附近过于密集，在广阔的低纬度地区卫星分布稀疏，导致覆盖性不均匀。此外，同向相邻轨道间的卫星相对位置较为稳定，但反向相邻轨道之间，卫星的相对位置随时间变化大，相应覆盖特性变化较大。

　　δ 星座是另一种常用星座构型，如图 3-15 所示。$\Delta\Omega$ 为轨道面之间右旋升交点经度差，表达式为

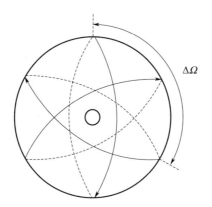

图 3-15　地球北极点视角下 δ 星座示意图

$$\Delta\Omega = \frac{2\pi}{P} \tag{3-19}$$

　　当基准卫星右旋升交点经度 Ω_0 确定，即可由式（3-20）确定星座内任意卫星升交点经度。

$$\Omega_{i,j} = \Omega_0 + i\left(\frac{2\pi}{P}\right) \quad i = 0, \cdots, P-1; j = 0, \cdots, \frac{N}{P}-1 \qquad (3-20)$$

其中，$\Omega_{i,j}$ 为第 i 个轨道面上的第 j 颗卫星的右旋升交点经度。平近点角推算方法与星形星座公式相同。

δ 星座构型同样在低轨通信卫星系统中有着广泛应用，例如 Starlink 一期、GlobalStar 等系统都采用 δ 星座构型。其构型的特征是，各轨道面等间隔分布，相邻轨道升交点经度差相同，各轨道面倾角相等，轨道面内卫星等相位差均匀分布，通常星座系统应用此构型特性，设置约为 $40°\sim60°$ 的轨道倾角，实现星座系统对中低纬度地区的相对均匀覆盖。

除星形星座、δ 星座外，常用的 Walker 星座还有玫瑰星座。玫瑰星座是 δ 星座中 $P = N$ 时的特例，即每个轨道面上只有一颗卫星。其特点在于利用较少数量的卫星能够实现较高的全球覆盖率，此类构型通常选择轨道高度较高的 MEO 圆轨道。

3.3.3　通信载荷设计基础

通信卫星有效载荷，是直接执行微波信号接收、信号变换、放大等功能，以实现数据转发任务的空间仪器设备总和，通常根据功能将其划分为转发器分系统和天线分系统两部分。

在卫星通信系统间频率干扰分析建模中，卫星有效载荷性能是影响仿真结果的重要组成部分，本节将从转发器分系统和天线分系统两部分概述通信卫星有效载荷重要参数特性。

（1）转发器

转发器是卫星通信有效载荷的重要组成部分，其功能的核心是实现微弱接收信号到大功率发射信号的转换。具体是将天线接收到的微波信号进行变频、处理及放大后，生成合适功率的下行信号，以补偿星地间长距离的链路衰减。以透明转发器为例，卫星转发器原理示意图如图 3-16 所示。

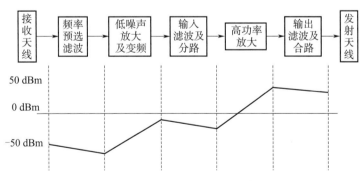

图 3-16　卫星转发器原理示意图

来自接收天线的宽带信号进入转发器后，共需要经过五个步骤形成出去信号进入发射天线。第一步是频率预选滤波，根据卫星实际上行链路频率计划，利用多工器、滤波器等器件，提取有用频段内的信号；第二步是低噪声放大及变频，利用低噪声放大器和混频器等器件设备，实现信号低噪声放大及变频，提升信号电平的同时将信号频率转换为下行频率；第三步是输入滤波及分路，利用高阶滤波器，按照频率计划对带外干扰进行抑制，同时可将宽带信号分路为若干通道窄带信号；第四步是高功率放大，利用固态放大器或行波管放大器，对经过分路滤波的信号进行功率放大；第五步是输出滤波及合路，按照卫星实际下行链路频率计划，利用多工器和滤波器等器件，实现信号合路滤波，形成下行宽带信号，送入发射天线。对于带有处理功能的转发器，与透明转发器相比，需要在第四步高功率放大前，额外对分路信号进行数字处理，包括解调、译码、路由交换、编码和调制等。

图 3－16 中各步骤下方折线为信号功率变化示意图，可见低噪声放大器、变频器、高功率放大器等有源器件所组成的模块对信号功率提供正增益，而多工器、滤波器、分路合路器等无源器件组成的模块对信号功率产生损耗，即等效为负增益。

在转发器各个功能模块中，对卫星总体接收性能影响最大的是低噪声放大器。由于放大器本身存在噪声，造成输入端信噪比与输出端信噪比直接有差异，通常使用噪声系数这一参数来衡量放大器自身噪声水平，定义为输入信噪比与输出信噪比的比值。

$$F = \frac{S_i / N_i}{S_o / N_o} = 1 + \frac{T_e}{T_0} \tag{3-21}$$

式中，S_i / N_i 为输入信噪比；S_o / N_o 为输出信噪比；T_e 为等效噪声温度；T_0 为环境噪声温度，通常取值为 290 K。低噪声放大器的噪声系数主要与电路实现工艺及材料特性相关，噪声系数越小，表明放大器自身引入噪声越低，性能越好。用分贝值表示的噪声系数表达式为

$$NF = 10\lg\left(1 + \frac{T_e}{T_0}\right) \tag{3-22}$$

由于转发器为多级级联系统，转发器总体等效噪声系数可通过级联公式计算为

$$F = F_1 + \frac{F_2 - 1}{G_1} + \frac{F_3 - 1}{G_1 G_2} + \cdots \tag{3-23}$$

所对应的总噪声温度为

$$T_e = T_{e,1} + \frac{T_{e,2}}{G_1} + \frac{T_{e,3}}{G_1 G_2} + \cdots \tag{3-24}$$

其中，G_i、F_i、$T_{e,i}$ 分别表示各级的增益、噪声系数及等效噪声温度。通过以上级联公式可以看出，对系统总体等效噪声温度影响最大的是前级的噪声温度，前级放大器增益越大，则后级对总体等效噪声温度的影响越小。因此，低噪声放大器增益越大，自身等效噪声温度越低，则对提升总体接收性能越有利。

（2）天线

天线是一种换能器，用来实现微波系统内导行电磁波与自由空间传播的电磁波之间的变换。通信卫星天线的主要功能是完成与地面站或其他空间电台间的信号接收与发射，在多系统间频率干扰建模仿真中，主要关注天线增益、方向性、极化隔离度等电性能。

天线增益是指在输入功率相等的条件下，实际天线与理想的辐射单元在空间同一点处所产生的信号的功率之比。当理想辐射单元为各向同性天线时，最大增益 $G_{\max}$ 的计算公式为

$$G_{\max} = 10\lg\left(\frac{4\pi}{\lambda^2}A_e\right) = 10\lg\eta\left(\frac{4\pi}{\lambda^2}A\right) \tag{3-25}$$

式中，λ 为真空中工作波长；A 为天线物理口径面积；η 为能量转换效率；A_e 为天线有效口径面积。对于直径为 D 的反射面天线，有效面积可以表达为

$$A_e = \eta A = 10\lg\eta\left(\frac{\pi D}{\lambda}\right)^2 \tag{3-26}$$

　　天线能量转换效率 η 受多种因素的影响，包括孔径遮挡、照射漏失、表面公差和阻抗失配等，天线效率 η 为各因素影响之积，通常在 30 GHz 以下频段，反射面天线效率的典型值在 $55\%\sim75\%$ 范围内。

　　天线方向图可展示天线增益随方向的变化，如图 3-17 所示。对于理想圆形孔径反射面天线，其方向图具有旋转对称性，图 3-17 为平面内方向图，分别用极坐标形式和笛卡儿坐标形式表达。其中最大增益所在波束为主瓣，主瓣旁边的小增益波束为旁瓣。在工程设计中，旁瓣应保持尽可能低增益，以避免系统在非工作波束指向之外产生有害干扰功率。

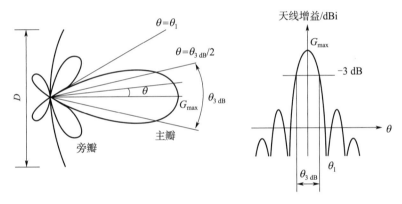

图 3-17　天线方向图（左右分别为极坐标形式和笛卡儿坐标形式表达）

　　波束宽度是指在特定平面内，在最大辐射方向两侧，辐射功率下降到最大值一半的两个方向的夹角，即以最大增益方向为中心轴，两侧天线增益下降 3 dB 方向的夹角，用 $\theta_{3\,\mathrm{dB}}$ 表示。3 dB 波束宽度与 λ/D 之间有系数关系

$$\theta_{3\,\mathrm{dB}} = 70(\lambda/D) \tag{3-27}$$

　　在 θ 方向（当 $0 < \theta < \theta_{3\,\mathrm{dB}}/2$）天线增益值可表示为

$$G(\theta) = G_{\max} - 12(\theta/\theta_{3\,\mathrm{dB}})^2 \tag{3-28}$$

可以看出，天线的最大增益是 3 dB 波束宽度的函数，这种关系与频率无关

$$G_{\max} = 10\lg\eta\left(\frac{\pi D}{\lambda}\right)^2 = 10\lg\eta\left(\frac{70\pi}{\theta_{3\,\mathrm{dB}}}\right)^2 \tag{3-29}$$

假设 η 等于 0.6，则最大增益可以表达为

$$G_{\max} = 10\lg\frac{29\,000}{\theta_{3\,\mathrm{dB}}^2} = 44.6 - 20\lg\theta_{3\,\mathrm{dB}} \tag{3-30}$$

其中，波束宽度 $\theta_{3\,\mathrm{dB}}$ 的单位为度。

$$\theta_{3\,dB} = 169.8/10^{\frac{G_{max}}{20}} \qquad (3-31)$$

对式 (3-28) 两边的 θ 求导可以得到以下关系式

$$\frac{dG(\theta)}{d\theta} = -\frac{24\theta}{\theta_{3\,dB}^2}[dB/(°)] \qquad (3-32)$$

以此，可以推算增益变化量 $\Delta G(\theta)$ 为

$$\Delta G(\theta) = -\frac{24\theta}{\theta_{3\,dB}^2}\Delta\theta \qquad (3-33)$$

在 3 dB 波束宽度边缘增益变化量绝对值达到最大，即式 (3-33) 中 $\theta = \theta_{3\,dB}/2$ 时

$$\Delta G(\theta) = -\frac{12\Delta\theta}{\theta_{3\,dB}} \qquad (3-34)$$

　　天线辐射出的电磁波包含电场分量和磁场分量，两者正交且垂直于电磁波传播方向，由于电场与磁场方向有恒定的关系，故通常以电场矢量的空间方向指向作为天线辐射电磁波的极化方向。一般来说，电场矢量的空间方向是不固定的，即在一个周期内，电场矢量端点在垂直于电磁波传播方向的平面上的投影为一个椭圆，如图 3-18 所示。沿电磁波传播方向看去（由 $-z$ 向 $+z$ 方向看去），电场矢量随时间向右（即顺时针）方向旋转的称为右旋极化，向左（即逆时针）方向旋转的称为左旋极化。

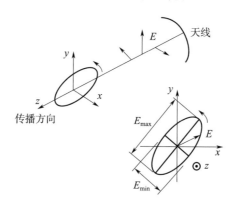

图 3-18　电磁波极化特性示意图（以右旋椭圆极化为例）

　　椭圆极化中的电场矢量端点轨迹椭圆长轴与短轴之比定义为轴比 AR（Axial Ratio），表达式为

$$AR = \frac{E_{max}}{E_{min}} \qquad (3-35)$$

　　当轴比等于 1，即 0 dB 时，此时椭圆长轴与短轴相等，这种极化称为圆极化。当轴比趋近于无穷大时，即电场矢量保持同一方向，这种极化称为线极化。

　　如果两个电磁波的电场矢量端点在垂直于电磁波传播方向的平面上的投影为反方向的相同椭圆，那么它们彼此为正交极化（Orthogonal Polarization）电磁波。例如，对于圆极化电磁波，右旋圆极化与左旋圆极化互为正交极化；对于线极化电磁波，垂直极化与水

平极化互为正交极化。一种特定极化的发射（或接收）天线，不能够实现其正交极化电磁波的发射（或接收）。正是由于正交极化间的这一特性，才能实现以相同频率建立两个同时工作的通信链路，通常称为正交极化频率复用。

实际中天线可能会在非预想的极化上发射（或接收）不需要的极化分量，例如，发射（或接收）水平极化波的天线，也可能发射（或接收）不需要的垂直极化波，这种不需要的发射（或接收）极化波称为交叉极化。对于圆极化天线，交叉极化与设计的极化旋向相反；对于线极化天线，交叉极化与设计的极化旋向垂直。此类天线极化非理想情况，也是引起不同系统间频率干扰的一大重要原因。

以两个正交线极化的情况为例，如图 3-19 所示。假设 a 和 b 为线极化同时发射的两个电磁波的电场幅值，假设它们相等，a_C 和 b_C 为相同极化接收到的电场幅值，a_X 和 b_X 为正交极化接收到的电场幅值。

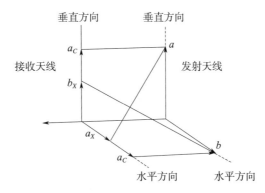

图 3-19　正交线极化情况下发射和接收电场幅值示意图

交叉极化隔离度（Cross-Polarization Isolation，XPI）的表达式为

$$\text{XPI} = 20\lg\frac{a_C}{b_X} \text{ 或 } 20\lg\frac{b_C}{a_X} \tag{3-36}$$

交叉极化鉴别度（Cross-Polarization Discrimination，XPD）的表达式为

$$\text{XPD} = 20\lg\frac{a_C}{a_X} \text{ 或 } 20\lg\frac{b_C}{b_X} \tag{3-37}$$

对于准圆极化，交叉极化鉴别度（XPD）与轴比（AR）的关系为

$$\text{XPD} = 20\lg\left[(\text{AR}+1)/(\text{AR}-1)\right] \tag{3-38}$$

轴比 AR 也可以表示为 XPD 的函数

$$\text{AR} = (10^{\text{XPD}/20}+1)/(10^{\text{XPD}/20}-1) \tag{3-39}$$

其中，各电场分量的值随传播方向相对天线主视轴偏离角度而变化。所以，为了全面表征天线的极化特性，工程设计中会分别给出标称极化，即共极化（Copolar）的辐射方向图，以及交叉极化（Cross-polar）的辐射方向图。XPD 通常在视轴方向为最大值，偏离最大增益方向交叉极化鉴别度性能逐渐退化。

在通信卫星系统间频率干扰分析中，卫星与地球站天线的辐射特性直接影响干扰信号的大小，是开展链路分析与干扰计算的必要参数，在无法获得实际系统参数的情况下，可以参考ITU-R建议书给出的天线辐射模型。表3-3和表3-4分别给出了较为常用的ITU-R建议的卫星天线方向图与地球站天线方向图。

表3-3　ITU-R建议的卫星天线方向图

标准	相关描述	方向	提出时间与版本	当前版本与生效时间
ITU-R S.672-3 Annex 1 Ls=-10 ITU-R S.672-3 Annex 1 Ls=-20 ITU-R S.672-3 Annex 1 Ls=-25 ITU-R S.672-3 Annex 1 Ls=-30 ITU-R S.672-3 Ln=-20 ITU-R S.672-3 Ln=-25 ITU-R S.672-3 Ln=-30 ITU-R S.672-4 Annex 1 Ls=-10 ITU-R S.672-4 Annex 1 Ls=-20 ITU-R S.672-4 Annex 1 Ls=-25 ITU-R S.672-4 Annex 1 Ls=-30 ITU-R S.672-4 Ln=-20 ITU-R S.672-4 Ln=-25	GSO FSS卫星 天线方向图	收 发	1993年4月 (S.672-2)	1997年9月 (S.672-4)
ITU-R S.1528：Ln=-15 ITU-R S.1528：Ln=-20 ITU-R S.1528：Ln=-25 ITU-R S.1528：Ln=-30	NGSO FSS卫星天线 方向图(30 GHz以下)	收发	2001年6月 (S.1528-0)	2001年6月 (S.1528-0)

表3-4　ITU-R建议的地球站天线方向图

标准	相关描述	方向	提出时间与版本	当前版本与生效时间
AP 7 Earth Station	确定卫星地球站与地面固定业务协调区域时使用的卫星地球站天线方向图(100 MHz~105 GHz)	收 发		
AP 8 Earth Station	GSO卫星系统之间协调时地球站天线方向图	收 发		
ITU-R S.580	卫星地球站天线方向图	收 发	1982年 (S.580-0)	2004年 (S.580-6)
ITU-R S.465	卫星地球站天线方向图	收 发	1970年 (S.465-0)	2010年 (S.465-6)
ITU-R S.1428	计算NGSO卫星到GSO FSS系统地球站的EPFD时，GSO地球站天线方向图(10.7~30 GHz)	收	2000年1月 (S.1428-0)	2001年2月 (S.1428-1)
ITU-R S.1328	FSS(GSO和NGSO)用于干扰计算的链路参数	收 发	1997年9月 (S.1328-0)	2002年9月 (S.1328-4)

3.4　卫星通信链路计算

卫星通信链路指从信源开始，通过编码调制及微波上变频、发射机和天线，经由空间传播到卫星接收天线，通过卫星转发器、发射天线，再经由空间传播到地面接收天线，通过低噪声接收以及微波下变频、解调译码，最后至信宿结束。

3.4.1　主要参数

卫星通信系统发射设备的性能主要通过等效全向辐射功率（Equivalent Isotropic Radiated Power，EIRP）来衡量。EIRP 是指卫星有效载荷在特定方向上的辐射功率，是卫星所辐射出的等效于各向同性天线所能发出的功率，即转发器发射功率与天线方向性系数之积，计算公式为

$$EIRP = P_t + G_t \tag{3-40}$$

式中，P_t 为转发器分系统输出功率，单位为 dBW；G_t 为发射天线增益，单位为 dBi。有效载荷 EIRP 直接影响着通信系统下行链路的性能。

卫星通信系统接收设备的性能主要通过卫星接收系统等效噪声温度比 G/T，即品质因子来衡量。G/T 是折算到接收天线和转发器接口面上的接收天线增益与整个有效载荷系统噪声温度之比，计算公式为

$$G/T = G_r - (T_a + T_e) \tag{3-41}$$

式中，G_r 为接收天线增益，单位为 dBi；T_a 为接收天线噪声温度，单位为 K；T_e 为转发器等效输入噪声温度，单位为 K。

饱和功率通量密度（Saturated Power Flux Density，SPFD）是反映卫星接收能力的另一个重要参数，是当卫星转发器处于饱和工作点时，对应接收天线口面处的功率通量密度。

$$SPFD = (P_{in})_{sat} - 10\lg A_e \tag{3-42}$$

式中，$(P_{in})_{sat}$ 为饱和输入功率，单位为 dBW；A_e 为接收天线等效面积，单位为 m^2，计算公式为

$$A_e = \frac{1}{4\pi} 10^{G_r/10} \lambda^2 \tag{3-43}$$

式中，G_r 为接收天线增益，单位为 dBi；λ 为工作波长，单位为 m。

SPFD 与系统饱和输入功率 $(P_{in})_{sat}$ 相关，即可以通过卫星转发器增益档位的变化来调整 SPFD 值，对于透明转发器，降低增益档位，则系统饱和输入功率增大，SPFD 随之增加；反之若提高增益档位，增加转发器总增益，则系统饱和输入功率减小，SPFD 随之降低。

通信链路性能可以通过接收载波功率 C 与噪声功率 N 的比值来衡量，记作载噪比 C/N，C/N 的值直接决定了链路的服务质量。

通信链路性能的另外一个重要参数是载波占用带宽，其取决于信息速率、调制方式与编码方式，工程上通常需要考虑载波占用带宽与功率之间的平衡。

工程师在开展卫星通信链路设计时，其目标是计算特定调制方式下的接收电平功率值，保证其满足解调和解码的需要。

$$PSL = N + M_i + \frac{C}{N+I} + M_s \tag{3-44}$$

式中，PSL 为接收电平功率；N 为接收噪声（通过温度及噪声系数计算）；M_i 为干扰裕量；$C/(N+I)$ 为门限值（有用信号与噪声加干扰的比值）；M_s 为系统设计裕量。

其中，系统设计裕量用于抵消系统级失配所引起的影响，包括卫星姿态误差和天线指向误差等，理想条件下系统设计裕量为零。

在实际设计中，链路除考虑自由空间路径损耗（Free Space Path Loss，FSPL）外，还需考虑由降雨等衰落引起的传播损耗，由于这一损耗随台站地理位置的变化而不同，所以分别计算有衰落接收电平功率 PSL 和无衰落功率 P_r，两者之间的关系为

$$P_r = \text{PSL} + M_{\text{fade}} \tag{3-45}$$

通过包含衰落裕量的有用信号电平功率，可以计算出确保链路可用的所需发射功率值，即满足既定通信可用度时间百分比的发射功率。

$$P_r = P_t + G_t - \text{FSPL} + G_r - L_f \tag{3-46}$$

式中，P_t 为发射功率；G_t 为发射增益；G_r 为接收增益；L_f 为衰落损耗，可得对应的发射功率为

$$P_t = P_r - (G_t - \text{FSPL} + G_r - L_f) \tag{3-47}$$

3.4.2　链路计算方法

链路计算与分析的目的是保证卫星能够有效地在两个地球站之间提供可靠而高效的连接手段，为此，地球站发射的信号到达卫星、卫星发射信号到达接收地球站时，不管链路衰减与噪声影响如何，都必须具备足够高的功率水平，以保证必需的业务质量。通常用载噪比（C/N）来衡量通信链路的质量，更高的载噪比可以提供更好的业务通信质量以及可靠率。

（1）上行链路计算方法

上行链路载噪比 $(C/N)_u$ 的计算公式为

$$(C/N)_u = \text{EIRP}_e - L_u + (G/T)_s - 10\lg k - 10\lg B \tag{3-48}$$

式中，$(C/N)_u$ 是上行链路载噪比；EIRP_e 为地面站等效全向辐射功率；L_u 为上行链路传播损耗；$(G/T)_s$ 为卫星增益噪声温度比；k 为玻尔兹曼常数；B 为通信带宽。可见，在地面站发射能力一定时，提升卫星接收能力，即优化 G/T 值，可有效提高上行链路载噪比，从而改善总体性能。

（2）下行链路计算方法

下行链路载噪比 $(C/N)_d$ 的计算公式为

$$(C/N)_d = \text{EIRP}_s - L_d + (G/T)_e - 10\lg k - 10\lg B \tag{3-49}$$

式中，$(C/N)_d$ 为下行链路载噪比；EIRP_s 为卫星等效全向辐射功率；L_d 为上行链路传播损耗；$(G/T)_e$ 为地面站增益噪声温度比；k 为玻尔兹曼常数；B 为通信带宽。可见，当地面站接收性能一定时，提升卫星辐射能力，即增大 EIRP 值，可有效提高下行链路载噪比，改善系统性能。

（3）干扰保护门限值

通信卫星系统间频率干扰分析中，最重要的就是确定用来区分可接受干扰和有害干扰的门限值，该门限值与通信信道以及业务链路特性有关。图 3-20 给出了链路计算关键参数与裕量功率的关系。

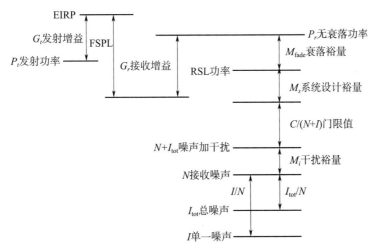

图 3-20　链路计算关键参数与裕量功率的关系

ITU-R 在 S.741 建议书中，基于 C/N 给出了衡量单入干扰的保护标准——当载干比（C/I）大于表 3-5 中给出的限值时，判定两个卫星通信系统之间能够兼容共用，否则，认为两个卫星系统之间可能存在有害干扰。

表 3-5　ITU-R 建议的衡量单入干扰的保护标准

干扰载波类型 被干扰载波类型	数字	模拟（非 TV-FM）
模拟（TV-FM）	$C/N + 14(\mathrm{dB})$	
数字	$C/N + 12.2(\mathrm{dB})$	
模拟（非 TV-FM）	$C/N + 12.2(\mathrm{dB})$	
其他	$C/N + 14(\mathrm{dB})$	

第 4 章　国际电联对卫星通信的管理规定

为了顺应航天事业发展和卫星业务广泛应用的需要，ITU－R 通过制定无线电频谱及轨道资源的国际划分、开展相关活动，以协助建设全球信息通信基础设施。空间无线电频率轨道资源的国际性、稀缺性和不可再生性决定了其具体使用和管理高度依赖于高级别的国际合作，国际电联在长达 2 500 页的《无线电规则》中，明确了卫星无线电频率轨道资源的申报协调程序以及通知、启用、获得无线电频率轨道资源的方法。

本章分别介绍了国际电联对 GSO 卫星通信和 NGSO 卫星通信的管理规定，全面阐述了卫星网络申报、协调、通知、启用流程，并重点围绕 NGSO 星座的频率申报、协调和投入使用规定进行了介绍。

4.1　重要概念

4.1.1　频段划分

截至目前，国际电联管理的无线电频率范围集中在 8.3 kHz～3 000 GHz，并在《无线电规则》第一卷的第 5 章中给出了空间与地面无线电业务的具体频率划分，值得注意的是，由于技术发展的约束，目前 275～3 000 GHz 还没有具体的无线电业务划分。

由于无线电行业的工程师们并不总是关注具体而准确的频率范围，因此，为了方便工程师对不同频段的快速引用，不同的英文字母被用来指代不同的频段，并最早在雷达领域被广泛使用，但这种字母指代方法没有统一而严格的定义，容易引起歧义。为了消除字母代号误用给无线电频率使用带来的混乱，IEEE 于 1976 年发布了标准 *IEEE Standard Letter Designations for Radar‑Frequency Bands*，规定了字母名称与雷达工作频率的对应关系，见表 4‑1。

表 4‑1　字母名称与雷达工作频率的对应关系

字母名称	雷达工作频率范围
HF	3～30 MHz
VHF	30～300 MHz
UHF	300～1 000 MHz
L	1～2 GHz
S	2～4 GHz
C	4～8 GHz
X	8～12 GHz
Ku	12～18 GHz

续表

字母名称	雷达工作频率范围
K	18～27 GHz
Ka	27～40 GHz
V	40～75 GHz
W	75～110 GHz
mm	110～300 GHz

虽然上述 IEEE 标准中给出的字母名称仅适用于雷达领域，但事实上在其他无线电领域，特别是通信领域也已经得到了广泛应用。这里需要提醒读者注意的是，在通信领域使用表 4-1 中字母名称代替某个频段时，是存在与实际用频情况不相符的可能性的，为了避免出现错误，通常建议在字母名称后面附上特定的频率范围，例如：L 频段（1 215～1 300 MHz）。

考虑到全球不同地区的区域差异性，国际电联在《无线电规则》第一卷的第 5 章中将整个地球划分为三个区域，将 8.3 kHz～3 000 GHz 频段范围的频率划分给不同区域的不同类型的无线电业务。

国际电联定义，A 线由北极沿格林尼治以东 40°子午线至北纬 40°线，然后沿大圆弧至东 60°子午线与北回归线的交叉点，再沿东 60°子午线而至南极。B 线由北极沿格林尼治以西 10°子午线至该子午线与北纬 72°的交叉点，然后沿大圆弧至西 50°子午线与北纬 40°线的交叉点，然后沿大圆弧至西 20°子午线与南纬 10°线的交叉点，再沿西 20°子午线而至南极。C 线由北极沿大圆弧至北纬 65°30′线与白令海峡国际分界线的交叉点，然后沿大圆弧至格林尼治以东 165°子午线与北纬 50°线的交叉点，再沿大圆弧至西 170°子午线与北纬 10°线的交叉点，沿北纬 10°线至它与西 120°子午线的交叉点，然后由此沿西 120°子午线而至南极。

在此基础上，国际电联划分的第一区具体包括东限于 A 线和西限于 B 线所划定的地区，但位于两线之间的任何伊朗伊斯兰共和国领土除外，主要包括欧洲、非洲、中东地区，还包括亚美尼亚、阿塞拜疆、格鲁吉亚、哈萨克斯坦、蒙古、乌兹别克斯坦、吉尔吉斯斯坦、俄罗斯、塔吉克斯坦、土库曼斯坦、土耳其和乌克兰的整个领土以及位于 A、C 两线间俄罗斯以北的地区。第二区具体包括东限于 B 线和西限于 C 线之间的地区，主要包括美洲地区。第三区包括东限于 C 线和西限于 A 线之间所划定的地区，主要包括亚太地区和澳洲地区，以及伊朗伊斯兰共和国位于两线以外的那部分领土。

国际电联在《无线电规则》中定义了 42 种无线电业务，并根据无线电业务所处电磁兼容环境的不同，给出了"主要业务"和"次要业务"的概念。对于次要业务来说，不能对主要业务产生有害干扰，也不能要求来自主要业务的保护。在这 42 种无线电业务中，与卫星通信系统建设相关的无线电业务类型主要有卫星固定业务（FSS）、卫星广播业务（BSS）、卫星移动业务（MSS）、空间操作业务（SOS）与卫星间业务（ISS）。

国际电联关于卫星固定业务的定义是"利用一个或多个卫星在处于固定位置的地球站之间提供的无线电通信业务"，概括地说，当与卫星通信的地球站的位置固定不动时，星地链路可以选择卫星固定业务，传统卫星通信系统的 DTH（卫星直播到户）、VSAT（甚小口径终端）典型应用均属于卫星固定业务范畴。卫星广播业务指"利用卫星发送或转发信号，以供一般公众直接或间接接收的无线电通信业务"，位于东经 92.2°E 的中星 9 号卫星就是我国第一颗广播电视直播卫星，卫星下行使用 11.7～12.2 GHz 频段的卫星广播业务。需要特别注意的是，卫星广播业务仅仅指卫星发射的下行链路，上行馈电链路对应的是卫星固定业务。关于卫星移动业务的定义是"在移动地球站和一个或多个空间电台之间的一种无线电通信业务，或该业务所利用的各空间电台之间的无线电通信业务；或利用一个或多个空间电台在移动地球站之间的无线电通信业务"，概括地说，当与卫星通信的地球站的位置可移动时，星地链路可以选择卫星移动业务，但卫星移动通信系统的馈电链路由于馈电站位置的固定性导致其只能选择卫星固定业务。至于卫星通信系统的测控链路，既可以直接选择业务频段，也可以选择空间操作业务——用于与空间飞行器的操作，特别是空间跟踪、空间遥测和空间遥令有关的无线电通信业务。对于有星间链路通信需求的卫星通信系统，既可以选择标识有"空对空"方向的业务频段，也可以选择卫星间业务——为卫星之间提供链路的无线电通信业务。

　　表 4-2 所示为国际电联给出的常见卫星固定业务、卫星广播业务的频率划分情况，如果已经明确给出划分的方向，那么必须按照规定的方向使用该频率。

表 4-2　常见卫星固定业务与卫星广播业务的频率划分

一区	二区	三区
3 400～3 600 MHz 卫星固定(空对地)	3 400～3 600 MHz 卫星固定(空对地)	3 400～3 600 MHz 卫星固定(空对地)
3 600～4 200 MHz 卫星固定(空对地)	3 600～4 200 MHz 卫星固定(空对地)	3 600～4 200 MHz 卫星固定(空对地)
4 500～4 800 MHz 卫星固定(空对地)	4 500～4 800 MHz 卫星固定(空对地)	4 500～4 800 MHz 卫星固定(空对地)
5 850～5 925 MHz 卫星固定(地对空)	5 850～5 925 MHz 卫星固定(地对空)	5 850～5 925 MHz 卫星固定(地对空)
5 925～6 725 MHz 卫星固定(地对空)	5 925～6 725 MHz 卫星固定(地对空)	5 925～6 725 MHz 卫星固定(地对空)
6 725～7 025 MHz 卫星固定(地对空)	6 725～7 025 MHz 卫星固定(地对空)	6 725～7 025 MHz 卫星固定(地对空)
7 250～7 750 MHz 卫星固定(空对地)	7 250～7 750 MHz 卫星固定(空对地)	7 250～7 750 MHz 卫星固定(空对地)
7 900～8 400 MHz 卫星固定(地对空)	7 900～8 400 MHz 卫星固定(地对空)	7 900～8 400 MHz 卫星固定(地对空)
10.7～10.95 GHz 卫星固定(空对地) (地对空)	10.7～10.95 GHz 卫星固定(空对地)	10.7～10.95 GHz 卫星固定(空对地)

续表

一区	二区	三区
10.95～11.2 GHz 卫星固定(空对地) (地对空)	10.95～11.2 GHz 卫星固定(空对地)	10.95～11.2 GHz 卫星固定(空对地)
11.2～11.45 GHz 卫星固定(空对地) (地对空)	11.2～11.45 GHz 卫星固定(空对地)	11.2～11.45 GHz 卫星固定(空对地)
11.45～11.7 GHz 卫星固定(空对地) (地对空)	11.45～11.7 GHz 卫星固定(空对地)	11.45～11.7 GHz 卫星固定(空对地)
11.7～12.5GHz 卫星广播	11.7～12.1 GHz 卫星固定(空对地) 12.1～12.2 GHz 卫星固定(空对地)	11.7～12.2 GHz 卫星广播
12.5～12.75 GHz 卫星固定(空对地) (地对空)	12.2～12.7 GHz 卫星广播 12.7～12.75 GHz 卫星固定(地对空)	12.2～12.5 GHz 卫星固定(空对地) 12.5～12.75 GHz 卫星固定 (空对地) 卫星广播
12.75～13.25 GHz 卫星固定(地对空)	12.75～13.25 GHz 卫星固定(地对空)	12.75～13.25 GHz 卫星固定(地对空)
13.75～14.5 GHz 卫星固定(地对空)	13.75～14.5 GHz 卫星固定(地对空)	13.75～14.5 GHz 卫星固定(地对空)
14.5～14.8 GHz 卫星固定(地对空)	14.5～14.8 GHz 卫星固定(地对空)	14.5～14.8 GHz 卫星固定(地对空)
15.43～15.63 GHz 卫星固定(地对空)	15.43～15.63 GHz 卫星固定(地对空)	15.43～15.63 GHz 卫星固定(地对空)
17.3～17.7 GHz 卫星固定(空对地) (地对空)	17.3～17.7 GHz 卫星固定(地对空) 卫星广播	17.3～17.7 GHz 卫星固定(地对空)
17.7～18.4 GHz 卫星固定(空对地) (地对空)	17.7～18.4 GHz 卫星固定(空对地) (地对空)	17.7～18.4 GHz 卫星固定(空对地) (地对空)
18.4～19.3 GHz 卫星固定(空对地)	18.4～19.3 GHz 卫星固定(空对地)	18.4～19.3 GHz 卫星固定(空对地)
19.3～19.7 GHz 卫星固定(空对地) (地对空)	19.3～19.7 GHz 卫星固定(空对地) (地对空)	19.3～19.7 GHz 卫星固定(空对地) (地对空)

续表

一区	二区	三区
19.7～21.2 GHz 卫星固定(空对地)	19.7～21.2 GHz 卫星固定(空对地)	19.7～21.2 GHz 卫星固定(空对地)
21.4～22 GHz 卫星广播		21.4～22 GHz 卫星广播
24.65～24.75 GHz 卫星固定(地对空)		24.65～24.75 GHz 卫星固定(地对空)
24.75～25.25 GHz 卫星固定(地对空)	24.75～25.25 GHz 卫星固定(地对空)	24.75～25.25 GHz 卫星固定(地对空)
	27～27.5 GHz 卫星固定(地对空)	27～27.5 GHz 卫星固定(地对空)
27.5～31 GHz 卫星固定(地对空)	27.5～31 GHz 卫星固定(地对空)	27.5～31 GHz 卫星固定(地对空)
37.5～42.5 GHz 卫星固定(空对地)	37.5～42.5 GHz 卫星固定(空对地)	37.5～42.5 GHz 卫星固定(空对地)
42.5～43.5 GHz 卫星固定(地对空)	42.5～43.5 GHz 卫星固定(地对空)	42.5～43.5 GHz 卫星固定(地对空)
47.2～50.2 GHz 卫星固定(地对空)	47.2～50.2 GHz 卫星固定(地对空)	47.2～50.2 GHz 卫星固定(地对空)
50.4～51.4 GHz 卫星固定(地对空)	50.4～51.4 GHz 卫星固定(地对空)	50.4～51.4 GHz 卫星固定(地对空)
51.4～52.4 GHz 卫星固定(地对空)	51.4～52.4 GHz 卫星固定(地对空)	51.4～52.4 GHz 卫星固定(地对空)

需要注意的是，表4-2给出的是常用卫星固定业务与卫星广播业务的国际划分，各国在实践中通常会根据实际情况进行适应性修改。例如，我国频率主管部门工业和信息化部在 2017 年 11 月发布了〔2017〕276 号通知，指出自发文之日起，不再受理和审批 3 400～3 700 MHz 频段内的空间无线电台业务频率和 3 400～3 600 MHz 频段内的空间无线电台测控频率。也就是说，在我国，虽然 3 400～3 700 MHz 划分给卫星固定业务，但是在实际申请过程中不会被主管部门批准。其他类型无线电业务的频率划分也存在同样的问题，在实际应用时必须同时遵守国际、国内频率规则。

表4-3所示为国际电联给出的常见卫星移动业务的频率划分情况。

表 4-3　常见卫星移动业务的频率划分

一区	二区	三区
137～138 MHz 卫星移动(空对地)	137～138 MHz 卫星移动(空对地)	137～138 MHz 卫星移动(空对地)

续表

一区	二区	三区
148～150.05 MHz 卫星移动（地对空）	148～150.05 MHz 卫星移动（地对空）	148～150.05 MHz 卫星移动（地对空）
399.9～400.05 MHz 卫星移动（地对空）	399.9～400.05 MHz 卫星移动（地对空）	399.9～400.05 MHz 卫星移动（地对空）
400.15～401 MHz 卫星移动（空对地）	400.15～401 MHz 卫星移动（空对地）	400.15～401 MHz 卫星移动（空对地）
1 518～1 525 MHz 卫星移动（空对地）	1 518～1 525 MHz 卫星移动（空对地）	1 518～1 525 MHz 卫星移动（空对地）
1 525～1 559 MHz 卫星移动（空对地）	1 525～1 559 MHz 卫星移动（空对地）	1 525～1 559 MHz 卫星移动（空对地）
1 610～1 626.5 MHz 卫星移动（地对空）	1 610～1 626.5 MHz 卫星移动（地对空）	1 610～1 626.5 MHz 卫星移动（地对空）
1 626.5～1 660.5 MHz 卫星移动（地对空）	1 626.5～1 660.5 MHz 卫星移动（地对空）	1 626.5～1 660.5 MHz 卫星移动（地对空）
1 668～1 675 MHz 卫星移动（地对空）	1 668～1 675 MHz 卫星移动（地对空）	1 668～1 675 MHz 卫星移动（地对空）
1 980～2 010 MHz 卫星移动（地对空）	1 980～2 010 MHz 卫星移动（地对空）	1 980～2 010 MHz 卫星移动（地对空）
2 170～2 200 MHz 卫星移动（空对地）	2 170～2 200 MHz 卫星移动（空对地）	2 170～2 200 MHz 卫星移动（空对地）
2 483.5～2 500 MHz 卫星移动（空对地）	2 483.5～2 500 MHz 卫星移动（空对地）	2 483.5～2 500 MHz 卫星移动（空对地）
20.1～21.2 GHz 卫星移动（空对地）	20.1～21.2 GHz 卫星移动（空对地）	20.1～21.2 GHz 卫星移动（空对地）
29.5～31 GHz 卫星移动（地对空）	29.5～31 GHz 卫星移动（地对空）	29.5～31 GHz 卫星移动（地对空）
39.5～40.5 GHz 卫星移动（空对地）	39.5～40.5 GHz 卫星移动（空对地）	39.5～40.5 GHz 卫星移动（空对地）
43.5～47 GHz 卫星移动	43.5～47 GHz 卫星移动	43.5～47 GHz 卫星移动
50.4～51.4 GHz 卫星移动（地对空）	50.4～51.4 GHz 卫星移动（地对空）	50.4～51.4 GHz 卫星移动（地对空）
66～71 GHz 卫星移动	66～71 GHz 卫星移动	66～71 GHz 卫星移动
71～76 GHz 卫星移动（空对地）	71～76 GHz 卫星移动（空对地）	71～76 GHz 卫星移动（空对地）
81～84 GHz 卫星移动（地对空）	81～84 GHz 卫星移动（地对空）	81～84 GHz 卫星移动（地对空）

表 4-4 所示为国际电联给出的常见空间操作业务的频率划分情况。

表 4 - 4　常见空间操作业务的频率划分

一区	二区	三区
400.15～402 MHz 空间操作(空对地)	400.15～402 MHz 空间操作(空对地)	400.15～402 MHz 空间操作(空对地)
1 427～1 429 MHz 空间操作(地对空)	1 427～1 429 MHz 空间操作(地对空)	1 427～1 429 MHz 空间操作(地对空)
1 525～1 535 MHz 空间操作(空对地)	1 525～1 535 MHz 空间操作(空对地)	1 525～1 535 MHz 空间操作(空对地)
2 025～2 110 MHz 空间操作(地对空) (空对空)	2 025～2 110 MHz 空间操作(地对空) (空对空)	2 025～2 110 MHz 空间操作(地对空) (空对空)
2 200～2 290 MHz 空间操作(空对地) (空对空)	2 200～2 290 MHz 空间操作(空对地) (空对空)	2 200～2 290 MHz 空间操作(空对地) (空对空)

表 4 - 5 所示为国际电联给出的常见卫星间业务的频率划分情况。

表 4 - 5　常见卫星间业务的频率划分

一区	二区	三区
22.55～23.55 GHz 卫星间	22.55～23.55 GHz 卫星间	22.55～23.55 GHz 卫星间
24.45～24.75 GHz 卫星间	24.45～24.75 GHz 卫星间	24.45～24.75 GHz 卫星间
25.25～27.5 GHz 卫星间	25.25～27.5 GHz 卫星间	25.25～27.5 GHz 卫星间
32.3～33 GHz 卫星间	32.3～33 GHz 卫星间	32.3～33 GHz 卫星间
54.25～58.2 GHz 卫星间	54.25～58.2 GHz 卫星间	54.25～58.2 GHz 卫星间
59～66 GHz 卫星间	59～66 GHz 卫星间	59～66 GHz 卫星间
66～71 GHz 卫星间	66～71 GHz 卫星间	66～71 GHz 卫星间

4.1.2　卫星网络与卫星系统

为了便于对频率和轨道资源的管理,国际电联在《无线电规则》的第一章"术语和技术特性"中定义了"卫星网络"的内涵——由卫星及与其配合的多个地球站组成的卫星系统或卫星系统的一部分,并通过这个定义为"卫星网络"与"卫星系统"建立了关联。可以这样简单地进行理解,"卫星系统"与实际工程上提到的卫星系统基本一致,例如"北斗系统""星链系统",而"卫星网络"是国际电联管理频率轨道资源的基本单元,既允许一份"卫星网络"对应一个实际的"卫星系统",也允许一份"卫星网络"对应一个实际的"卫星系统"的一部分，即几份"卫星网络"共同对应某一个实际的"卫星系统"，还允许一份"卫星网络"对应不止一个"卫星系统"，例如在接替卫星较原卫星系统特性未发生明显变化的时候，同一份"卫星网络"既可以服务于原卫星系统，又可以服务于接替星系统。

以目前全球建设、部署速度最快的美国 SpaceX 公司的星链系统为例，自 2018 年提出计划以来，曾多次修改其"卫星系统"的建设计划。根据 FCC 公布的授权情况，星链系统的建设计划共分为两期：第一期共包含 11 926 颗卫星，按照使用 Ku 和 Ka 频段的 LEO 星座（V1.0）和使用 Q/V 频段的 VLEO 星座（V1.5）两个阶段进行部署；第二期共包含 30 000 颗卫星（V2.0）。与庞大的卫星系统建造计划相呼应，SpaceX 公司向国际电联申报了多份卫星网络。

表 4-6 给出了根据 2023 年 1 月 24 日公布的国际电联 IFIC2988 期数据库统计的与星链卫星系统相关的卫星网络的申报情况，SpaceX 公司通过美国及挪威主管部门向国际电联申报了 37 份卫星网络，具体申报情况见表 4-6。

表 4-6　星链系统卫星网络申报情况

序号	卫星网络名称	接收日期	主管部门	网络资料	星链计划	频段
1	USASAT-NGSO-3A-R	2019/4/11	美国	协调资料	V1.0	Ku
2	USASAT-NGSO-3B-R	2019/4/11	美国	协调资料	V1.0	Ka
3	USASAT-NGSO-3C	2017/9/20	美国	协调资料	V1.0	Ku
4	USASAT-NGSO-3E	2017/9/20	美国	协调资料	V1.0	Ku
5	USASAT-NGSO-3F	2017/9/20	美国	协调资料	V1.0	Ka
6	STEAM-1	2019/4/11	挪威	协调资料	V1.0	Ku
7	STEAM-2	2017/5/23	挪威	协调资料	V1.0	Ka
8	STEAM-2B	2019/4/11	挪威	协调资料	V1.0	Ka
9	USASAT-NGSO-3G	2019/11/20	美国	N	V1.5	Q/V
10	USASAT-NGSO-3H	2019/11/20	美国	N	V1.5	Q/V
11	USASAT-NGSO-3I	2019/11/20	美国	N	V1.5	Q/V
12	USASAT-NGSO-3J	2019/11/20	美国	N	V1.5	Q/V
13	USASAT-NGSO-3K	2019/11/20	美国	N	V1.5	Q/V
14	USASAT-NGSO-3L	2019/11/20	美国	N	V1.5	Q/V
15	USASAT-NGSO-3M	2019/10/7	美国	协调资料	V2.0	Ku/Ka
16	USASAT-NGSO-3N	2019/10/7	美国	协调资料	V2.0	Ku/Ka
17	USASAT-NGSO-3O	2019/10/7	美国	协调资料	V2.0	Ku/Ka
18	USASAT-NGSO-3P	2019/10/7	美国	协调资料	V2.0	Ku/Ka
19	USASAT-NGSO-3Q	2019/10/7	美国	协调资料	V2.0	Ku/Ka
20	USASAT-NGSO-3R-1	2019/10/7	美国	协调资料	V2.0	Ku/Ka
21	USASAT-NGSO-3R-2	2019/10/7	美国	协调资料	V2.0	Ku/Ka
22	USASAT-NGSO-3R-3	2019/10/7	美国	协调资料	V2.0	Ku/Ka

续表

序号	卫星网络名称	接收日期	主管部门	网络资料	星链计划	频段
23	USASAT－NGSO－3S－1	2019/10/7	美国	协调资料	V2.0	Ku/Ka
24	USASAT－NGSO－3S－2	2019/10/7	美国	协调资料	V2.0	Ku/Ka
25	USASAT－NGSO－3S－3	2019/10/7	美国	协调资料	V2.0	Ku/Ka
26	USASAT－NGSO－3T－1	2019/10/7	美国	协调资料	V2.0	Ku/Ka
27	USASAT－NGSO－3T－2	2019/10/7	美国	协调资料	V2.0	Ku/Ka
28	USASAT－NGSO－3T－3	2019/10/7	美国	协调资料	V2.0	Ku/Ka
29	USASAT－NGSO－3U－1	2019/10/7	USA	协调资料	V2.0	Ku/Ka
30	USASAT－NGSO－3U－2	2019/10/7	USA	协调资料	V2.0	Ku/Ka
31	USASAT－NGSO－3V－1	2019/10/7	USA	协调资料	V2.0	Ku/Ka
32	USASAT－NGSO－3V－2	2019/10/7	USA	协调资料	V2.0	Ku/Ka
33	USASAT－NGSO－3W－1	2019/10/7	USA	协调资料	V2.0	Ku/Ka
34	USASAT－NGSO－3W－2	2019/10/7	USA	协调资料	V2.0	Ku/Ka
35	MICROSAT－2	2018/1/18	USA	提前公布资料	试验	S/X
36	MICROSAT－2－KU	2018/12/21	USA	协调资料	试验	Ku
37	S－MICRO 1N	2015/6/10	USA	提前公布资料	试验	S/X

可以看到，星链系统向国际电联申报的卫星网络与工程系统并不是简单的一一对应关系，一方面，SpaceX 公司并不仅仅通过美国主管部门向国际电联申报卫星网络，还与挪威主管部门合作使用其国际协调地位较为优先的卫星网络，也就是说，美国的卫星系统并不一定对应美国主管部门申报的卫星网络；另一方面，SpaceX 公司掌握的 37 份卫星网络，没有一份卫星网络的命名与星链系统的名称"Starlink"一致，这说明有的时候很难仅通过名称将卫星网络与卫星系统直接关联。除此之外，星链卫星系统的星座构型、轨道特性、载波特性以及用频特性，散落在不同卫星网络中，SpaceX 公司既可以根据卫星系统的实际部署进展灵活启用卫星网络，也可以根据卫星网络的协调进展随时调整工程部署策略。

4.1.3　卫星操作者与卫星运营商

国际电联将每一个申报卫星网络的实体按照"卫星操作者"进行管理，卫星操作者需要按照国际电联《无线电规则》的规定认真履行申报、协调、通知和启用等职责，准确地说，国际电联"卫星操作者"是指具体操作卫星网络的实体，与工程实际中"卫星运营商"略有不同。

运营商指通过技术手段提供某项特定服务的公司。卫星运营商通常拥有实际卫星系统的操作权，开展卫星空间段运营并提供相关应用服务。

表 4-7 展示了截至 2022 年 11 月，中国在国际电联注册登记的卫星操作者情况。

表 4 - 7 中国卫星操作者注册情况

操作者编号	卫星操作者名称	操作者编号	卫星操作者名称
1	邮电部	84	北京微纳星空科技有限公司
2	中国民用航空总局	85	中国电子科技集团公司第五十四研究所
3	国家海洋局	86	北京国星宇航科技有限公司
4	交通部	87	宁夏金硅信息技术有限公司
5	国家水产总局	88	中国业余卫星协会
6	广播管理局	89	清华大学
7	瑞典政府	90	北京零重空间科技有限公司
8	中国气象局	91	北京和德宇航技术有限公司
9	芬兰大使馆	92	北京航天驭星科技有限公司
10	中国科学院	93	佛山市顺德区德雅某创新研究院
11	台湾省机构	94	中国电信股份有限公司(卫星通信分公司)
12	石油工业部	95	航天科工空间工程发展有限公司
13	中国通信广播卫星公司	96	上海微小卫星工程中心
14	亚太通信卫星有限公司(APT)	97	北京智星空间科技有限公司
15	北京翔宇空间技术有限公司	98	中国电子科技集团公司电子科学研究院
25	丹麦政府	99	上海蜂群科技有限公司
26	奥地利大使馆	100	北京理工大学
28	中国东方通信卫星有限责任公司	101	海南微星遥感技术应用服务有限公司
29	中国电子系统工程公司	102	中山大学
30	中国测绘技术服务公司	103	长沙天仪空间科技研究院有限公司
31	New star 公司	104	北京跟踪与通信技术研究所
32	亚洲卫星有限公司	105	浙江时空道宇科技有限公司
33	鑫诺卫星通信有限公司	106	北京微纳星空科技有限公司
34	国家广播电视总局广播电视规划院	107	中国交通通信信息中心
35	中国资源卫星应用中心	108	航天行云科技有限公司
36	北京宇视蓝图信息技术有限公司	109	北京前沿探索深空科技有限公司
37	中国卫通集团股份有限公司	110	火眼位置数智科技服务有限公司
38	国家减灾委员会办公室	111	上海蔚星数据科技有限公司
39	国家航天局探月与航天工程中心	112	深圳起源太空科技有限公司
40	中国科学院空间科学与应用研究中心	113	成都国星宇航科技股份有限公司
41	中国无线电运动协会	114	湖南航升卫星科技有限公司
42	国家测绘局	115	北京航空航天大学
43	中国长城工业集团有限公司	116	新星航天(北京)科技有限责任公司
44	中国空间技术研究院	117	北京航天方舟空间技术有限公司
45	国家航天局对地观测工程中心	118	北京四象爱数科技有限公司

续表

操作者编号	卫星操作者名称	操作者编号	卫星操作者名称
46	中国无线电协会	119	北京星际漫步航天科技有限公司
47	中国地震局(现:应急管理部 国家自然灾害防治研究院)	120	浙江大学
48	中国亚太移动通信卫星有限责任公司	121	上海清申科技发展有限公司
49	北京信威科技集团股份有限公司	122	山东产业技术研究院
50	中国航天科工集团有限公司	123	东方红卫星移动通信有限公司
51	北京羽寻科技有限公司	124	中科航宇(广州)科技有限公司
52	DESAT 公司	125	天航祥宇空间技术有限公司
53	长光卫星技术股份有限公司	126	厦门大学
54	珠海欧比特宇航科技股份有限公司	127	北京航天宏图信息技术股份有限公司
55	中国四维测绘技术有限公司	128	南京大学
56	上海卫星工程研究所	129	天辅高分(北京)科技有限公司
57	上海欧科微航天科技有限公司	130	西安中科天塔科技股份有限公司
58	中国航天科技国际交流中心	131	椭圆时空(北京)科技有限公司
59	西北工业大学	132	开采夫(杭州)科技有限公司
60	北京凯盾环宇科技有限公司	133	陕西丝路天图卫星科技有限公司
61	广东科创航天科技有限公司	134	中国卫星网络集团有限公司
62	北京腾宇信维科技有限公司	135	上海航天空间技术有限公司
63	深圳航天东方红海特卫星有限公司 (现:深圳航天东方红卫星有限公司)	136	上海埃依斯航天科技有限公司
64	北京星空年代通信技术有限公司	137	中国科学院微小卫星创新研究院
65	哈尔滨工业大学	138	福建海天丝路卫星科技有限公司
66	北京奥博太空科技有限公司	139	陕西星邑空间技术有限公司
67	北京翎客航天有限公司	140	水发光音信息科技(山东)有限公司
68	北京牧星人航天科技有限公司	141	北京 101 中学
69	北京九天微星通信技术有限公司	142	问鼎九天(北京)科技有限公司
70	银河航天(北京)科技有限公司	143	中国科学院国家天文台
71	南京索尔航天科技有限公司	144	大连理工大学
72	长沙天仪空间科技研究院有限公司	145	上海港航科空间技术有限公司
73	自然资源部国土卫星遥感应用中心	146	北京紫微宇通科技有限公司
74	武汉大学	147	赛思倍斯(绍兴)智能科技有限公司
75	上海宇航系统工程研究所	148	中科卫星(山东)科技集团有限公司
76	北京国电高科技有限公司	149	地卫二空间技术(杭州)有限公司
77	北京千乘探索科技有限公司	150	苍宇天基(北京)信息通信技术有限公司
78	千寻位置网络有限公司	151	香港航天卫星测控有限公司
79	北京天链测控技术有限公司	152	北京星际开发科技有限公司

续表

操作者编号	卫星操作者名称	操作者编号	卫星操作者名称
80	天地信息网络有限公司	153	天津云遥宇航科技有限公司
81	航天东方红卫星有限公司	154	航天科工海鹰集团有限公司
82	北京未来导航科技有限公司	155	珠海澳科大科技研究院
83	中科院软件所		

可以看到，伴随国家大力推动"互联网＋航天"的产业升级变革，我国航天领域在商业航天方面的发展取得了突破性进展，在国际电联注册登记的卫星操作者不再局限于传统卫星运营商，国内高校、科研院所、初创公司等竞相进入太空，纷纷注册成为国际电联卫星操作者，为项目合法申请卫星频率轨道资源。

4.1.4　主管部门

为了提高工作效率，国际电联在组织开展技术研究或日常无线电频率轨道资源管理时，并不与各卫星操作者直接沟通，而是联络各成员国的主管部门。根据国际电联《组织法》第 1002 款，主管部门是负责履行《国际电信联盟组织法》《国际电信联盟公约》和行政规则内所规定的义务的任何政府部门或机关。

目前，工业和信息化部代表我国参加国际电联的各项活动。

4.1.5　干扰

国际电联无线电通信部门管理和分配无线电频谱和卫星轨道资源的首要目标就是确保不同的无线电业务系统之间能够不受有害干扰的影响正常工作。那么，什么是有害干扰？国际电联为"干扰"定义了四层内涵。

首先，"干扰"是指由于某种发射、辐射、感应或其组合所产生的无用能量对无线电通信系统的接收产生的影响，这种影响的后果表现为无线电通信系统性能下降、误解或信息遗漏，如不存在这种无用能量，则此后果可以避免。在此基础上，国际电联进一步定义了"可允许干扰"，此类干扰能够被观测到或预测，但符合《无线电规则》或国际电联其他规定给出的干扰允许值，是被允许的干扰。当干扰电平高于可允许干扰电平值时，若两个或两个以上主管部门经过协商能够就干扰带来的影响达成一致，并且不损害其他主管部门的利益时，此类干扰称为"可接受干扰"。最后，若干扰已经危及无线电导航或其他安全类业务的运行，或严重损害、阻碍，或一再阻断其他无线电通信业务，这类干扰被称作"有害干扰"，属于不能被接受的干扰，施扰方必须采取措施予以消除。

一般说来，只要是两个同频、同覆盖的无线电业务系统之间，基本都会存在无线电干扰，但考虑到为提高无线电频率资源的使用效率、不同无线电业务共享同一频段在所难免，并且无线电业务系统通常因工作在开放环境而对系统误码率指标等有一定容忍度，信道编码、扩频、跳频等抗干扰技术也在不断研发、推进，因此，无线电业务系统在实际工作时不应该追求"零干扰"，两个系统之间能够不存在有害干扰地正常工作是国际电联以及各国主管部门努力的目标。

4.1.6　协调

国际电联为了保证共享同一频段的两个无线电业务系统之间能够兼容共用，为电磁兼容环境较为复杂的频段及无线电业务规定了"协调"程序，凡是需要履行协调程序的卫星网络，国际电联收到其通知资料时都会检查与其他协调地位优先的无线电业务之间的协调完成情况，并做出标记，协调地位落后的卫星网络有义务主动消除有害干扰。

卫星网络提前公布资料或协调资料向国际电联申报的时间，决定了其国际协调地位，先申报的卫星网络拥有优先使用无线电频率并免于受到有害干扰的权利，后申报的卫星网络不能对其产生有害干扰，才能获得合法的频率使用权。

4.2　对 GSO 卫星通信的管理规定

在联合国《外层空间条约》、国际电联《组织法》《公约》等国际法规的框架下，各成员国平等拥有和平探索和利用外太空活动的权利，ITU - R 必须平等、合理、经济、有效地分配和管理无线电频率与轨道资源。

国际电联对 GSO 卫星通信的无线电频率轨道资源的管理主要分为规划和非规划两类。为确保频率轨道资源使用的"平等性"，国际电联围绕对成员国建设 GSO 卫星通信系统最为关键的两类无线电业务——FSS 和 BSS 进行了预"规划"，即在较适合开展卫星固定通信与卫星广播业务的 C 频段和 Ku 频段范围内，预先划分出部分专用频段、配合合理论证的 GSO 轨位，直接分配给各个成员国，使各成员国在想要使用该无线电频率轨道资源时即可直接使用，无须经过复杂的国际协调程序。至于频率轨道资源使用的"合理性与经济性"，主要通过"非规划"的管理手段予以实现。除了上文提到的 GSO FSS 与 GSO BSS 规划频率轨道资源之外，其他所有 GSO 卫星可以使用的频率轨道资源统称为"非规划"频率轨道资源。对于非规划的频率轨道资源，国际电联实行"先登先占"的管理原则，即在时间上先向国际电联申报、登记的卫星网络地位优先，具有频率轨道资源的优先使用权，申报、登记时间落后的卫星网络需要采取一切可能的措施，保证不对地位优先卫星网络的正常使用产生有害或不可接受的干扰。

4.2.1　GSO 非规划资源的管理规定

对于申请使用非规划频率轨道资源的 GSO 卫星网络来说，在登记进入 MIFR 之前，根据所选择资源是否需要履行协调程序，申报流程可以分为两类：第一类是经过提前公布阶段和通知阶段之后，登记进入 MIFR，绝大多数 NGSO 遥感卫星都归属于此类申报流程；第二类是经过协调阶段和通知阶段之后，登记进入 MIFR，大部分 GSO 卫星系统都归属于此类申报流程。

卫星操作者在提前公布阶段需要向国际电联提交提前公布资料（Advance Publication

Information，API），API 指根据《无线电规则》第一卷第 9.1 款的要求向国际电联提交的拟使用卫星频率和轨道资源的信息，具体申报的参数需要综合考虑轨道类型、无线电业务类型、频段范围以及应用模式等信息，按照《无线电规则》第二卷附录 4 的要求进行申报，参数基本涵盖了整个卫星系统对于频率和轨道资源的具体使用计划，既包括轨道面数量、卫星数量、轨道高度、倾角、偏心率等轨道参数，又包括系统的覆盖区与业务区，还包括卫星与地球站的天线方向特性，以及频率范围、载波功率、载波带宽、解调门限等信息。

　　API 资料提交至 ITU - R 之后，ITU - R 会开展合理合规性检查，以及潜在技术磋商对象的确认，并适时将相关结果公布在 IFIC 中，如图 4 - 1 所示。

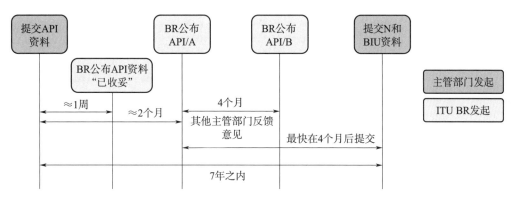

图 4 - 1　API 资料申报与公布流程

　　卫星操作者既可以通过 IFIC 光盘查询自己或其他卫星操作者申报 API 资料的公布数据，也可以通过国际电联的网站进行查询。ITU - R 每两周公布一次的 BR IFIC 由唯一的系列号和公布日期标识，在名为 IFIC _ Publications 的文件夹中包含有当期所有类型卫星网络资料的信息，卫星操作者的申报信息及合规性检查结果被公布在 APIA 文件夹中，ITU - R 按照《无线电规则》第一卷第 9.3 款进行的关于技术磋商对象列表的确认结果将公布在 APIB 文件夹中。除此之外，卫星操作者还可以登录国际电联的官方网站，在"Radiocommunication"版块的"Space"栏目中，可以通过 SNL 提供的搜索功能，根据目标频段范围、轨道弧段、特节号等信息对 API 资料进行查询。其中，特节号由特节标识和唯一顺序编号组成，以 API 资料为例，卫星操作者申报及合规性检查结果等相关信息的特节号由"API/A/×××××（2~5 位数字）"给出，ITU - R 关于技术磋商对象列表的计算结果的特节号由"API/B/××××（2~4 位数字）"给出。

　　卫星操作者还可以通过访问 https：//www.itu.int/ITU - R/go/space/snl/en 网址来在线查询 API 资料的公布情况。图 4 - 2 给出了通过频率范围、轨道弧段范围查询 API 资料的查询界面，首先选择界面上方的"Non - Planned Services"，再输入所查询的频率范围（注意单位是 MHz），然后选择合适的轨道类别，对于 Geostationary 卫星的查询，需要在 Longitude 处输入所查询的轨道范围，对于 Non - geostationary 卫星的查询，则无须输入轨道范围，最后，在"Submission reason"中选择"API"即可。该界面也支持查询

CR 资料、N 资料以及所有资料同时查询。

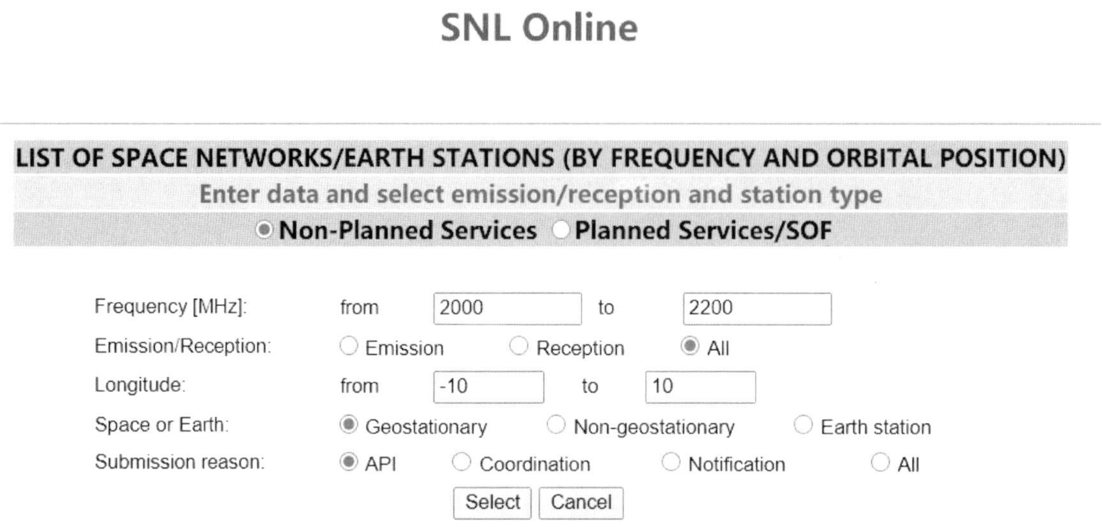

图 4-2　通过频率范围、轨道弧段范围查询 API 资料

图 4-3 给出了通过特节号查询 API 资料的查询界面。若已知特节号，则在选择合适的 Reference 之后，在"Number"中输入特节号即可，若勾选"I want only suppressed networks"，则该界面还支持查询已删除特节号的具体公布情况。同样地，该界面支持各种类型资料的查询。

图 4-3　通过特节号查询 API 资料

卫星操作者在协调阶段需要向国际电联申报协调资料（Coordination Request，CR）。与日常生活中经常提到的"协调"本义——"处理组织内外各种关系，为组织正常运转创造良好的条件和环境"不同，国际电联领域的"协调"有其特殊的含义，其特指所选用的频率范围、业务类型和轨道类型等需要根据《无线电规则》第一卷第 5 条、第 9.7～9.21条款以及第二卷的附录 5 等规定开展干扰计算与分析，进而达到不同系统之间频率兼容共用的目的。同样地，CR 资料具体申报的参数需要综合考虑轨道类型、无线电业务类型、频段范围以及应用模式等信息，按照《无线电规则》第二卷附录 4 的要求进行申报，参数基本涵盖了整个卫星系统对于频率和轨道资源的具体使用计划，既包括轨道面数量、卫星数量、轨道高度、倾角和偏心率等轨道参数，又包括系统的覆盖区与业务区，还包括卫星与地球站的天线方向特性，以及频率范围、载波功率、载波带宽、解调门限等信息。

CR 资料提交之后，ITU－R 同样会开展合理合规性检查，在确认检查结果合格的基础上，按照所申报无线电业务类型以及具体轨道和频段范围，确认潜在协调对象，并适时将相关结果公布在 IFIC 中：卫星操作者提交的 CR 资料所包含的具体参数、ITU－R 针对各参数的合理合规性检查结果，以及根据《无线电规则》第一卷 9.7～9.14 条款和 9.21 条款确定的潜在协调对象列表等信息公布在文件夹 CRC 中，特节号为"CR/C/××××（2～4 位数字）"；对于按照 9.11～9.14 条款和 9.21 条款被识别出来的协调对象，必须在包含上述 CR/C 特节的 IFIC 公布之后的四个月内，向 ITU－R 确认存在协调需求，若无反馈，则在四个月到期后默认其不存在协调需求，ITU－R 在四个月之后将根据各主管部门反馈的结果，整理并出版最终确定的需要按照 9.11～9.14 条款和 9.21 条款进行协调的协调对象名单，公布在 IFIC 的文件夹 CRD 中，特节号为"CR/D/××××（4 位数字）"；对于按照 9.7～9.7B 条款被识别出来的协调对象，同样需要在四个月内向 ITU－R 确认是否存在协调需求，对于没有包含在协调对象的主管部门想加入协调列表，或者申报 CR 资料的主管部门认为某个协调对象应该被删除，需要在包含上述 CR/C 特节的 IFIC 公布之后的四个月内，开展详细的技术分析，连同修改协调对象的诉求报送给 ITU－R 及相关主管部门，在四个月到期之后，ITU－R 将根据各主管部门反馈的结果，整理并出版最终确定的需要按照 9.7～9.7B 条款进行协调的协调对象名单，公布在 IFIC 的文件夹 CRE 中，特节号为"CR/E/××××（2～4 位数字）"。

卫星操作者在通知阶段需要向国际电联申报通知资料（Notification，N）。N 资料是卫星操作者根据前期开展的频率技术协调结果，对 API 资料或 CR 资料进行可能的修订（修订结果不能超出原申报范围，不能引起更多的干扰）以尽可能与其他主管部门或卫星操作者完成协调，确保系统之间的兼容共用。N 资料是频率被登记在 MIFR 之前的最后一个规则性步骤，也是获得国际保护地位的最重要步骤。

ITU－R 在《无线电规则》第一卷的第 11 条中给出了关于申报 N 资料的具体规定。对于卫星网络资料来说，必须在 API 资料或 CR 资料被国际电联收妥之日起七年之内向 ITU－R 报送第一份 N 资料，否则 API 资料或 CR 资料将被删除处理。对于无须履行协调程序的卫星网络来说，可以在 API 资料申报、公布程序结束之后启动 N 资料的申报程序，也可以同时申报 API 资料和 N 资料，但 ITU－R 认为 N 资料是在 API 资料正式公布之后的六个月收到。对于需要履行协调程序的卫星网络来说，一般应在完成协调程序之后再启动 N 资料的申报工作，但考虑到随着卫星网络数量的增多，完成协调的难度越来越大，ITU－R 允许一直未能达成协调协议的卫星网络申请 N 资料，如果除了未能按照协调清单完成全部协调任务之外的所有技术检查结果均为"合格"，那么 ITU－R 可以将频率指配登入 MIFR，但标注尚未完成协调的对象，申报卫星网络的卫星操作者有义务在任何时候，采取一切措施消除对尚未完成协调的卫星网络的有害干扰。

IFIC 分别在三个文件夹中公布对于 N 资料的检查结果，具体分为：PART_IS 文件夹给出了关于收到新的频率指配，或修改、撤销已记录的频率指配的通知；PART_IIS 文件夹给出了可以登记进入 MIFR 的频率指配；PART_IIIS 文件夹给出了因检查结果为"不合格"而退回通知方主管部门的频率指配。

对于任何一份卫星网络资料来说，最重要也是最关键的一个步骤是将前述向国际电联报送的频率指配进行"投入使用（Bring Into Use，BIU）"操作，也有卫星操作者习惯将其称为频率指配的"启用"。按照国际电联的规定，卫星操作者必须在 ITU-R 收妥 API 资料或 CR 资料的七年之内申报 N 资料，以启用相关频率指配，ITU-R 将在到期前三个月提醒主管部门注意，若七年期限到期时仍未收到 N 资料，将删除相关 API 资料或 CR 资料。值得注意的是，对于通信卫星来说，除了 N 资料外，卫星网络申报投入使用的材料还包括行政应付努力信息（Due Diligence Information）以及由所属主管部门出具的确认频率指配已满足在轨工作时限要求的函件。行政应付努力信息旨在告知 ITU-R 相关频率指配已通过什么火箭于何时、何地发射什么卫星予以实际在轨启用。随后，当一个具有发射或接收频率指配能力的 GSO 卫星部署在所通知的轨道位置并连续保持 90 天时，则该频率指配将被视为已启用，相关卫星操作者应在 90 天期限结束之日起的 30 天内通过主管部门利用函件等方式告知 ITU-R，相关频率指配已经满足在轨时限要求。

ITU-R 关于频率指配具体启用日期的管理方法是：审查卫星操作者首次提交的通知资料中填报的启用日期，若早于通知资料的收妥日期，则直接视作"实际启用日期"；若晚于通知资料的收妥日期，那么首先该启用日期应不晚于 ITU-R 收到该通知资料的三年之后，其次，ITU-R 将通知资料中填报的启用日期视作"临时启用日期"，当 ITU-R 收到由主管部门发送的"具有发射或接收相应频率指配能力的 GSO 卫星部署在所通知的轨道位置并连续保持 90 天"的告知函时，更新"临时启用日期"，将 90 天的开始之日视作"实际启用日期"。特别值得注意的是，如果卫星操作者未向 ITU-R 提交通知资料，那么 ITU-R 将不会处理收到的任何其他启用资料。

通过访问 https://www.itu.int/net/ITU-R/space/snl/listinuse/index.asp 网址，卫星操作者可以很方便地在 ITU 的网站上查询到各国卫星网络 BIU 的具体信息。表 4-8 给出了部分卫星网络的 BIU 情况，其中，Satellite Name 指向 ITU-R 申报的卫星网络名称；ADM 代表主管部门；ORG 代表具体组织（图中 ESA 指欧空局）；Long_nom 指标称轨道位置，对于 GSO 卫星来说，正数代表东经，负数代表西经，对于 NGSO 卫星来说，用"N-GSO"指代；Date of bringing into Use 指卫星操作者在申报卫星网络时填报的计划投入使用日期；Status 表示该卫星网络目前投入使用的状态："C"代表已投入使用，"N"代表还未投入使用；Expiry Date for Bringing Into Use 指 ITU-R 为其核算的投入使用最晚日期，即超过该日期未提交投入使用资料的卫星网络将被删除；Provision 指卫星网络应按照《无线电规则》何种条款申报投入使用资料，"11.2"指通知资料。

表 4 - 8　ITU - R 网站公布的 BIU 信息

Satellite Name (SNL Part B)	ADM	ORG	Long_nom	Date of bringing into use	Status	Expiry Date for Bringing Into Use	Provision
102	CAN		NGSO	26.05.2022	C		11.2
1KUNS - PF	KEN		NGSO	10.02.2024	N	10.02.2024	11.2
2M8M - SAT	CHN		NGSO	31.03.2018	C		11.2
3CAT5B	E		NGSO	17.06.2019	C		11.2
3ECOM - 1	LIE		NGSO	17.11.2019	C		11.2
3ECOM - 3	LIE		NGSO	09.03.2020	N	18.09.2021	11.2
3GSAT - G17R	F		10	01.03.2010	C		11.2
A4NG TM	F		NGSO	01.06.2023	N	27.07.2027	11.2
AALTO - 1	FIN		NGSO	23.06.2017	C		11.2
AAUSAT4	DNK		NGSO	25.04.2016	C		11.2
ACE	USA		NGSO	25.08.1997	C		11.2
ACES - 2	F	ESA	NGSO	30.04.2025	N	15.02.2029	11.2
ACN	SUI		NGSO	24.01.2021	C		11.2
ACN - O	SUI		NGSO	31.01.2019	C		11.2

4.2.2　GSO 规划资源的管理规定

为了确保每个成员国都拥有建设基础卫星通信设施所必需的频率轨道资源，国际电联预先将部分专用频段配合以轨道资源分配给各个成员国直接使用，具体又分为卫星固定业务规划（FSS Plan）和卫星广播业务规划（BSS Plan）。无论是 FSS Plan，还是 BSS Plan，国际电联都将规划资源的使用分成直接使用的"原始规划"与修改使用的"附加系统/规划修改"两种程序，既保留各成员国的基本权益，又在规划频段引入类似非规划频段的"协调"程序，以满足"合理性、经济性"的高效资源利用。

《无线电规则》第二卷的附录 30B 给出了关于 FSS Plan 频率轨道资源申请与使用的详细规定，该附录还包含四个附件，具体介绍了与 FSS Plan 相关的技术参数、保护标准与干扰计算方法。在 ITU - R 划分的全球三个区域之内，FSS Plan 涵盖以下频段：

1）4 500～4 800 MHz（空对地）；

2）6 725～7 025 MHz（地对空）；

3）10.70～10.95 GHz（空对地）；

4）11.20～11.45 GHz（空对地）；

5）12.75～13.25 GHz（地对空）。

可以看到，在空对地和地对空方向，FSS Plan 的总带宽均为 800 MHz。在附录 30B 的第 10 条中，ITU - R 给出了所有成员国获得的 FSS 原始规划：由标称轨道位置、上述 800 MHz 带宽（上行链路和下行链路）和覆盖目标国家的业务区组成。成员国启用原始规划时，可以直接向 ITU - R 申报通知资料进行启用，无须履行协调程序。

ITU‑R 在《无线电规则》第二卷的附录 30 和附录 30A 中给出了关于 BSS Plan 频率轨道资源申请与使用的详细规定，其中附录 30 是关于卫星广播业务的规划（12 GHz 频段），附录 30A 则是与附录 30 相关联的馈线链路的规划（14 GHz、17GHz 频段）。与 FSS Plan 涵盖的频段不同，BSS Plan 在不同区域拥有不同频段：

1）1 区：11.7～12.5 GHz（空对地）；

14.5～14.8 GHz（地对空）；

17.3～18.1 GHz（地对空）；

2）2 区：12.2～12.7 GHz（空对地）；

17.3～17.8 GHz（地对空）；

3）3 区：11.7～12.2 GHz（空对地）；

14.5～14.8 GHz（地对空）；

17.3～18.1 GHz（地对空）。

由于三个区 BSS Plan 规则的通过与修订是经由不同的 WRC 予以通过的，因此 1 区、3 区 BSS Plan 的概念与 2 区 BSS Plan 的概念并不相同，ITU‑R 分别在附录 30 的第 11 条和第 10 条中用表格的形式列出所有成员国获得的 BSS 原始规划。同样地，附录 30 与附录 30A 也包含一些技术附件，给出了具体的共用标准、计算方法和技术数据。

对于 FSS Plan 以及 BSS Plan 频段来说，提出附加使用或修改规划的卫星网络，需要履行类似非规划频段协调程序的"Part A＋Part B"程序，与受影响的卫星网络完成协调后，方可申报通知资料予以启用。

4.3　对 NGSO 卫星通信的管理规定

近 50 年来，在人类探索太空的历史上先后经历了两次低轨卫星星座的浪潮。20 世纪 90 年代初，以"铱星""全球星"和"轨道通信"为代表的第一代低轨星座系统旨在提供全球覆盖的便携式卫星电话服务。2015 年，在谷歌等互联网巨头的推动和支持下，以 OneWeb、Starlink 为代表的第二代低轨卫星星座再次引发全球关注。与第一代星座相比，第二代低轨星座主要具有以下特点：

1）主要提供宽带互联网服务；

2）星座规模大多在成千上万颗卫星数量级；

3）参与者主要以非传统航天领域的互联网企业居多。

在讨论低轨星座的具体用频规定之前，首先需要弄清楚其与国际电联的无线电业务定义与分类之间的对应关系。总体来说，全球低轨通信卫星星座使用的频率划分主要涉及卫星固定业务和卫星移动业务两类。

由于瞄准用户手持终端市场，第一代全球通信卫星星座系统普遍使用卫星移动业务，选频集中在 3GHz 以下的频段，具有频段低和带宽窄的特点。用户终端的全球可移动性，以及终端天线近全向发射、接收的特点，导致使用卫星移动业务的第一代全球通信卫星星座系统在用频方面具有"独占性"和"排他性",即两个星座系统在同频同覆盖的情况下无法兼容共用,只能考虑通过分频使用或业务区隔离的技术途径实现与其他无线电业务系统之间的兼容共用。

由互联网公司主导建设的第二代低轨星座主打提供宽带卫星互联网接入服务,市场定位也不再是与地面蜂窝移动网络的直接竞争,而是以补充地面系统覆盖能力为目标,寻求与地面运营商的共同发展。由于国际电联划分给卫星移动业务的频率资源远远无法满足卫星互联网星座系统的建设需要,因此,低轨卫星互联网星座将目光转向了卫星固定业务。然而,由于卫星互联网星座系统的用户群体中存在大量通过卫星实现在动态移动中传输宽带数据业务的新应用需求,国际电联折中提出了一种整合卫星固定业务与卫星移动业务优势的新型概念"动中通"。"动中通"应用所使用的频率划分仍然是卫星固定业务划分,但是地球站可以"固定"安装在某些可"移动"平台上,并且根据可移动平台的不同,具体分为车载动中通、船载动中通和机载动中通。

表 4-9～表 4-11 分别给出了 O3b 星座、OneWeb 星座以及 Starlink 星座向国际电联申报卫星网络的卫星业务类型情况。

表 4-9 O3b 星座向国际电联申报卫星网络情况

卫星网络 ID	卫星网络名称	国家	起始频率/MHz	终止频率/MHz	卫星业务类型
114500125	O3b - A	英国	17 800	18 600	卫星固定业务
			18 800	19 300	卫星固定业务
			27 500	29 100	卫星固定业务
116500032	O3b - B	英国	17 800	18 600	卫星固定业务
			18 800	19 300	卫星固定业务
			27 500	29 100	卫星固定业务
115520064	O3b - C	英国	29 000	29 500	卫星固定业务
			19 200	19 600	卫星固定业务
			17 700	17 800	卫星固定业务
119520351	O3b - E	英国	37 500	42 500	卫星固定业务
			47 200	50 200	卫星固定业务
			50 400	51 400	卫星固定业务
121520132	O3b - E2	英国	40 000	42 500	卫星固定业务
120520087	O3b - F	英国	17 700	18 600	卫星固定业务
			18 800	20 200	卫星固定业务
			27 500	30 000	卫星固定业务
			29 500	30 000	卫星移动业务
			19 700	20 200	卫星移动业务

表 4 - 10　OneWeb 星座向国际电联申报卫星网络情况

卫星网络 ID	卫星网络名称	国家	起始频率/MHz	终止频率/MHz	卫星业务类型
117545429	EDEN	英国	71 000	76 000	卫星固定业务
			81 000	86 000	卫星固定业务
113520120	L5	英国	10 700	12 750	卫星固定业务
			12 750	14 500	卫星固定业务
			27 500	30 000	卫星固定业务
			17 700	20 200	卫星固定业务
			19 700	20 200	卫星移动业务
			29 500	30 000	卫星移动业务
113520120	L6	英国	10 700	12 750	卫星固定业务
			12 750	13 250	卫星固定业务
			13 750	14 500	卫星固定业务
			17 700	18 600	卫星固定业务
			18 800	20 200	卫星固定业务
			27 500	30 000	卫星固定业务
			19 700	20 200	卫星移动业务
			29 500	30 000	卫星移动业务
120520228	L7A	英国	10 700	12 750	卫星固定业务
			12 750	13 250	卫星固定业务
			13 750	14 500	卫星固定业务
			17 700	18 600	卫星固定业务
			18 800	20 200	卫星固定业务
			27 500	30 000	卫星固定业务
			19 700	20 200	卫星移动业务
			29 500	30 000	卫星移动业务
117520160	THEME	英国	10 700	12 750	卫星固定业务
			12 750	14 500	卫星固定业务
			17 700	20 200	卫星固定业务
			27 500	30 000	卫星固定业务
			19 700	20 200	卫星移动业务
			29 500	30 000	卫星移动业务

续表

卫星网络 ID	卫星网络名称	国家	起始频率/MHz	终止频率/MHz	卫星业务类型
116520404	THEO	英国	10 700	12 750	卫星固定业务
			12 750	13 250	卫星固定业务
			13 750	14 500	卫星固定业务
			17 700	18 600	卫星固定业务
			18 800	20 200	卫星固定业务
			27 500	30 000	卫星固定业务
			19 700	20 200	卫星移动业务
			29 500	30 000	卫星移动业务
119500311	VANGUARD	英国	37 500	42 500	卫星固定业务
			42 500	43 500	卫星固定业务
			47 200	50 200	卫星固定业务
			50 400	51 400	卫星固定业务
119500303	VERA	英国	37 500	42 500	卫星固定业务
			42 500	43 500	卫星固定业务
			47 200	50 200	卫星固定业务
			50 400	51 400	卫星固定业务
119520352	VROOM	英国	37 500	42 500	卫星固定业务
			42 500	43 500	卫星固定业务
			47 200	50 200	卫星固定业务
			50 400	51 400	卫星固定业务
114520272	MCSAT LEO	法国	17 800	20 200	卫星固定业务
			27 500	30 000	卫星固定业务
115520231	102	加拿大	17 800	20 200	卫星固定业务
			27 500	30 000	卫星固定业务
			19 700	20 200	卫星移动业务
			29 500	30 000	卫星移动业务
119500298	STRIPE	法国	37 500	42 500	卫星固定业务
			42 500	43 500	卫星固定业务
			47 200	50 200	卫星固定业务
			50 400	51 400	卫星固定业务

表 4－11　Starlink 星座向国际电联申报卫星网络情况

卫星网络 ID	卫星网络名称	国家	起始频率/MHz	终止频率/MHz	卫星业务类型
114520273	STEAM－1	挪威	10 700	12 750	卫星固定业务
			12 750	13 250	卫星固定业务
			13 750	14 500	卫星固定业务

续表

卫星网络 ID	卫星网络名称	国家	起始频率/MHz	终止频率/MHz	卫星业务类型
114520274	STEAM-2	挪威	17 300	17 700	卫星固定业务
			17 700	18 600	卫星固定业务
			18 800	20 200	卫星固定业务
			27 500	30 000	卫星固定业务
			19 700	20 200	卫星移动业务
			29 500	30 000	卫星移动业务
117520027	STEAM-2B	挪威	17 300	17 700	卫星固定业务
			17 700	18 600	卫星固定业务
			18 800	20 200	卫星固定业务
			27 500	30 000	卫星固定业务
			19 700	20 200	卫星移动业务
			29 500	30 000	卫星移动业务
—	USASAT-NGSO-3 系列	美国	10 700	12 750	卫星固定业务
			12 750	13 250	卫星固定业务
			13 750	14 500	卫星固定业务
			17 300	17 700	卫星固定业务
			18 800	20 200	卫星固定业务
			27 500	30 000	卫星固定业务
			19 700	20 200	卫星移动业务
			29 500	30 000	卫星移动业务
			37 500	42 500	卫星固定业务
			42 500	43 500	卫星固定业务
			47 200	50 200	卫星固定业务
			50 400	51 400	卫星固定业务

从表 4-9～表 4-11 可以看到，现阶段瞄准低轨宽带卫星互联网目标建设的星座系统的频率选择基本集中在卫星固定业务，在向国际电联申报的卫星网络中，申报频率不约而同地集中在卫星固定业务的 Ku 频段、Ka 频段和 Q/V 频段。因此，低轨星座系统同时面临与地球静止轨道同频卫星的兼容共用，以及与其他同频低轨星座系统之间的兼容共用问题。

4.3.1 NGSO 通信星座的用频规定

（1）NGSO 通信星座对 GSO 卫星的保护

对于卫星移动业务来说，NGSO 通信星座使用 L、S 等频段时，需要按照卫星网络申报的先后次序与同频段 GSO 通信卫星系统开展协调，卫星网络申报日期较早的系统拥有较为优先的国际协调地位。

对于卫星固定业务来说，按照国际电联《无线电规则》第一卷 22.2 条款的规定，低轨通信卫星使用包括 C、Ku、Ka 及 Q/V 频段在内的绝大部分频率资源时，都需要无条件保证地球静止轨道的同频段通信卫星的用频安全，并且不得要求来自地球静止轨道卫星的保护。

目前，全球低轨星座系统集中规划、使用的卫星固定业务的主要频段包括：

C 频段：3 700～4 200 MHz（空对地）和 5 925～6 725 MHz（地对空）；

Ku 频段：10.7～11.7 GHz（空对地）、11.7～12.75 GHz（空对地）（1 区/3 区）、11.7～12.7 GHz（空对地）（2 区）、12.5～12.75 GHz（地对空）、12.75～13.25 GHz（地对空）、13.75～14.5 GHz（地对空）；

Ka 频段：17.3～18.1 GHz（地对空）、17.8～18.6 GHz（空对地）、18.8～19.3 GHz（空对地）、19.3～20.2 GHz（空对地）、27.5～29.1 GHz（地对空）、29.5～30 GHz（地对空）；

Q/V 频段：37.5～42.5 GHz（空对地）、42.5～43.5 GHz（地对空）、47.2～50.2 GHz（地对空）以及 50.4～51.4 GHz（地对空）；

E 频段：71～76 GHz（空对地）、81～86 GHz（地对空）。

除了上述热点频段外，其他所有卫星固定业务划分，只要《无线电规则》中没有明确指出其不能应用于 NGSO 卫星，都可以用于低轨通信卫星星座系统。

为了具体量化低轨星座对地球静止轨道卫星的干扰信号强度，国际电联进一步提出了等效功率通量密度（Equivalent Power Flux Density，EPFD）的概念，EPFD 用来衡量某个低轨卫星星座系统对地球静止轨道卫星系统的集总干扰，按照式（4-1）进行计算

$$\mathrm{EPFD} = 10 \log_{10} \left[\sum_{i=1}^{N_a} 10^{\frac{P_i}{10}} \frac{G_t(\theta_i)}{4\pi d_i^2} \frac{G_r(\varphi_i)}{G_{r,\max}} \right] \qquad (4-1)$$

式中，EPFD 为等效功率通量密度，单位为 dB/（W/m²）；N_a 为从地球表面或地球静止轨道考虑的静止轨道卫星系统接收端可以看见的低轨卫星的数量；i 为第 i 颗低轨卫星；P_i 为在参考带宽内，低轨卫星发射天线输入口的功率，单位为 dBW；$G_t(\theta_i)$ 为第 i 颗低轨卫星在地球静止轨道卫星系统接收端方向的发射天线增益，单位为 dBi；d_i 为低轨卫星与地球静止轨道卫星系统接收端之间的距离，单位为 m；$G_r(\varphi_i)$ 为地球静止轨道卫星系统接收端在第 i 颗低轨卫星方向的接收天线增益，单位为 dBi；$G_{r,\max}$ 为地球静止轨道卫星系统接收端天线的最大增益，单位为 dBi。

国际电联在《无线电规则》第一卷的第 22 条中给出了低轨星座使用卫星固定业务频率划分的具体 EPFD 限值规定——凡是国际电联已经明确给出 EPFD 限值要求的频段，低轨星座运营商们必须保证向国际电联申报的卫星网络资料符合相应的限值规定，否则国际电联将判定为不合格，并做删除处理。

表 4-12 以下行 C 频段为例给出了国际电联关于低轨星座 EPFD 限值的规定，完整的 EPFD 限值规定可参见本书附录 A。

表 4-12　下行 C 频段 EPFD 限值规定

频段/MHz	EPFD↓/ $[dB(W/m^2)]$	不超出 EPFD↓的时间百分比/%	参考带宽/kHz	参考天线直径/m
3 700~4 200	-195.4	100	4	1.8
	-197.9	100	4	2.4
	-201.6	100	4	3.7
	-203.3	100	4	4.5
	-204.5	100	4	5.5
	-207.5	100	4	8
	-208.5	100	4	10
	-212.0	100	4	15

在按照表 4-12 计算低轨星座的 EPFD 数值时，地球静止轨道地球站的天线参考辐射特性如下：

1）当 $(D/\lambda) \geqslant 100$ 时：

$$G(\varphi) = \begin{cases} G_{max} - 2.5 \times 10^{-3} \left(\dfrac{D}{\lambda} \varphi \right)^2, & 0 \leqslant \varphi < \varphi_m \\ G_1, & \varphi_m \leqslant \varphi < \varphi_r \\ 29 - 25\log\varphi, & \varphi_r \leqslant \varphi < 20° \\ -3.5, & 20° \leqslant \varphi < 26.3° \\ 32 - 25\log\varphi, & 26.3° \leqslant \varphi < 48° \\ -10, & 48° \leqslant \varphi \leqslant 180° \end{cases}$$

2）当 $42 \leqslant (D/\lambda) < 100$ 时：

$$G(\varphi) = \begin{cases} G_{max} - 2.5 \geqslant 10^{-3} \left(\dfrac{D}{\lambda} \varphi \right)^2, & 0 \leqslant \varphi < \varphi_m \\ G_1, & \varphi_m \leqslant \varphi < 100 \left(\dfrac{\lambda}{D} \right) \\ 29 - 25\log\varphi, & 100 \left(\dfrac{\lambda}{D} \right) \leqslant \varphi < 20° \\ -3.5, & 20° \leqslant \varphi < 26.3° \\ 32 - 25\log\varphi, & 26.3° \leqslant \varphi < 48° \\ -10, & 对于 48° \leqslant \varphi \leqslant 180° \end{cases}$$

3）当 $(D/\lambda) < 42$ 时：

$$G(\varphi) = \begin{cases} G_{max} - 2.5 \geqslant 10^{-3} \left(\dfrac{D}{\lambda} \varphi \right)^2, & 0 \leqslant \varphi < \varphi_m \\ G_1, & \varphi_m \leqslant \varphi < 100 \left(\dfrac{\lambda}{D} \right) \\ 32 - 25\log\varphi, & 100 \left(\dfrac{\lambda}{D} \right) \leqslant \varphi < 48° \\ -10, & 48° \leqslant \varphi \leqslant 180° \end{cases}$$

式中，D 为天线直径，单位为 m；λ 为波长，单位为 m；φ 为天线离轴角度，单位为（°）；G_1 为第一旁瓣增益 $= 2 + 15\log(D/\lambda)$，单位为 dBi；$\varphi_m = \dfrac{20\lambda}{D}\sqrt{G_{\max} - G_1}$，单位为（°）；

$\varphi_r = 15.85\left(\dfrac{D}{\lambda}\right)^{-0.6}$，单位为（°）；$G_{\max} = 7.7 + 20\lg(D/\lambda)$，单位为 dBi。

　　值得注意的是，国际电联并没有为所有卫星固定业务的频率划分都规定 EPFD 限值，并且由于部分频率划分的共用情况十分复杂，还存在地球静止轨道卫星与低轨星座之间按照卫星网络申报时间的先后次序开展频率协调等情况。为了方便查阅，图 4-4 给出了低轨通信卫星星座使用 L 频段至 Q/V 频段的卫星固定业务与卫星移动业务频率划分的具体规定。

图 4-4　低轨通信星座用频规定

（2）NGSO 通信星座之间的频率共用

　　NGSO 通信星座系统的选频用频，除了需要按照上述国际电联的规定满足对地球静止轨道卫星系统的保护，还需要与申报协调地位优先的其他低轨星座系统实现频率兼容共用。

　　对于低轨星座系统之间的频率共用，无论卫星固定业务还是卫星移动业务，基本都遵循"先到先得"的原则，即需要按照向国际电联申报卫星网络的时间顺序开展技术协调与磋商，申报时间相对较晚的卫星网络有义务主动采取有效措施，以消除对申报时间较早的卫星网络的有害干扰，必要时双方需要配合采取措施。

4.3.2　NGSO 通信星座的协调规定

　　按照《无线电规则》，若低轨星座选择的业务类型及频段范围涉及的脚注要求其履行协调程序，那么低轨星座系统的卫星及其地球站需要按照第 9 条规定的具体条款开展协调；若没有明确说明，则无须履行协调程序，但需要与已申报的其他同频卫星网络进行技术磋商，以确保各在轨系统的安全用频。

《无线电规则》第 9 条第 Ⅱ 节给出了所有卫星网络在不同场景需要遵守的协调要求，其中，涉及 NGSO 卫星网络的主要协调条款包括 9.7A、9.7B、9.11A、9.12、9.12A、9.13、9.15、9.16、9.36.2、9.41、9.52、9.52.1、11.28.1 等。其中，9.7A、9.7B、9.11A、9.12、9.12A、9.13、9.15、9.16 款明确了在何种情况下，NGSO 卫星网络需要开展协调，而 9.36.2、9.41、9.52、9.52.1、11.28.1 条款则为国际电联规定的为保障卫星网络及各系统有序兼容使用的程序性协调条款，见表 4 - 13。

表 4 - 13　NGSO 卫星网络涉及协调条款

协调对象	《无线电规则》条款
NGSO 卫星与 NGSO 卫星	9.12
NGSO 卫星与 GSO 卫星	9.12A、9.13
NGSO 卫星与地面电台	9.14
NGSO 卫星地球站与地面电台	9.15、9.16
NGSO 卫星地球站与 NGSO 卫星地球站	9.17A

1) 对于某些频段上卫星固定业务对地静止卫星网络的一个特定地球站，与卫星固定业务非对地静止卫星系统。

这种情况需依据 9.7A 款开展协调。适用频段为 10.7～11.7 GHz（空对地方向）、11.7～12.2 GHz（空对地方向，2 区）、12.2～12.75 GHz（空对地方向，3 区）、12.5～12.75 GHz（空对地方向，1 区）、17.8～18.6 GHz（空对地方向）、19.7～20.2 GHz（空对地方向）。当干扰方 GSO 与被干扰方 NGSO 出现频率重叠，且 GSO 某接收地球站和 NGSO 系统 EPFD 满足一定限制条件时，需开展卫星固定业务 GSO 地面段与卫星固定业务 NGSO 之间的协调。

2) 对于某些频段上卫星固定业务非对地静止卫星系统，与卫星固定业务中对地静止卫星网络的一个特定地球站。

这种情况需依据 9.7B 款开展协调。适用频段为 10.7～11.7 GHz（空对地方向）、11.7～12.2 GHz（空对地方向，2 区）、12.2～12.75 GHz（空对地方向，3 区）、12.5～12.75 GHz（空对地方向，1 区）、17.8～18.6 GHz（空对地方向）、19.7～20.2 GHz（空对地方向）。当干扰方 NGSO 与被干扰方 GSO 出现频率重叠，且 GSO 某接收地球站和 NGSO 系统 EPFD 满足一定限制条件时，需开展卫星固定业务 NGSO 与卫星固定业务 GSO 地面段之间的协调。

3) 对于频率划分表脚注内提及需按照 9.11A 款开展协调的电台。

这种情况应依据第 9.12 款至第 9.16 款开展协调。

4) 对于频率划分表脚注内提及需按照 9.12 款或 9.11A 款协调的非对地静止卫星轨道卫星网络电台，与使用非对地静止卫星轨道的任何其他卫星网络。

这种情况需依据 9.12 款开展协调，但在相反发射方向运行的地球站之间不需要依据 9.12 款进行协调。适用频段为频率划分表脚注中所有提及需要依据 9.12 款或 9.11A 款协调的 NGSO 系统，此时，受影响的一方为先申报的非对地静止卫星网络，当干扰方与被干扰方在适用频段出现频率重叠时，需开展 NGSO 与 NGSO 之间的协调。对于频率划分表脚注内提及需按照 9.12A 款或 9.11A 款协调的非对地静止卫星轨道卫星网络电台，与使用对地静止卫星轨道的任何其他卫星网络，需依据 9.12A 款开展协调，但在相反方向运行的地球站之间不需要依据 9.12A 款进行协调。适用频段为频率划分表脚注中所有提及需要依据 9.12A 款或 9.11A 款协调的 NGSO 系统，此时，受影响的一方，为先申报的对地静止卫星网络，当干扰方与被干扰方在适用频段出现频率重叠时，需开展 NGSO 与 GSO 之间的协调。

　　5) 对于频率划分表脚注内提及需按照 9.13 款或第 9.11A 款协调的对地静止卫星轨道卫星网络电台，与使用非对地静止卫星轨道的任何其他卫星网络。

　　这种情况需依据 9.13 款开展协调，但在相反方向运行的地球站之间不需要依据 9.13 款进行协调。适用频段为频率划分表脚注中所有提及需要依据 9.13 款或 9.11A 款协调的 NGSO 系统，常用协调频段为 1 518～1 525 MHz（空对地方向）、1 668～1 675 MHz（地对空方向）、18.8～19.7 GHz（空对地方向）和 28.6～29.5 GHz（地对空方向）。此时，受影响的一方为非对地静止卫星网络，当干扰方与被干扰方在适用频段出现频率重叠时，需开展 GSO 与 NGSO 之间的协调。此外，需额外注意的是，在 1 668～1 668.4 MHz，当卫星移动业务（MSS）与 SRS（无源）开展协调时，除频率重叠外，GSO MSS 业务需满足一定条件，才会确定 GSO 与 NGSO 之间的协调关系。

　　6) 对于频率划分表脚注内提及需按照第 9.11A 款协调的非对地静止卫星网络的特定地球站或典型地球站，与以同等权利划分给空间和地面业务的频段内的，且地球站的协调区包括另一个国家领土的地面电台。

　　这种情况需依据 9.15 款开展协调。适用频段为频率划分表脚注中所有提及需要依据 9.11A 款协调的系统，此时，受影响的一方为地面电台，所开展的协调为 NGSO 地面段与地面电台之间的协调。

　　7) 对于频率划分表脚注内提及需按照第 9.11A 条款协调且位于一个非对地静止卫星网络地球站协调区内的地面业务发射电台。

　　这种情况需依据 9.16 款开展协调，适用频段为频率划分表脚注中所有提及需要依据 9.11A 款协调的系统。

　　第 9.36.2 款内容为在按照第 9.7、9.7A 和 9.7B 款协调时，国际电联无线电通信局还须确定需要与之进行协调的具体卫星网络或地球站（也见第 9.42 款）。

　　第 9.41 款内容为在收到涉及根据第 9.7～9.7B 款提出协调请求的国际频率信息通报（BR IFIC）后，若未被第 9.36.2 款确定为协调对象的卫星网络认为受到了潜在干扰，或申报卫星网络的主管部门认为国际电联根据 9.36.2 确定的协调对象并不合理，则须在相关国际频率信息通报（BR IFIC）公布之日起 4 个月内，酌情通知要求协调的主管部门或出现在判定列表但不需协调的主管部门和无线电通信局，说明这样做的技术原因，并须酌情要求将其名称，或其依据第 9.36.2 款未被判定的任何卫星网络的名称列入；或将被判定的主管部门的名称，或其依据第 9.36.2 款被判定的任何卫星网络的名称从判定列表中删除。

第 9.52 款内容为在各主管部门对本国网络是否受到影响进行审查以后，如果某一主管部门不同意协调要求，须在第 9.38 款的 BR IFIC 公布日期或第 9.29 款的协调资料寄送日期 4 个月期限内将其不同意的意见通知需要协调的主管部门，并须提供作为不同意基础的与其自己指配有关的信息，同时须提供可能的兼容共用方法建议。该资料的副本须抄送至无线电通信局。如果该信息关系到某一地球站协调区范围内的地面电台或在相反发射方向操作地球站，只有与现有无线电通信电台有关的资料或与在随后 3 个月内启用的地面电台或 3 年内启用的地球站有关的那些资料才须作为第 11.2 或 11.9 款的通知处理。

第 9.52.1 款内容为如一主管部门认为其现有或规划的无须按照《无线电规则》第 9 条第 Ⅱ 节实施协调程序的卫星网络或系统可能受到不可接受的干扰，可将意见寄送至要求协调的主管部门。这些意见的副本也可寄送至无线电通信局。但是此意见本身不构成第 9.52 款下的不同意见。此后，两个主管部门须共同努力，解决卫星网络或系统相关的任何问题，需要时任何一方可要求无线电通信局帮助，并交换任何可用的相关补充资料。

第 11.28.1 款内容为对于无须按照《无线电规则》第 9 条第 Ⅱ 节实施协调程序的卫星网络或系统，如一主管部门认为对最初按照第 9.2B 款公布的特性提交修改有可能对其现有或规划的卫星网络或系统造成不可接受的干扰，则该主管部门可将其意见通知主管部门。双方主管部门须通过合作解决任何存在的困难。

为了进一步保证 NGSO 卫星系统与其他系统之间的兼容共用，加强对 NGSO 系统管理，不对其他业务产生干扰，国际电联在规则条款的基础上，经过多年讨论修订针对涉及 NGSO 系统的问题输出了多篇决议和相关建议书，卫星操作者在建设部署 NGSO 卫星系统时，除了符合《无线电规则》第 9 条、第 11 条及第 22 条等要求，还要遵守或参考相关决议及建议书内容。

4.3.3 NGSO 通信星座的投入使用规定

在 2015 年召开的 WRC 上，很多国家提出国际电联的现有规则"1 颗卫星在轨即投入使用整个星座网络"，对于各国大量申报的包含几百，甚至几千颗卫星的 NGSO 卫星星座来说是对规则的滥用，因此，国际电联决定在 2015—2019 年研究周期内研究、制定新的规则条款对包含大量卫星的 NGSO 星座"投入使用"加以限制。

WRC-19 大会在以下几方面做出决定：

1）任何 NGSO 星座，在第一份卫星网络资料申报后的 7 年内，应至少发射一颗卫星并按规定将卫星网络激活；

2）对于使用 Ku、Ka 和 Q/V 频段的 FSS、BSS 和 MSS NGSO 星座，必须遵守"里程碑"规定，在规定的时间节点内发射指定数目的卫星，具体规定如下：

对于 2014 年 1 月 1 日之后申报的卫星网络，应：

a）在"卫星网络寿命（7 年）＋2 年＋30 天"之内，在轨卫星数目不少于星座总数的 20%；

b）"卫星网络寿命（7 年）＋5 年＋30 天"之内，在轨卫星数目不少于星座系统总数的 50%；

c）"卫星网络寿命（7 年）＋7 年＋30 天"之内，在轨卫星数目应为星座系统总数的 100%。

对于 2014 年 1 月 1 日之前申报的卫星网络，应：

a）2023 年 2 月 1 日之前，在轨卫星数目不少于星座总数的 20%；

b）2026 年 2 月 1 日之前，在轨卫星数目不少于星座总数的 50%；

c）2028 年 2 月 1 日之前，在轨卫星数目不少于星座总数的 100%。

如果主管部门没能及时按照上述时间节点足额发射、部署卫星，那么在国际电联处备案的星座系统卫星总数将根据实际在轨卫星情况等比例缩减。

3）值得注意的是，对于 2015 年 11 月 28 日之前申报的卫星网络，如果能够在 2023 年 3 月 1 日之前以主管部门的名义提交能够足额发射的证据材料，经国际电联规则委员会或 WRC－23 审议通过后，可以不满足第一个里程碑节点的要求。

4）星座已 100% 完成部署之后，若具备发射、接收指定频率指配能力的卫星总数连续 6 个月达不到总数的 95%，则主管部门应尽快通报国际电联。

WRC－19 要求 NGSO 星座在规定的 3 个里程碑时间节点内依次足额发射指定数目的卫星，并按照规定提交证明材料，否则将受到国际电联缩减整个星座规模的惩罚，因此，需要提前规划、统筹安排整个星座系统的工程研制进度及发射计划，确保能够按时、足额部署卫星。

但遗憾的是，截至 2023 年 1 月，ITU－R 仍未公布关于里程碑具体数据的查询接口，卫星操作者无法通过国际电联网站或者 IFIC 数据库查询各卫星网络里程碑规定的履行情况，仅能查询到 NSGO 卫星网络是否在 API 资料或 CR 资料申报后的 7 年内发射一颗卫星并按规定将对应卫星网络激活。

表 4－14 给出了 Starlink 系统通过挪威主管部门申报的 STEAM－1 卫星网络和 STEAM 2 卫星网络的 BIU 情况，可以看到两份卫星网络均已在 API 资料或 CR 资料申报后的七年内发射一颗卫星并按规定将对应卫星网络激活。

表 4－14 Starlink 系统通过挪威主管部门申报网络的 BIU 情况

Satellite Name (SNL Part B)	ADM	ORG	Long_nom	Date of bringing into use	Status	Expiry Date for Bringing Into Use	Provision
ARE－2	NOR		NGSO	01.09.2013	C		11.2
ARE－3	NOR		NGSO	12.07.2010	C		11.2
NORSAT－1	NOR		NGSO	14.07.2017	C		11.2
NORSAT－2	NOR		NGSO	01.01.2017	C		11.2
NORSAT－2	NOR		NGSO	14.07.2017	C		11.2
STEAM－1	NOR		NGSO	27.12.2019	C		11.2

续表

Satellite Name (SNL Part B)	ADM	ORG	Long_nom	Date of bringing into use	Status	Expiry Date for Bringing Into Use	Provision
STEAM－2	NOR		NGSO	05.06.2021	C		11.2

表 4－15 给出了 Starlink 系统通过美国主管部门申报的部分 USASAT－NGSO 系列卫星网络的 BIU 情况，可以看到其通过美国申报的包含较多卫星数量、轨道构型及频段范围的卫星网络均未完成初始激活。

表 4－15　Starlink 系统通过美国主管部门申报网络的 BIU 情况

Satellite Name (SNL Part B)	ADM	ORG	Long_nom	Date of bringing into use	Status	Expiry Date for Bringing Into Use	Provision
USASAT－NGSO－3G	USA		NGSO	19.11.2022	N	28.06.2024	11.2
USASAT－NGSO－3H	USA		NGSO	19.11.2022	N	28.06.2024	11.2
USASAT－NGSO－3I	USA		NGSO	19.11.2022	N	28.06.2024	11.2
USASAT－NGSO－3J	USA		NGSO	19.11.2022	N	04.10.2024	11.2
USASAT－NGSO－3K	USA		NGSO	19.11.2022	N	04.10.2024	11.2
USASAT－NGSO－3L	USA		NGSO	19.11.2022	N	04.10.2024	11.2
USASAT－NGSO－4D	USA		NGSO	22.11.2022	N	29.01.2025	11.2
USASAT－NGSO－5	USA		NGSO	18.11.2022	N	22.06.2024	11.2

无线电规则委员会在 2022 年 7 月拒绝了一份由列支敦士登政府及其合作伙伴——总部位于美国的初创公司 Rivada Space Networks 联合提交的，希望为所有需要遵守国际电联"里程碑"规定的星座争取延期一年的申请。在 2019 年 WRC 上，国际电联通过第 35 号决议规定低轨星座的卫星网络资料需要遵守"里程碑"规定，即在卫星网络资料申报后的 7 年内至少发射 1 颗卫星，在 7＋2 年内至少发射星座总数量的 10％，在 7＋5 年内至少发射星座总数量的 50％，在 7＋7 年内按照星座总数量足额发射，否则国际电联将根据实际发射情况缩减星座规模。列支敦士登政府及 Rivada Space Networks 公司在申请材料中提出，由于新冠疫情在全球范围内肆虐，以及乌克兰战争的爆发导致俄罗斯在多个领域受到制裁，西方国家的卫星发射时不再考虑联盟号 Soyuz 火箭，俄罗斯的惰性气体供应也大幅减少，严重影响了卫星电子推进器和半导体制造能力。目前，航天领域的卫星制造能力和卫星发射能力严重不足，唯一经过实践验证具有大规模低轨卫星发射能力的 SpaceX 公司，其自身也面临着 Starlink 星座需要按照"里程碑"规定进行发射的压力。根据总部位于美国纽约的咨询公司 Summit Ridge Group 给出的分析结果，按照国际电联"里程碑"规定，除了 Starlink 星座外，至少还有 55 000 颗卫星亟待发射，就算每周发射一次、每次发射 100 颗卫星，也需要 10 年才能发射完。在这期间，注意到亚马逊公司借助其雄厚的财力在 2022 年早些时候为其 Kuiper 星座"抢占"了 83 颗卫星的发射机会，进一步挤压了其他低轨星座的发射空间。

纵然列支敦士登政府及 Rivada Space Networks 公司联合提出的申请有一定的事实依

据，但是考虑到无线电规则委员会的职责划分，其只能一事一议地解决某个卫星网络因不可抗力而无法按时投入使用的延期申请，不能解决所有卫星网络面临的共性问题。因此，无线电规则委员会建议列支敦士登政府及 Rivada Space Networks 公司考虑向 2023 年 11 月即将召开的 2023 年 WRC 提出相关问题，由 2023 年 WRC 讨论并考虑做出适当的决策。

4.4　卫星网络数据申报与公布

为规范各类卫星网络的申报与管理，ITU-R 兼顾不同卫星系统间频率轨道资源兼容共用分析的需要，规定了卫星操作者必须申报的系统参数（在《无线电规则》第二卷附录 4 给出），并开发 BR Space Application 系列软件，方便卫星操作者申报文字以及图形数据，同时提高 ITU-R 的检查与核算效率。图 4-5 以非规划频段为例给出了 ITU-R 申报数据的具体组织结构。

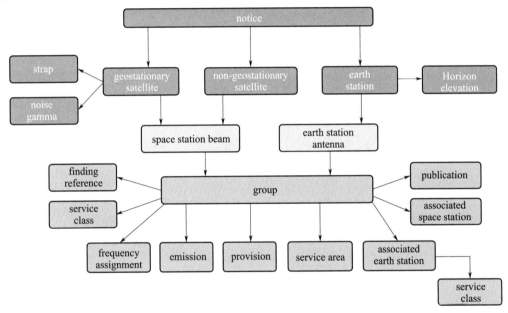

图 4-5　ITU-R 非规划频段申报数据的结构

由于卫星系统设计参数并不公开，卫星操作者很难通过公开渠道查询到其他卫星系统规划或在用的具体轨道及频率特性参数，此时，ITU-R 公布的数据就成为一个很好的信息获取渠道。一方面，各国卫星操作者必须确保实际卫星系统的频率轨道资源使用特性包含在向国际电联申报的卫星网络包络范围内；另一方面，国际电联正式公布的卫星网络数据具有权威性，可以在国际协调谈判中直接引用。需要提醒注意的是，正如前文提到的"卫星网络"与"卫星系统"之间的差异性，卫星操作者可以参考 ITU-R 公布的数据，但注意应结合其他信息进行筛选及有针对性地解读。下面给出了 Starlink 星座、OneWeb 星座及 Telesat 星座卫星网络申报与系统实际建设情况的对比分析结果。

4.4.1　Starlink 星座卫星网络申报与系统建设情况对比分析

自 2018 年 3 月，SpaceX 公司的星链计划提出以来，已经过数次修改，截至 2019 年 10 月，SpaceX 公司宣布星链计划增加 30 000 颗，使卫星总数达到 42 000 颗以上水平，其中 SpaceX 公司将新增 30 000 颗卫星计划称为 Gen2（简称"V2.0"）。2022 年 6 月最新信息显示，SpaceX 公司已开始建造第二代星链卫星 V2.0，与最终将被取代的 V1.5 相比，卫星重量增大 3～4 倍，同时性能也将全面提升。因此本节将根据现有网络公开数据和卫星部署情况，对星链计划 42 000 颗卫星的各阶段计划进行对比分析。

结合前期由 FCC 的授权情况来看，目前星链计划总共分为两期，第一期星链计划包含 FCC 已批复的 11 926 颗卫星，第二期星链计划为新提交的 30 000 颗卫星。其中，第一期星链计划卫星分为两个阶段，分别是使用 Ku 和 Ka 频段的 LEO 星座（V1.0）和使用 Q/V 频段的 VLEO 星座（V1.5）。

（1）SpaceX 公司网络资料储备情况分析

根据 2023 年 1 月 24 日公布的国际电联 IFIC2988 期周报显示，SpaceX 公司已通过美国及挪威申报的卫星网络共计 37 份，具体内容见表 4 - 16。

表 4 - 16　Starlink 系统卫星网络申报情况分析

序号	卫星网络名称	接收日期	国家	网络资料	计划	频段	频率/GHz
1	USASAT - NGSO - 3A - R	2019/4/11	USA	C	V1.0	Ku	10.7～13.25 13.75～14.5
2	USASAT - NGSO - 3B - R	2019/4/11	USA	C	V1.0	Ka	17.3～20.2 27.5～30
3	USASAT - NGSO - 3C	2017/9/20	USA	C	V1.0	Ku	10.7～13.25 13.75～14.5
4	USASAT - NGSO - 3E	2017/9/20	USA	C	V1.0	Ku	10.7～13.25 13.75～14.5
5	USASAT - NGSO - 3F	2017/9/20	USA	C	V1.0	Ka	17.3～20.2 27.5～30
6	STEAM - 1	2019/4/11	NOR	C	V1.0	Ku	10.7～13.25 13.75～14.5
7	STEAM - 2	2017/5/23	NOR	C	V1.0	Ka	17.3～20.2 27.5～30
8	STEAM - 2B	2019/4/11	NOR	C	V1.0	Ka	17.3～18.6 18.8～19.3 27.5～30
9	USASAT - NGSO - 3G	2019/11/20	USA	N	V1.5	Q/V	37.5～42.5 47.5～50.2 50.4～51.4
10	USASAT - NGSO - 3H	2019/11/20	USA	N	V1.5	Q/V	37.5～42.5 47.5～50.2 50.4～51.4

续表

序号	卫星网络名称	接收日期	国家	网络资料	计划	频段	频率/GHz
11	USASAT – NGSO – 3I	2019/11/20	USA	N	V1.5	Q/V	37.5～42.5 47.5～50.2 50.4～51.4
12	USASAT – NGSO – 3J	2019/11/20	USA	N	V1.5	Q/V	37.5～42.5 47.5～50.2 50.4～51.4
13	USASAT – NGSO – 3K	2019/11/20	USA	N	V1.5	Q/V	37.5～42.5 47.5～50.2 50.4～51.4
14	USASAT – NGSO – 3L	2019/11/20	USA	N	V1.5	Q/V	37.5～42.5 47.5～50.2 50.4～51.4
15	USASAT – NGSO – 3M	2019/10/7	USA	C	V2.0	Ku/Ka	10.7～13.25 13.75～14.5 17.3～18.6 18.8～20.2 27.5～30
16	USASAT – NGSO – 3N	2019/10/7	USA	C	V2.0	Ku/Ka	10.7～13.25 13.75～14.5 17.3～18.6 18.8～20.2 27.5～30
17	USASAT – NGSO – 3O	2019/10/7	USA	C	V2.0	Ku/Ka	10.7～13.25 13.75～14.5 17.3～18.6 18.8～20.2 27.5～30
18	USASAT – NGSO – 3P	2019/10/7	USA	C	V2.0	Ku/Ka	10.7～13.25 13.75～14.5 17.3～18.6 18.8～20.2 27.5～30
19	USASAT – NGSO – 3Q	2019/10/7	USA	C	V2.0	Ku/Ka	10.7～13.25 13.75～14.5 17.3～18.6 18.8～20.2 27.5～30
20	USASAT – NGSO – 3R – 1	2019/10/7	USA	C	V2.0	Ku/Ka	10.7～13.25 13.75～14.5 17.3～18.6 18.8～20.2 27.5～30

续表

序号	卫星网络名称	接收日期	国家	网络资料	计划	频段	频率/GHz
21	USASAT‐NGSO‐3R‐2	2019/10/7	USA	C	V2.0	Ku/Ka	10.7～13.25 13.75～14.5 17.3～18.6 18.8～20.2 27.5～30
22	USASAT‐NGSO‐3R‐3	2019/10/7	USA	C	V2.0	Ku/Ka	10.7～13.25 13.75～14.5 17.3～18.6 18.8～20.2 27.5～30
23	USASAT‐NGSO‐3S‐1	2019/10/7	USA	C	V2.0	Ku/Ka	10.7～13.25 13.75～14.5 17.3～18.6 18.8～20.2 27.5～30
24	USASAT‐NGSO‐3S‐2	2019/10/7	USA	C	V2.0	Ku/Ka	10.7～13.25 13.75～14.5 17.3～18.6 18.8～20.2 27.5～30
25	USASAT‐NGSO‐3S‐3	2019/10/7	USA	C	V2.0	Ku/Ka	10.7～13.25 13.75～14.5 17.3～18.6 18.8～20.2 27.5～30
26	USASAT‐NGSO‐3T‐1	2019/10/7	USA	C	V2.0	Ku/Ka	10.7～13.25 13.75～14.5 17.3～18.6 18.8～20.2 27.5～30
27	USASAT‐NGSO‐3T‐2	2019/10/7	USA	C	V2.0	Ku/Ka	10.7～13.25 13.75～14.5 17.3～18.6 18.8～20.2 27.5～30
28	USASAT‐NGSO‐3T‐3	2019/10/7	USA	C	V2.0	Ku/Ka	10.7～13.25 13.75～14.5 17.3～18.6 18.8～20.2 27.5～30

续表

序号	卫星网络名称	接收日期	国家	网络资料	计划	频段	频率/GHz
29	USASAT - NGSO - 3U - 1	2019/10/7	USA	C	V2.0	Ku/Ka	10.7～13.25 13.75～14.5 17.3～18.6 18.8～20.2 27.5～30
30	USASAT - NGSO - 3U - 2	2019/10/7	USA	C	V2.0	Ku/Ka	10.7～13.25 13.75～14.5 17.3～18.6 18.8～20.2 27.5～30
31	USASAT - NGSO - 3V - 1	2019/10/7	USA	C	V2.0	Ku/Ka	10.7～13.25 13.75～14.5 17.3～18.6 18.8～20.2 27.5～30
32	USASAT - NGSO - 3V - 2	2019/10/7	USA	C	V2.0	Ku/Ka	10.7～13.25 13.75～14.5 17.3～18.6 18.8～20.2 27.5～30
33	USASAT - NGSO - 3W - 1	2019/10/7	USA	C	V2.0	Ku/Ka	10.7～13.25 13.75～14.5 17.3～18.6 18.8～20.2 27.5～30
34	USASAT - NGSO - 3W - 2	2019/10/7	USA	C	V2.0	Ku/Ka	10.7～13.25 13.75～14.5 17.3～18.6 18.8～20.2 27.5～30
35	MICROSAT - 2	2018/1/18	USA	A	试验	S/X	8 027.5～8 087.5 2 077.5～2 105.5
36	MICROSAT - 2 - KU	2018/12/21	USA	C	试验	Ku	10.995～11.195 11.205～11 445 11.705～12 195 12.158 3～12.199 7 12.200 3～12.241 7 13.002 5～13.247 5 13.854 3～13.995 7
37	S - MICRO 1N	2015/6/10	USA	A	试验	S/X	8 027.5～8 087.5 2 077.5～2 105.5

　　通过对 Starlink 的卫星网络申报情况进行分析，可以看出，自 2019 年 SpaceX 提交了新一批的卫星计划新增 30 000 颗卫星，使星链星座系统提升到 42 000 颗卫星规模之后，

截至目前，并无新增（ADD）的卫星网络资料，总计 37 份网络资料。在此期间，星座计划的变更主要是通过更改（MOD）网络资料实现的。

①第一期星链计划

第一期星链计划分为两个阶段，首先 LEO 星座（V1.0）有 4 408 颗卫星分布在 540～570 km 的 LEO 轨道，使用 Ku 和 Ka 频段，见表 4 - 17；其次 VLEO 星座（V1.5）有 7 518 颗卫星分布在 340 km 左右的 LEO 轨道，使用 Q/V 频段，组网总数达到 11 926 颗卫星。

表 4 - 17　星链 V1.0 LEO 星座构型（4 408 颗卫星）

参数	最终计划					卫星总数（颗）
轨道平面	72	72	36	6	4	
每轨道卫星数（颗）	22	22	20	58	43	4 408
卫星高度/km	550	550	570	560	560	
轨道倾角/(°)	53	53.2	70	97.6	97.6	

表 4 - 17 给出了 SpaceX 公司经 3 次向 FCC 提出修改星座计划后，最终 V1.0 版本 LEO 的 4 408 颗卫星构型。其中，根据 SpaceX 公司为星链计划储备的网络资料（表 4 - 18 所示）可以看出，大部分网络资料储备了多个互斥版本的轨道构型，例如 550 km 轨道高度和 1 150 km 轨道高度，并通过多次修改策略来保障网络资料的优先地位。

表 4 - 18　星链 V1.0 卫星网络资料的轨道构型分析

序号	卫星网络名称	轨道面总数	轨道倾角/(°)	轨道高度/km	每个轨道面卫星数（颗）	轨道面个数	卫星总数（颗）
1	USASAT - NGSO - 3A - R	67	53	550	66	24	1 584
			53	1 150	50	32	1 600
			70	1 325	75	6	450
			81	1 275	75	5	375
2	USASAT - NGSO - 3B - R	67	53	550	66	24	1 584
			53	1 150	50	32	1 600
			70	1 325	75	6	450
			81	1 275	75	5	375
3	USASAT - NGSO - 3C	32	53.8	1 110	50	32	1 600
4	USASAT - NGSO - 3E	8	74	1 130	50	8	400
5	USASAT - NGSO - 3F	8	74	1 130	50	8	400
6	STEAM - 1	67	53	550	66	24	1 584
			53	1 150	99	32	3 168
			70	1 325	75	6	450
			81	1 275	75	5	375

续表

序号	卫星网络名称	轨道面总数	轨道倾角/(°)	轨道高度/km	每个轨道面卫星数(颗)	轨道面个数	卫星总数(颗)
7	STEAM-2	43	53	1 150	95	32	3 040
			70	1 325	75	6	450
			81	1 275	75	5	375
8	STEAM-2B	56	53	550	66	24	1 584
				1 150	50	32	1 600
合计							23 044

同样，见表 4-19，SpaceX 公司最终获 FCC 批准公布的 VLEO 星座构型，是对 LEO 星座的补充，主要使用 Ku 频段作为用户链路、Q/V 频段作为馈电链路，用于提升流量需求旺盛地区的系统容量。根据表 4-20 给出的网络资料储备情况同样也可以看出，SpaceX 公司采取多个轨道构型的备份方案。

表 4-19　星链 V1.5 VLEO 星座构型（7 518 颗卫星）

参数	最终计划			卫星总数(颗)
高度/km	346.5	340.8	335.9	7 518
每个高度卫星数(颗)	2 547	2 478	2 493	
倾角/(°)	53	48	42	

表 4-20　星链 V1.5 网络资料的轨道构型分析

序号	卫星网络名称	轨道面总数	轨道倾角/(°)	轨道高度/km	每个轨道面卫星数(颗)	轨道面个数	卫星总数(颗)
1	USASAT-NGSO-3G	43	53	1 150	50	32	1 600
			70	1 325	75	6	450
			81	1 275	75	5	375
2	USASAT-NGSO-3H	32	53.8	1 110	50	32	1 600
3	USASAT-NGSO-3I	8	74	1 130	50	8	400
4	USASAT-NGSO-3J	1	53	345.6	2 547	1	2 547
5	USASAT-NGSO-3K	1	53	340.8	2 478	1	2 478
6	USASAT-NGSO-3L	1	42	335.9	2 493	1	2 493
合计							11 943

②第二期星链计划

第二期星链计划卫星总数为 30 000 颗，根据目前互联网公开的星链 Gen2（V2.0）计划，V2.0 星座构型主要分布在 328～614 km 范围内，计划使用 Ku、Ka、E 频段作为第二期星链系统用频，见表 4-21。Gen2 卫星设计将远超 V1.0 和 V1.5 卫星，届时 Ku 频段仅用于卫星和用户终端之间的通信，Ka 频段同时用于卫星和信关站之间的通信，同时会新增 E 频段将用于卫星和信关站之间的通信，见表 4-22。

表 4-21　Starlink Gen2（V2.0）星座构型计划（30 000 颗）

子星座	轨道高度/km	倾角/(°)	轨道面个数	每面卫星数（颗）	卫星总数（颗）
1	328	30	1	7 178	7 178
2	334	40	1	7 178	7 178
3	345	53	1	7 178	7 178
4	360	96.9	40	50	2 000
5	373	75	1	1 998	1 998
6	499	53	1	4 000	4 000
7	604	148	12	12	144
8	614	115.7	18	18	324
合计			75	—	30 000

表 4-22　Starlink Gen2（V2.0）星座频率计划

链路类型和传输方向	频率/GHz
用户链路下行 卫星发射—用户终端接收	10.7～12.75 17.8～18.6 18.8～19.3 19.7～20.2
馈电链路下行 卫星发射—关口站接收	17.8～18.6 18.8～19.3 71.0～76.0
用户链路上行 用户终端发射—卫星接收	12.75～13.25 14.0～14.5 28.35～29.1 29.5～30.0
馈电链路上行 关口站发射—卫星接收	27.5～29.1 29.5～30.0 81.0～86.0
TT&C 下行 卫星发射—TT&C 站接收	12.15～12.25 18.55～18.60
TT&C 上行 TT&C 站接收—卫星发射	13.85～14.00

根据 2023 年 1 月 24 日公布的国际电联 IFIC2988 期周报的统计结果，SpaceX 公司目前储备的 20 份网络资料申报频段仅储备 Ku 和 Ka 频段，未包含 E 频段相关网络资料，并且星座构型、轨道倾角等信息也与互联网发布的星座计划有所不符，见表 4-23。

表 4 - 23　星链 V2.0 网络资料的轨道构型分析

序号	卫星网络名称	轨道面总数	轨道倾角/(°)	轨道高度/km	每个轨道面卫星数（颗）	轨道面个数	卫星总数（颗）
1	USASAT - NGSO - 3M	25	97.7	580	60	25	1 500
2	USASAT - NGSO - 3N	1 525	85	539.7	1	1 500	1 500
					60	25	1 500
3	USASAT - NGSO - 3O	1 525	80	532	1	1 500	1 500
					60	25	1 500
4	USASAT - NGSO - 3P	1 525	75	524.7	1	1 500	1 500
					60	25	1 500
5	USASAT - NGSO - 3Q	1 525	70	517.8	1	1 500	1 500
					60	25	1 500
6	USASAT - NGSO - 3R - 1	1 525	53	498.8	1	1 500	1 500
					60	25	1 500
7	USASAT - NGSO - 3R - 2	1 525	53	498.8	1	1 500	1 500
					60	25	1 500
8	USASAT - NGSO - 3R - 3	1 525	53	498.8	1	1 500	1 500
					60	25	1 500
9	USASAT - NGSO - 3S - 1	1 525	40	488.4	1	1 500	1 500
					60	25	1 500
10	USASAT - NGSO - 3S - 2	1 525	40	488.4	1	1 500	1 500
					60	25	1 500
11	USASAT - NGSO - 3S - 3	1 525	40	488.4	1	1 500	1 500
					60	25	1 500
12	USASAT - NGSO - 3T - 1	1 525	30	482.8	1	1 500	1 500
					60	25	1 500
13	USASAT - NGSO - 3T - 2	1 525	30	482.8	1	1 500	1 500
					60	25	1 500
14	USASAT - NGSO - 3T - 3	1 525	30	482.8	1	1 500	1 500
					60	25	1 500
15	USASAT - NGSO - 3U - 1	1 525	53	345.6	1	1 500	1 500
					60	25	1 500
16	USASAT - NGSO - 3U - 2	1 525	53	345.6	1	1 500	1 500
					60	25	1 500
17	USASAT - NGSO - 3V - 1	1 525	40	334.4	1	1 500	1 500
					60	25	1 500
18	USASAT - NGSO - 3V - 2	1 525	40	334.4	1	1 500	1 500
					60	25	1 500

续表

序号	卫星网络名称	轨道面总数	轨道倾角/ (°)	轨道高度/ km	每个轨道面 卫星数(颗)	轨道面 个数	卫星总数 (颗)
19	USASAT－NGSO－3W－1	1 525	30	328.3	1	1 500	1 500
					60	25	1 500
20	USASAT－NGSO－3W－2	1 525	30	328.3	1	1 500	1 500
					60	25	1 500
合计							58 500

综上，SpaceX 公司为储备星链 42 000 颗卫星计划所申报的卫星网络资料主要为以上 37 份。根据目前 FCC 及国际电联的政策形势，并结合 FCC 的投入使用规则，星链星座系统大概率不会新增网络资料的申报数量。因此，SpaceX 公司近几年主要使用多次修改网络资料对星座构型进行调整。

截至 2023 年 1 月 25 日，星链系统已发射 3 717 颗卫星。根据发射批次可以看出，自 32 批次卫星发射开始，星链系统已进入第一期 VLEO 星座（V1.5）阶段的部署。第二期星链计划（V2.0）的公开信息较少，从国际电联已公布的数据信息来看还未启用 E 频段，但 SpaceX 公司通过互联网公布其将使用更高频段，为用户提供容量更大、性能更高的服务。

（2）SpaceX 公司网络资料载荷信息对比分析

根据调研 SpaceX 公司储备的网络资料，可以看出，每份 Starlink 卫星网络轨道构型相对复杂。以轨道高度作为固定标识，选取 Starlink 第 V1.0 阶段和 V2.0 阶段同频卫星网络资料，对载波参数进行对比。由于载波信息体量较大，首先以 550 km 轨道高度作为标识，调研 V1.0 期 USASAT－NGSO－3A－R 卫星网络中 Ku 频段上行和下行波束，选取 V2.0 阶段轨道高度较为近似的 580 km 卫星网络 USASAT－NGSO－3M 进行对比，截取其 Ku 频段上下行波束信息进行对比。可以看出，Starlink 卫星网络资料的波束命名方式也十分有规律，一般由卫星波束的增益来命名，例如 DA263 下行波束，其下行卫星增益为 26.3 dBi。

① Ku 频段下行波束载波信息（10 700～12 750 MHz）

V1.0 阶段 Ku 频段卫星网络下行波束，主要根据业务区进行申报，每个业务区选取不同增益大小的典型地面站/用户进行网络资料储备，地面站/用户增益浮动范围从 27～44 dBi；与之相比，V2.0 阶段 Ku 频段卫星网络下行波束，同样根据业务区和频点变化进行申报，选取不同增益和天线尺寸的典型地面站/用户，地面站/用户增益浮动范围从 25～50 dBi。与 V1.0 不一样的地方在于，业务区选择可视全球或 2 区的下行发射功率与选 1 区和 3 区业务区的发射功率有所区别。

V1.0 期下行 Ku 频段最大功率密度为 -69.6 dBW/Hz，下行发射功率为 20 dBW（1000M），下行卫星增益为 26.3 dBi。

V2.0 期下行 Ku 频段最大功率密度为 -89.6 dBW/Hz，下行发射功率为 -5.8 dBW

（可视全球或 2 区，250 M）/－12.8 dBW（1 区和 2 区，50 M）；下行卫星增益为 45 dBi。

②　Ku 频段上行波束载波信息（12 750～13 250 MHz）

上行波束申报的载波信息较为简单，V1.0 阶段 Ku 频段卫星网络上行波束，业务区选择覆盖全球，地面站/用户也与下行相对应。

4.4.2　OneWeb 星座卫星网络申报与系统建设情况对比分析

（1）OneWeb 星座系统构型分析

自 2017 年起，OneWeb 公司首次向 FCC 提出部署 Ku/Ka 频段和 V 频段星座计划后，经历了多次修改，最终计划星座由两部分组成，主要分为 LEO 星座和 MEO 星座。其中，LEO 星座建设分为两期，第一期由 648 颗 Ku/Ka 频段卫星组成，第二期卫星在保留原有 Ka/Ku 频段载荷的同时搭载了 1 280 颗 V 频段卫星；MEO 星座使用 V 频段，结合 LEO 星座共同增强星座的服务能力，提升对热点宽带的保障能力，最终实现与地面宽带相媲美的水平。

2022 年 5 月，OneWeb 公司再次提出增加 47 844 颗 LEO 卫星。但于 2021 年 1 月，将申请中的 47 844 颗 LEO 卫星减至 6 372 颗卫星，目前，FCC 仅批准其 648 颗卫星计划。

2022 年 6 月 15 日，SpaceX 公司与 OneWeb 公司宣布达成一致的频率协调意见，双方星座可以兼容共存，并且鼓励 FCC 尽快批准各自第二代星座计划申请。OneWeb 已有 428 颗卫星在轨。经过一系列修改和调整，OneWeb 星座构型设计具体见表 4-24。

表 4-24　OneWeb 公司星座构型设计

OneWeb 星座构型计划	轨道高度/km	倾角/(°)	轨道面个数	每个轨道面卫星数（颗）	卫星总数（颗）	用频/GHz
LEO	1 200	87.9	36	49	6 372	Ka 上行:27.5～29.1/29.5～30 Ka 下行:17.8～18.6/18.8～19.3/19.7～20.2 Ku 上行:12.75～13.25/14～14.5 Ku 下行:10.7～12.7
		55	32	72		
		40	32	72		
MEO	8 500	45	16	80	1 280	Q/V

（2）OneWeb 网络资料储备情况分析

根据 2023 年 1 月 24 日公布的国际电联 IFIC2988 期周报显示，OneWeb 公司已通过英国 WorldVu 公司和法国的电信监管机构共计申报了 10 份卫星网络，具体见表 4-25。

通过对 OneWeb 公司储备的卫星网络资料情况来看，自 2017 年推出 OneWeb 星座计划后，直至目前主要通过新增和修改（MOD）卫星网络资料实现储备，主要使用 Ku 频段、Ka 频段、Q/V 频段及以上频段。

结合 OneWeb 公司储备的卫星网络轨道构型来看，轨道高度主要分布在 1 200 km 和 8 500 km 左右，并且主要选用 87.9°和 45°倾角左右的位置。从卫星网络申报的轨道构型来看，作为新兴互联网星座代表之一，星座构型设计较为成熟，除了卫星数量，构型设计与最初公布的星座计划几乎一致，并没有像 SpaceX 公司一样申报多份备选星座构型方案，见表 4 - 26。目前，SpaceX 公司与 OneWeb 公司虽然达成一致协调意见，可以共存，但计划部署 LEO 星座系统的亚马逊和 Telesat 仍然提出不同意见。

表 4 - 25   OneWeb 卫星网络资料储备情况分析

序号	卫星网络名称	接收日期	主管部门	网络资料阶段	所属操作者	频段
1	EDEN	2017/12/18	英国	提前公布阶段	WorldVU	E
2	L5	2017/6/13	英国	协调阶段	WorldVU	Ku/Ka
3	L6	2020/11/26	英国	协调阶段	WorldVU	Ku/Ka
4	L7A	2020/11/26	英国	协调阶段	WorldVU	Ku/Ka
5	THEME	2017/10/6	英国	协调阶段	WorldVU	Ku/Ka
6	THEO	2017/9/26	英国	协调阶段	WorldVU	Ku/Ka
7	VANGUARD	2019/11/21	英国	通知资料阶段	WorldVU	Q/V
8	VERA	2019/11/20	英国	通知资料阶段	WorldVU	Q/V
9	VROOM	2019/11/23	英国	协调阶段	WorldVU	Q/V
10	MCSAT LEO	2017/6/22	法国	协调阶段	电信监管机构	Ka

表 4 - 26   OneWeb 卫星网络资料轨道构型分析

序号	卫星网络名称	轨道面总数	轨道倾角/ (°)	轨道高度/ km	每个轨道面卫星数（颗）	轨道面个数	卫星总数 （颗）
1	EDEN	16	43.9	8 575	80	1	80
			44.1	8 565	80	1	80
			44.2	8 555	80	1	80
			44.3	8 545	80	1	80
			44.5	8 535	80	1	80
			44.6	8 525	80	1	80
			44.7	8 515	80	1	80
			44.9	8 505	80	1	80
			45	8 495	80	1	80
			45.2	8 485	80	1	80
			45.3	8 475	80	1	80
			45.4	8 465	80	1	80
			45.6	8 455	80	1	80
			45.7	8 445	80	1	80
			45.8	8 435	80	1	80
			45.9	8 425	80	1	80

续表

序号	卫星网络名称	轨道面总数	轨道倾角/（°）	轨道高度/km	每个轨道面卫星数（颗）	轨道面个数	卫星总数（颗）
2	L5	103	87.9	1 200	15	18	270
			87.9	1 200	40	18	720
			87.9	1 200	55	18	990
			88.2	800	20	9	180
			88.2	950	20	9	180
			88.9	900	52	31	1 612
3	L6	36	87.9	1 200	49	36	1 764
4	L7A	64	40	1 200	72	32	2 304
			55	1 200	72	32	2 304
5	THEME	16	44	8 575	80	1	80
			44.1	8 565	80	1	80
			44.3	8 555	80	1	80
			44.4	8 545	80	1	80
			44.5	8 535	80	1	80
			44.7	8 525	80	1	80
			44.8	8 515	80	1	80
			44.9	8 505	80	1	80
			45.1	8 495	80	1	80
			45.2	8 485	80	1	80
			45.3	8 475	80	1	80
			45.5	8 465	80	1	80
			45.6	8 455	80	1	80
			45.7	8 445	80	1	80
			45.9	8 435	80	1	80
			46	8 425	80	1	80
6	THEO	18	87.9	1 200	49	18	882

续表

序号	卫星网络名称	轨道面总数	轨道倾角/（°）	轨道高度/km	每个轨道面卫星数（颗）	轨道面个数	卫星总数（颗）
7	VANGUARD	16	44	8 575	80	1	80
			44.1	8 565	80	1	80
			44.3	8 555	80	1	80
			44.4	8 545	80	1	80
			44.5	8 535	80	1	80
			44.7	8 525	80	1	80
			44.8	8 515	80	1	80
			44.9	8 505	80	1	80
			45.1	8 495	80	1	80
			45.2	8 485	80	1	80
			45.3	8 475	80	1	80
			45.5	8 465	80	1	80
			45.6	8 455	80	1	80
			45.7	8 445	80	1	80
			45.9	8 435	80	1	80
			46	8 425	80	1	80
8	VERA	18	87.9	1 200	49	18	882
9	VROOM	128	40	1 200	50	32	1 600
			55	600	36	32	1 152
				1 200	50	32	1 600
			87.9	1 200	49	32	1 568
10	MCSAT LEO	18	87.9	1 200	43	18	774
合计							22 622

4.4.3 Telesat 星座卫星网络申报与系统建设情况对比分析

（1）Telesat "光速" 星座系统构型分析

2021 年 2 月 9 日，加拿大卫星运营商电信卫星公司（Telesat）宣布由欧洲泰雷兹公司来承造其低轨宽带网络的 298 颗卫星。该公司同时宣布，名为 "光速"（Lightspeed）的该星座将在 2023 年开通服务。Telesat 公司作为除 Starlink 卫星系统、OneWeb 卫星系统以外三大卫星宽带运营商之一。

Telesat 公司低轨星座系统发展进度缓慢，该星座于 2016 年推出 117 颗 LEO 卫星星座，原先计划于 2018 年发射两颗原型卫星，并同年试运营至 2021 年开始商业服务。但后续，Telesat 公司将原先星座规模更改为 298 颗卫星，并且仅在 28 个月前发射了一颗原型卫星，以验证低地球轨道星座的低延迟宽带通信，由于该卫星 2018 年已完成投入使用，这使 Telesat 公司星座的里程碑限制是从 2021 年 1 月 1 日开始计算，即 2023 年 1 月 1 日前至少将 30 颗卫星送入轨道并运行。

截至 2022 年 3 月 18 日，Telesat 公司的首席执行官戈德伯格表示，为保证星座计划维持在原先预计的 50 亿美元预算内，可能会压缩星座规模到 118 颗卫星，目前还未确定是通过筹集更多资金还是压缩星座规模来解决目前供应链问题，但表示，公司有"很大空间"来"压缩光速的订购量"，使用 188 颗卫星就能实现全球覆盖，计划前 78 颗卫星将部署到极地轨道，另外 110 颗卫星将部署到倾斜轨道，从而让"光速"能向全球各地提供 15 Tbit/s 的容量。预计 2025 年发射，2026 年投入服务。截至 2022 年 4 月 6 号，有消息称 Telesat 公司提交了监管文件，将其星座增加到了 1 671 颗卫星，但目前还未有具体消息。

Telesat 光速星座系统由 298 颗卫星组成（可能压缩至 188 颗），卫星质量约为800 kg，设计寿命为 10 年的 Telesat 的 Ka 频段星座由不少于 117 颗卫星组成，卫星分布在两组轨道面上，具体见表 4 – 27。

表 4 – 27　Telesat 光速星座构型计划

光速 Ka 频段星座构型	轨道面个数	每个轨道面卫星数（颗）	倾角/（°）	轨道高度/km	用频/GHz	卫星总数
极轨道面	6	不少于 12	99.5	1 000	Ka 上行：17.8～20.2	298 颗
倾斜轨道面	5	不少于 10	37.4	1 200	Ka 下行：27.5～30	（计划压缩至 188 颗）

（2）Telesat 网络资料储备情况分析

根据 2023 年 1 月 24 日公布的国际电联 IFIC2988 期周报显示，Telesat 公司已通过加拿大 Industry Canada/DGEPS 和 Telesat Canada 这两个公司申报了 12 份卫星网络，具体见表 4 – 28。其中，CANPOL – 3 网络资料中仅一个 Ka 波束用于 Telesat 公司。

通过 Telesat 公司储备的卫星网络资料情况来看，Telesat 公司自 2016 年推出 LEO 星座计划后，直至 2021 年，一直有储备新的卫星网络资料，频段覆盖较为全面，主要使用 S 频段、Ka 频段、Q/V 频段。结合 Telesat 公司公布的光速星座构型来看，未来可能会继续建设 Q/V 频段及以上频段星座计划。光速星座构型主要分为极轨和倾斜轨道，分别分布在 1 000 km 和 1 200 km 左右轨道高度，结合 Telesat 公司储备的卫星网络轨道构型来看，仅部分卫星网络资料轨道构型较为一致，选用 37.4° 和 99.5° 倾角，见表 4 – 29。同时，CANSAT – LEO – V 星座的轨道构型也与光速星座计划较为一致，更验证了未来有向 VLEO 星座计划发展的倾向。由于目前 Telesat 公司正处于融资阶段，星座构型设计较为不确定，并且近期还提交了新增 1 671 颗卫星的申请文件，以便后续星座设计更加灵活。

表 4 – 28　Telesat 卫星网络资料储备情况分析

序号	卫星网络名称	接收日期	主管部门	网络资料阶段	操作者	频段
1	ADSB – SAT	2015/11/18	CAN	提前公布	Industry Canada/DGEPS	S
2	CANPOL – 2	2020/4/19	CAN	协调	Industry Canada/DGEPS	Ka

续表

序号	卫星网络名称	接收日期	主管部门	网络资料阶段	操作者	频段
3	CANPOL - 3	2017/2/9	CAN	协调	Industry Canada/DGEPS	UHF/C/Ka
4	COMMSTELLATION	2019/3/5	CAN	协调	Industry Canada/DGEPS	Ka
5	CANPOL - 3	2016/6/29	CAN	提前公布	Telesat Canada	Ka
6	CANSAT - LEO - S	2017/11/24	CAN	通知	Telesat Canada	S
7	CANSAT - LEO - V	2019/11/20	CAN	通知	Telesat Canada	Q/V
8	TELSTAR - LEO	2019/9/17	CAN	协调	Telesat Canada	Ka
9	TELSTAR - LEO - 2	2021/8/19	CAN	协调	Telesat Canada	Ka
10	TELSTAR - LEO - V	2019/10/22	CAN	提前公布	Telesat Canada	Q/V
11	TELSTAR - LEO - V - 1	2019/11/23	CAN	协调	Telesat Canada	Q/V

表 4 - 29　Telesat 卫星网络资料轨道构型分析

序号	卫星网络名称	轨道面总数	轨道倾角/(°)	轨道高度/km	每个轨道面卫星数(颗)	轨道面个数	卫星总数(颗)
1	ADSB - SAT	6	86.4	775	11	6	66
2	CANPOL - 2	9	37.4	1 248	9	5	45
			90	48 435/23 137	2	3	6
			99.5	1 003.8	1	1	1
3	CANPOL - 3	2	90	48 435/23 137	3	2	6
4	CANSAT - LEO - S	13	37.4	1 248	9	5	45
			99.5	1 000	1	2	2
					12	6	72
5	CANSAT - LEO - V	11	37.4	1 248	9	5	45
			99.5	1 000	12	6	72
6	COMMSTELLATION	12	37.4	1 248	9	5	45
			99.5	1 000	12	6	72
				1 003.8	1	1	1
7	TELSTAR - LEO	52	50	1 350	6	20	120
					11	20	220
			99.5	1 000	13	12	156
8	TELSTAR - LEO - 2	67	50.9	1 325	33	40	1 320
			99	1 015	13	27	351
9	TELSTAR - LEO - V	26	50	1 350	11	20	220
			99.5	1 000	13	6	78
10	TELSTAR - LEO - V - 1	26	50	1 350	11	20	220
			99.5	1 000	13	6	78
合计							3 241

第5章 频率干扰评估及规避方法

随着空间通信系统的不断规划与部署，系统间频率干扰问题越来越突出，本章将深入阐述频率干扰产生机理，详细介绍频率干扰评估指标体系，以及现有干扰评估与规避方法，为后续章节针对频率干扰的建模仿真实例构建理论基础。

5.1 干扰产生机理

当有用信号中混入了无用信号且导致有用信号质量降低时，将无用信号称为"干扰"。通常来说，频率干扰只发生在接收端——如果没有接收机，即使存在很多个无用信号，也谈不上存在"干扰"。

频率干扰类型主要可以分为同信道干扰、邻信道泄露、邻信道选择性以及阻塞等。

图 5-1 给出了三个不同的频率资源使用者。其中，位于上面的两个频率使用者使用相同频率，但位于不同地理区域，两者之间的干扰叫作"同信道"干扰。

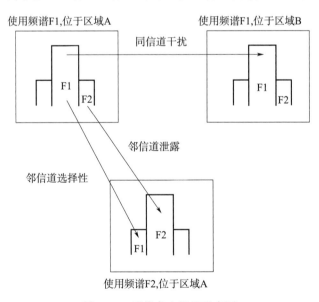

图 5-1 干扰产生机理示意图

在图 5-1 中，位于下面的用户与左上角的用户处于同一区域，使用两个相邻的频率 F1 和 F2，由于发射机并不完美，左上角的用户在邻信道频率 F2 上仍有一些发射，进而带来干扰，通常称为"邻信道泄露"。与此同时，位于下面的用户工作在频率 F2 上的接收机也没有完美滤波器，不能完全滤除频率 F1 上的信号，这就是"邻信道选择性"。

在设计不佳的接收机中，上述干扰可能会引发一些问题，例如，干扰可能导致接收机内置的放大器过载，使其出现故障。上述各种类型的干扰可能单独发射，也可能同时发生，尤其是位于同一区域的用户，接收机可能同时受到邻信道泄露干扰和邻信道选择性干扰，这两种干扰叠加在一起将使整体干扰加剧。

需要注意的是，频谱管理的目标并不是完全消除干扰，因为电磁波通过无线信道传播，想完全消除干扰是不可能的。在一定的干扰阈值下，允许有可察觉的干扰存在，但不会在实质上降低有用信号的接收质量，这才是无线电频谱管理的目标。

5.1.1　同信道干扰

无线电信号的强度会随着传播距离的增加而减弱。在离发射机足够远的地方，其他发射机就能使用相同频率了。通常需要合理设置两个同频发射机间的距离，使处于中间位置的接收机不会接收到两个发射机中任意一个的信号，这个区域通常称作"保护区"。在理想状态下，这个区域应该非常小。但实际上由于无线电波的传播难以预测，频谱监管机构设定的保护区必须确保一个发射机的信号在到达另一个发射机的覆盖区时，已经得到了充分衰减，这就需要在避免产生干扰和最大化频谱利用效率之间进行衡量了。

在某些情况下，在一个国家内部进行同频电台部署时，频谱监管机构通常逐一对商业电台授权。如果两个处于同一国家、不同区域的出租汽车公司相隔足够远，可能被授权使用相同的频率。同频部署的情况也可能在边境地区出现，此时两国的电信监管机构需要协同工作以颁发执照，保证执照持有者之间能够以一定方式进行协调，以避免干扰。

5.1.2　邻信道泄露

发射机的信号泄露到邻信道，称为邻信道泄露（Adjacent Channel Leakage，ACL），这种信号通常比有用信号小得多——通常规定 ACL 应低于有用信号 40～50 dB。如果有用信号发射的功率为 1 W（30 dBm），那么 ACL 需要低于 0.1 mW（−10 dBm）。考虑到信号在传播过程中将进一步衰落，衰落的最小值可能是 40～50 dB，因此最终接收到的 ACL 信号功率将比有用信号的发射功率低 80～100 dB，但即使是这个被大幅削弱的信号也可能引发干扰。

与其他类型的干扰一样，频谱监管机构允许一定的 ACL，否则将导致发射机成本过高。通常按照两个网络使用相同技术（例如两个邻频布置的 4G 网络）来设定理想的 ACL，因此，对于使用其他技术的邻频网络来说，这个 ACL 可能并不理想。频谱监管机构一般通过设置"保护带"来解决这种问题——设置一段不使用的频谱作为不同用户间的缓冲带，但这会造成频谱资源的浪费。

ACL 的影响很大程度上取决于邻频用户的类型。例如，如果两个系统都是 FDD 蜂窝网络，那么邻频发射要么都是基站发射，要么都是终端发射。考虑均为基站发射的情况，因为基站一般架设得比较高，一个网络（称为网络 A）的终端不太可能离另一个网络（称为网络 B）的基站特别近，这就意味着网络 B 的 ACL 带来的影响就会降低。如果两个系统都是 TDD 蜂窝网络，那么网络 A 的终端发射时，网络 B 的终端可能正在解码其基站的发射，当两个终端靠得非常近（例如在拥挤的地铁车厢内）时，ACL 干扰的影响就会显著得多。

5.1.3　邻信道选择性

接收机的天线可以接收附近区域内全频带的信号，但由于接收机只对有用信号感兴趣，因此需要在接收天线后放置滤波器将其他频段范围的信号滤除掉。理论上，完美的滤波器能够使有用信号无衰减地通过，同时将所有其他信号衰减到没有影响的程度，这种滤波器通常称为"砖墙式滤波器"，因其在频域上的特性曲线是矩形的，看起来就像带有立式砖墙的建筑物。

然而，工程实际中的滤波器通常都有一定程度的不完美——轻微衰减有用信号，并允许一些无用信号通过，尤其是在紧邻频段。工程上可采用多个组件形成更好的滤波器，极端情况下还可使用超导滤波器，但这些方法都很昂贵，增加了不必要的成本。

通常用邻道选择性（Adjacent Channel Selectivity，ACS）来衡量接收机能够忍受的相邻信道信号功率。举个例子，若 ACS 为 30 dB，意味着邻信道信号可以比有用信号强 30 dB（1 000 倍），此时在接收端滤波之后邻信道信号的功率强度仍然能够降低到有害水平之下。那么，对于一个可以解码 -80 dBm 微弱有用信号的电视接收机来说，若 ACS 为 30 dB，那么其可以忍受的邻信道信号功率为 -50 dBm，假设同一建筑内存在一个工作在邻信道的手机发射机，其发射功率为 20 dBm，衰落值为 40 dB，其到达电视接收机的信号功率为 -20 dBm，仍然比可容忍的 -50 dBm 高出太多。

通常，接收机受到的干扰是 ACL 与 ACS 两种干扰的组合，在某些情况下可能某一种干扰会占主导地位。例如，若发射机的 ACL 为低于有用信号 50 dB，发射功率为 1 W，传输衰减为 40 dB，则干扰信号将为 -60 dBm。此时，若接收机的 ACS 同样为 50 dB，将接收到一个同样 -60 dBm 的信号，最终干扰信号将为 -57 dBm。但是，假设接收机的 ACS 只有 40 dB，那么 ACS 特性对干扰的影响占主导，发射机的 ACL 特性显得没有那么重要。在理想环境中，频谱监管机构将力求两者近似相等。

5.1.4　阻塞及类似事宜

在设计欠佳的接收机中还会发生其他干扰问题。其中，特别引人关注的是"阻塞"干扰。当距离有用信号频率不远处有一个干扰信号时，接收机滤波器通常能将其滤除，但如果干扰信号非常强，使滤波器之前的器件（通常是低噪声放大器）过载，就会造成接收机性能下降，甚至引发阻塞干扰。对于电视接收机来说，这个问题比较普遍，由于接收机的放大器靠近天线（通常放置在屋顶阁楼中）。这种外置放大器需要接收所有的电视信号，以供收看选择，因此通常没有滤波功能，那么，在接收频率范围内功率较大的干扰信号会被这个放大器放大，进而导致过载。对于此类通信场景，必须对接收机滤波器之前的放大器件进行精心设计。

除此之外，还有一些接收机可能对某些信道的干扰特别敏感。例如，很多接收机会利用混频器将有用信号变频至一个固定的"中频"，再做精确的滤波，但在实际变频时，混频器会将两个分别位于混频频率低端和高端，且频率偏移量相同的信号同时转换到中频上，此时其中一个是有用信号，若另外一个恰好是干扰信号，它同样被变频至中频，导致后续处理非常麻烦。很多电视接收机都会面临该问题，容易受到与有用信号相隔9个信道的"n+9"信道干扰（在欧洲就是72 MHz）。

5.1.5　AGC 及类似事宜

在多种不同技术和应用共享频谱的场景下，特定的设计决策也可能导致一些意外干扰。下面以电视接收机与非电视发射机（例如蜂窝系统和机器通信系统等"白频谱"设备）之间的干扰为例进行介绍。

在大多数接收机中都会配置一个电路，以自动调节接收信号的放大系数，当信号较弱时，增大放大系统，当信号较强时，减小放大系数，确保向解码电路提供近似恒定的信号电平。这个自动调节的过程称为自动增益控制（Automatic Gain Control，AGC），其重要的性能参数是反应速度。速度太慢，信号功率可能超出限值；速度太快，则会响应并不重要的短期波动。对于传统的电视接收机来说，电视信号强度接近恒定，且环境变化缓慢，因此一个反应速度缓慢的 AGC 就能够满足使用需求。但对于蜂窝移动通信系统来说，其会发射快速变化的突发信号，这种"突发"信号会造成反应速度缓慢的电视接收机 AGC 在干扰信号发射完毕后才开始反应，而当其回到起始状态时，又收到下一个突发干扰信号……增益的频繁变化会导致电视接收机的混乱。对于电视接收机来说，其能够容忍邻信道的恒定干扰，但不能容忍突发干扰。因此，在采用不同技术的多个系统在同一区域共享某个频率范围时，还需要特别考虑到类似情况。

5.2　干扰评估指标

对于第 5.1 节所介绍的同频、邻频、交叉极化等不同类型干扰，在实际通信系统中往往同时存在，为定量分析干扰等级，同时评估干扰对通信系统性能的影响，本小节将重点介绍干扰评估指标。所述评估指标体系不仅局限于卫星通信系统，也适用于其他通信系统干扰场景。

当施扰系统与受扰系统存在频段重叠，即在受扰系统通信频段存在施扰系统辐射功率时，则两系统间存在潜在频率干扰风险。在上行干扰场景中，如图 5-2 所示，施扰系统地面站的部分发射功率会被受扰系统卫星的天线系统接收。

在下行干扰场景中，如图 5-3 所示，施扰系统卫星的部分发射功率会被受扰系统地面站的天线系统接收。针对两系统间同频干扰，可以用以下干扰评估指标来衡量干扰对系统性能的影响。

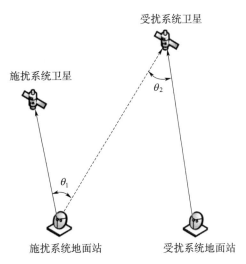

图 5 - 2　上行干扰场景示意图

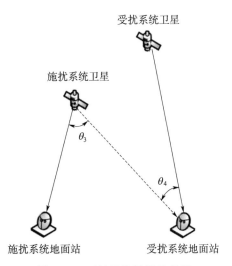

图 5 - 3　下行干扰场景示意图

5.2.1　等效噪声温度增量百分比 $\Delta T/T$

等效噪声温度相对增量是指接收端等效噪声温度的变化率。施扰系统发射机干扰引发的受扰系统上行、下行链路等效噪声温度增量 ΔT_s、ΔT_e 的计算公式为

$$\Delta T_s = \frac{P_{t,0,i} G_{t,i}(\theta_{1,i}) G_{r,i}(\theta_{2,i})}{k} \left(\frac{\lambda_i}{4\pi d_i}\right)^2 \tag{5-1}$$

$$\Delta T_e = \frac{P_{t,0,i} G_{t,i}(\theta_{3,i}) G_{r,i}(\theta_{4,i})}{k} \left(\frac{\lambda_i}{4\pi d_i}\right)^2 \tag{5-2}$$

式中，$P_{t,0,i}$ 为第 i 条施扰链路重叠带宽内的最大发射功率谱密度；k 为玻耳兹曼常数；λ_i 为第 i 条链路的信号波长；d_i 为第 i 条链路的距离。对于上行链路，$G_{t,i}(\theta_{1,i})$ 为第 i 条链路的

在 $\theta_{1,i}$ 方向上的发射天线增益，$G_{r,i}(\theta_{2,i})$ 为第 i 条链路的在 $\theta_{2,i}$ 方向上的接收天线增益；对于下行链路，$G_{t,i}(\theta_{3,i})$ 为第 i 条链路的在 $\theta_{3,i}$ 方向上的发射天线增益，$G_{r,i}(\theta_{4,i})$ 为第 i 条链路的在 $\theta_{4,i}$ 方向上的接收天线增益。其中，$\theta_{1,i}$ 与 $\theta_{3,i}$ 为发射端离轴角，$\theta_{2,i}$ 与 $\theta_{4,i}$ 为接收端离轴角。

因此，对于上行、下行链路接收端的等效噪声温度增量百分比 $\Delta T/T$ 分别可以表示为

$$\left(\frac{\Delta T}{T}\right)_{\text{up}}=\frac{\Delta T_s}{T_2}=\frac{P_{t,0,i}G_{t,i}(\theta_{1,i})G_{r,i}(\theta_{2,i})}{kT_2}\left(\frac{\lambda_i}{4\pi d_i}\right)^2 \tag{5-3}$$

$$\left(\frac{\Delta T}{T}\right)_{\text{down}}=\frac{\Delta T_e}{T_4}=\frac{P_{t,0,i}G_{t,i}(\theta_{3,i})G_{r,i}(\theta_{4,i})}{kT_4}\left(\frac{\lambda_i}{4\pi d_i}\right)^2 \tag{5-4}$$

式中，T_2 与 T_4 分别表示上行、下行链路接收端的初始等效噪声温度。

5.2.2　干扰噪声比 I/N

干扰噪声比是指接收端干扰平均功率与加性噪声平均功率的比值，对于系统间上行、下行链路接收机输入端干扰信号功率计算公式为

$$I_{\text{up}}=P_{t,i}G_{t,i}(\theta_{1,i})G_{r,i}(\theta_{2,i})\left(\frac{\lambda_i}{4\pi d_i}\right)^2 \tag{5-5}$$

$$I_{\text{down}}=P_{t,i}G_{t,i}(\theta_{3,i})G_{r,i}(\theta_{4,i})\left(\frac{\lambda_i}{4\pi d_i}\right)^2 \tag{5-6}$$

式中，$P_{t,i}$ 为第 i 条施扰链路在重叠带宽内的发射功率；$\theta_{1,i}$ 与 $\theta_{3,i}$ 为发射端离轴角；$\theta_{2,i}$ 与 $\theta_{4,i}$ 为接收端离轴角。

因此，系统间上行、下行链路接收端干扰噪声比分别为

$$\left(\frac{I}{N}\right)_{\text{up}}=\frac{P_{t,i}G_{t,i}(\theta_{1,i})G_{r,i}(\theta_{2,i})}{kT_2W_2}\left(\frac{\lambda_i}{4\pi d_i}\right)^2 \tag{5-7}$$

$$\left(\frac{I}{N}\right)_{\text{down}}=\frac{P_{t,i}G_{t,i}(\theta_{3,i})G_{r,i}(\theta_{4,i})}{kT_4W_4}\left(\frac{\lambda_i}{4\pi d_i}\right)^2 \tag{5-8}$$

式中，k 为玻耳兹曼常数；T_2 与 T_4 分别为受扰接收机等效噪声温度；W_2 与 W_4 分别为上行、下行链路接收端的通信带宽。

5.2.3　载干比 C/I

载干比是指受扰系统接收端传输信号平均功率与干扰信号平均功率的比值，系统上行、下行链路接收机输入端的载波功率计算公式为

$$C_{\text{up}}=P_{4,i}G_{4,i}(0)G_{2,r}(0)\left(\frac{\lambda_2}{4\pi d_2}\right)^2 \tag{5-9}$$

$$C_{\text{down}}=P_{2,i}G_{2,i}(0)G_{4,r}(0)\left(\frac{\lambda_4}{4\pi d_4}\right)^2 \tag{5-10}$$

式中，$P_{4,i}$ 为受扰系统地面站的发射功率；$P_{2,i}$ 为受扰系统卫星的发射功率；$G_{4,i}(0)$ 为受扰系统地面站天线在指向卫星方向的发射峰值增益；$G_{2,r}(0)$ 为受扰系统卫星天线在指向地面站方向的接收峰值增益；$G_{2,i}(0)$ 为受扰系统卫星天线在指向地面站方向的发射峰值增益；

$G_{4,r}(0)$ 为受扰系统地面站天线在指向卫星方向的接收峰值增益；d_2 与 d_4 分别为受扰系统上行、下行工作链路距离；λ_2 与 λ_4 分别为上行、下行载波波长。

因此，系统上行、下行链路接收端载干比分别为

$$\left(\frac{C}{I}\right)_{\text{up}} = \frac{P_{4,i}G_{4,i}(0)G_{2,r}(0)}{P_{t,i}G_{t,i}(\theta_{1,i})G_{r,i}(\theta_{2,i})}\left(\frac{\lambda_2 d_i}{\lambda_i d_2}\right)^2 \tag{5-11}$$

$$\left(\frac{C}{I}\right)_{\text{down}} = \frac{P_{2,i}G_{2,i}(0)G_{4,r}(0)}{P_{t,i}G_{t,i}(\theta_{3,i})G_{r,i}(\theta_{4,i})}\left(\frac{\lambda_4 d_i}{\lambda_i d_4}\right)^2 \tag{5-12}$$

5.2.4　载干噪比 $C/(I+N)$

载干噪比是指接收端传输信号平均功率与加性噪声和干扰平均功率之和的比值，系统上行、下行链路接收端载干噪比可表示为

$$\left(\frac{C}{I+N}\right)_{\text{up}} = \frac{P_{4,i}G_{4,i}(0)G_{2,r}(0)\left(\dfrac{\lambda_2}{4\pi d_2}\right)^2}{P_{t,i}G_{t,i}(\theta_{1,i})G_{r,i}(\theta_{2,i})\left(\dfrac{\lambda_i}{4\pi d_i}\right)^2 + kT_2W_2} \tag{5-13}$$

$$\left(\frac{C}{I+N}\right)_{\text{down}} = \frac{P_{2,i}G_{2,i}(0)G_{4,r}(0)\left(\dfrac{\lambda_4}{4\pi d_4}\right)^2}{P_{t,i}G_{t,i}(\theta_{3,i})G_{r,i}(\theta_{4,i})\left(\dfrac{\lambda_i}{4\pi d_i}\right)^2 + kT_4W_4} \tag{5-14}$$

5.2.5　等效功率通量密度 EPFD

以上所述四项干扰评估指标既可以用于单链路分析，也可以用于分析存在多条链路同时干扰情况下的集总值。针对 NGSO 星座系统对 GSO 系统的同频集总干扰分析，国际电联在《无线电规则》中明确了等效功率通量密度的概念，即计算评估方法，其定义为，在 NGSO 系统的覆盖范围内，所有发射机在地球表面或在 GSO 系统接收机处产生的功率通量密度的总和。

下行干扰场景 GSO 系统接收端由 NGSO 系统引发的 EPFD 均可通过以下公式计算

$$\text{EPFD} = \sum_{i=1}^{N_a}\left[P_i\frac{G_t(\theta_i)}{4\pi d_i^2}\frac{G_r(\varphi_i)}{G_{r,\max}}\right] \tag{5-15}$$

式中，N_a 为 GSO 卫星系统接收机可视空域内 NGSO 系统发射机数量；P_i 为基准带宽内 NGSO 卫星系统第 i 个发射机的发射功率；$G_t(\theta_i)$ 为 NGSO 系统第 i 个发射机在相对其主视轴角度为 θ_i 方向（指向 GSO 系统接收机方向）的发射增益；相对应的 $G_r(\varphi_i)$ 为接收机在相对其主视轴角度为 φ_i 方向（指向 NGSO 系统发射机方向）的接收增益；d_i 为发射机与接收机之间的距离。

5.2.6　干扰评价指标间关系

从功率的角度，以上各项指标主要计算的都是受扰系统接收端由干扰系统发射端引发

的功率变化。图 5 - 4 所示为干扰评估指标间的关系示意图。

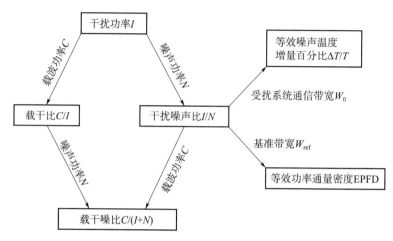

图 5 - 4　干扰评估指标间的关系示意图

受扰系统的载波功率 C 和等效噪声功率 N，与施扰系统的干扰功率 I，三个功率物理量直接可以组合出 C/I、I/N、$C/(I+N)$ 三个干扰评估指标，其核心均是围绕干扰功率 I 的计算展开，并根据实际链路评估时参考标准的不同，确定选取的干扰评估指标。ITU - R S.738 建议书给出了干扰噪声比 I/N 与归一化 $\Delta T/T$ 之间的转换关系为

$$\frac{\Delta T}{T} = \frac{I}{N_0 W'} = \frac{I W_0}{N W'} \tag{5-16}$$

式中，N_0 为受扰系统接收端等效噪声功率密度；W_0 为受扰系统通信带宽；W' 为根据干扰载波功率和最大功率谱密度的比值定义的等效带宽，若干扰信号功率谱密度在通信带宽内均匀分布，则 W' 与 W_0 相等，此时干扰噪声比 I/N 与归一化 $\Delta T/T$ 两指标在干扰分析中等价。EPFD 与干扰噪声比 I/N 转换中，W_{ref} 为基准带宽，具体转换关系以及干扰保护标准将在第 6 章详述。

5.3　干扰评估方法

5.3.1　基于协调弧的干扰评估方法

ITU - R 在《无线电规则》中定义了"协调弧"的概念，其理论出发点是对于部分通信频段来说，例如 C、Ku、Ka 频段，只要两颗 GSO 卫星之间有足够的轨位间隔，那么即便两个卫星系统同频同覆盖，仍然能够实现兼容共用。

在《无线电规则》第二卷的附录 5 中，给出了非规划 FSS、BSS 业务以及卫星气象、空间研究等业务在某些特定频段的"协调弧"，当两颗 GSO 卫星之间的轨位间隔小于协调弧的规定时，认为两个系统之间可能存在潜在的有害干扰，需要根据两个系统的实际参数选择本节规定的其他方法开展进一步干扰评估，见表 5 - 1。

表 5 - 1　ITU - R 的协调弧规定

频段、区域	业务和适用的协调弧
3 400～4 200 MHz、5 725～5 850 MHz(1 区)、5 850～6 725 MHz、7 025～7 075 MHz	FSS 业务,协调弧为 7°
10.95～11.2 GHz、11.45～11.7 GHz、11.7～12.2 GHz(2 区)、12.2～12.5 GHz(3 区)、12.5～12.75 GHz(1 区和 3 区)、12.7～12.75 GHz(2 区)、13.4～13.65 GHz(1 区)、13.75～14.8 GHz	1)非规划 FSS 或 BSS 业务,协调弧为 6° 2)在 13.4～13.65 GHz 频段内,空间研究业务(SRS)或 FSS 业务,协调弧为 6° 3)在 14.5～14.8 GHz 频段内,SRS 或非规划 FSS,协调弧为 6°
17.7～19.7 GHz(2 区和 3 区)、17.3～20.2 GHz(1 区)、27.5～29.5 GHz	FSS 业务,协调弧为 8°
19.7～20.2 GHz、29.5～30 GHz	FSS 或 MSS 业务,协调弧为 8°
17.3～17.7 GHz(1 区和 2 区)、17.7～17.8 GHz(2 区)	FSS 业务,协调弧为 8°
18.0～18.3 GHz(2 区)、18.1～18.4 GHz(1 区和 3 区)	FSS 或卫星气象业务,协调弧为 8°
21.4～22 GHz(1 区和 3 区)	BSS 业务,协调弧为 12°

5.3.2　基于 $\Delta T/T$ 的干扰评估方法

对于未规定"协调弧"的两个 GSO 卫星通信系统（图 5 - 5），ITU - R 采用 $\Delta T/T$ 方法来评估干扰，并将 $\Delta T/T = 6\%$ 作为干扰保护门限，即在 $\Delta T/T > 6\%$ 的情况下，判定两个卫星系统之间存在潜在干扰风险。

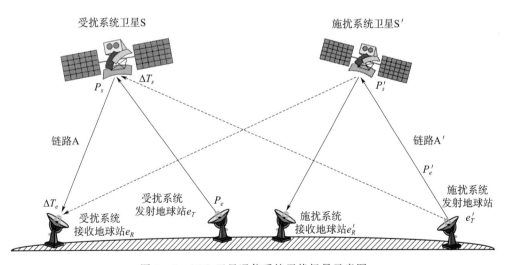

图 5 - 5　GSO 卫星通信系统干扰场景示意图

设 A 为 S 卫星所属网络 R 的卫星链路，而 A' 为 S' 卫星所属网络 R' 的卫星链路。与 A' 卫星链路有关的各符号均带有一撇，而与 A 卫星链路有关的各符号则不带一撇。

（卫星链路 A 的）各参数定义如下：

T：　折算到地球站接收天线输出端的卫星链路等效噪声温度（K）；

T_s：折算到空间电台接收天线输出端的空间电台接收系统的噪声温度（K）；

T_e：折算到地球站接收天线输出端的地球站接收系统的噪声温度（K）；

ΔT_s：由一种干扰发射引起的 S 卫星接收系统折算到该卫星接收天线输出端的噪声温度的视在增量（K）；

ΔT_e：由一种干扰发射引起的地球站 e_R 接收系统折算到该地球站接收天线输出端的噪声温度的视在增量（K）；

P_s：送至 S 卫星天线的每赫兹最大功率密度（当载频小于 15 GHz 时，在最坏的 4 kHz 频段内取平均值，或当载频大于 15 GHz 时，在最坏的 1 MHz 频段内取平均值）（W/Hz）；

$g_3(\eta)$：在 η 方向上 S 卫星的发射天线增益（功率比值）；

η_A：自 S 卫星起，计算 A 卫星链路的接收地球站 e_R 的方向；

η'_e：自 S 卫星起，计算 A′卫星链路的接收地球站 e'_R 的方向；

注：$P_s g_3(n'_e)$ 的积是在 A′卫星链路接收地球站 e'_R 方向上，S 卫星的每赫兹最大等效全向辐射功率。

η'_s：自 S 卫星起，计算 S′卫星的方向；

P_e：送至发射地球站 e_T 天线每一赫兹的最大功率密度（当载频小于 15 GHz 时，在最坏的 4 kHz 频段内取平均值，或当载频大于 15 GHz 时，在最坏的 1 MHz 频段内取平均值）（W/Hz）；

$g_2(\delta)$：S 卫星接收天线在 δ 方向上的增益（功率比值）；

δ_A：自 S 卫星起，计算 A 卫星链路发射地球站 e_T 的方向；

δ_e：自 S 卫星起，计算 A′卫星链路发射地球站 e'_T 的方向；

δ'_s：自 S 卫星起，计算 S′卫星的方向；

θ_t：考虑了电台在经度上的精度保持的容限后，两个卫星间顶心角的间隔，以度为单位；

θ_g：考虑了电台在经度上的精度保持的容限后，两个卫星间地心角的间隔，以度为单位；

$g_1(\theta_t)$：地球站 e_T 的发信天线在 S′卫星方向上的增益（功率比值）；

$g_4(\theta_t)$：地球站 e_R 的接收天线在 S′卫星方向上的增益（功率比值）；

k：波耳兹曼常数（1.38×10^{-23} J/K）；

l_d：自 S 卫星至接收地球站 e_R 所估算的卫星链路 A 下行链路的自由空间传输损耗（功率比值）；

注：自 S 卫星或 S′卫星至接收地球站 e_R 或者 e'_R 所估算的任何下行链路的自由空间传输损耗，可认为等于 l_d；

l_u：自地球站 e_T 至 S 卫星所估算的卫星链路 A 的上行链路自由空间的传输损耗（功率比值）；

注：自地球站 e_T 或 e'_T 至 S 卫星或 S′卫星所估算的任何上行链路自由空间的传输损耗，

可认为等于 l_u；

　　l_s：自 S′ 卫星到 S 卫星所估算的卫星间链路的自由空间传输损耗（功率比值）；

　　γ：自 S 卫星接收天线输出端至地球站 e_R 接收天线输出端所估算的被干扰的某一卫星链路的传输增益（功率比值，通常小于 1）。

　　（1）同频同向的干扰场景

　　在本类场景中，被干扰卫星链路与干扰卫星链路频率重叠且工作方向相同。ITU‑R 在开展干扰评估计算时，通常会选择最坏场景，以评估最恶劣情况下的有害干扰程度：对于上行干扰来说，此时被干扰地球站位于自身系统接收波束服务区域的边缘处，干扰地球站位于被干扰卫星系统接收波束服务区域内的最大增益处；对于下行链路来说，被干扰地球站位于自身系统发射波束服务区域的边缘处，并处于从干扰卫星发射波束获得的最高增益处。

　　①被干扰卫星具备星上信号处理功能

　　（a）上行链路存在频率重叠

　　图 5‑6 给出了当被干扰卫星具备星上信号处理功能时，仅上行链路存在频率重叠的干扰场景。

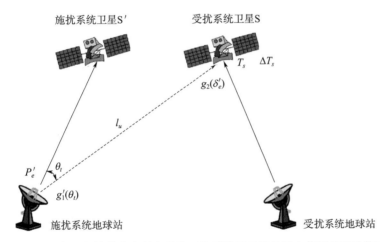

图 5‑6　仅上行链路存在频率重叠（被干扰卫星具备星上信号处理功能）

　　此时

$$\Delta T_s = \frac{P'_e g'_1(\theta_t) g_2(\delta'_e)}{k l_u}$$

　　（b）下行链路存在频率重叠

　　图 5‑7 给出了当被干扰卫星具备星上信号处理功能时，仅下行链路存在频率重叠的干扰场景。

　　此时

$$\Delta T_e = \frac{P'_s g'_3(\eta_e) g_4(\theta_t)}{k l_d}$$

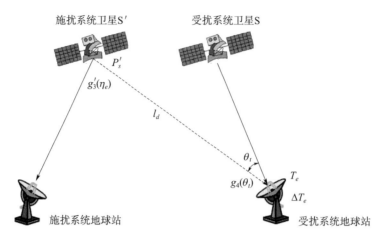

图 5-7 仅下行链路存在频率重叠（被干扰卫星具备星上信号处理功能）

②被干扰卫星星上透明转发

对于被干扰卫星星上配置透明转发载荷的情况，ΔT 代表干扰链路引起的折算到被干扰卫星系统接收地球站的接收天线输出端的整个卫星链路的等效噪声温度增量，该增量由同时进入卫星接收机和地球站接收机的干扰所引起，可以按照下列公式进行计算

$$\Delta T = \gamma \Delta T_s + \Delta T_e \tag{5-17}$$

图 5-8 给出了当被干扰卫星星上配置透明转发载荷时，上、下行链路同时存在频率重叠的干扰场景。

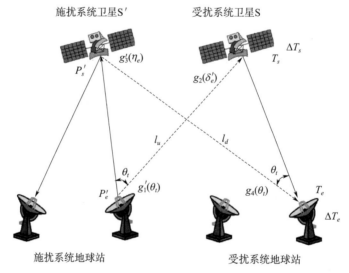

图 5-8 上、下行链路同时存在频率重叠（被干扰卫星配置透明转发载荷）

此时

$$\Delta T = \gamma \frac{P'_e g'_1 (\theta_t) g_2 (\delta'_e)}{k l_u} + \frac{P'_s g'_3 (\eta_e) g_4 (\theta_t)}{k l_d}, \quad T = T_e + \gamma T_s$$

（2）同频反向的干扰场景

在本类场景中，被干扰卫星链路与干扰卫星链路频率重叠，但工作方向相反。根据 ITU‐R 的规定，"地对空"链路干扰"空对地"链路的场景，最终归结为地球站之间的干扰评估，按照地球站或地面台站之间的协调程序另行处理，因此，本节仅讨论"空对地"链路干扰"地对空"链路的卫星对卫星的干扰场景。

①被干扰卫星具备星上信号处理功能

图 5‐9 给出了当被干扰卫星具备星上信号处理功能时，"空对地"链路干扰"地对空"链路的干扰场景。

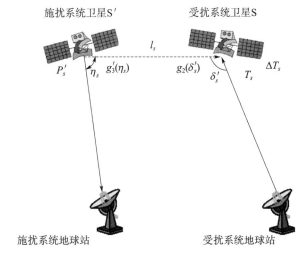

图 5‐9　同频反向干扰（被干扰卫星具备星上信号处理功能）

此时

$$\Delta T_s = \frac{P'_s g'_3(\eta_s) g_2(\delta'_s)}{k l_s}$$

②被干扰卫星星上透明转发

图 5‐10 给出了"空对地"链路干扰"地对空"链路的干扰场景。

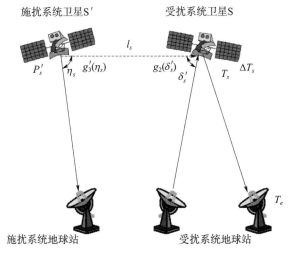

图 5‐10　同频反向干扰（被干扰卫星配置透明转发载荷）

此时

$$\Delta T_s = \frac{P_s' g_3' (\eta_s) g_2 (\delta_s')}{k l_s} \ , \ \Delta T = \gamma \Delta T_s \ , \ T = T_e + \gamma T_s$$

5.3.3　基于 C/I 的干扰评估方法

当主管部门持续无法完成协调时，可以请求 ITU - R 根据《无线电规则》第一卷第 11.32A 条款的规定审查有害干扰的概率，对于两个 GSO 卫星系统之间的干扰评估，ITU - R 选用基于 C/I 的方法来评估有害干扰的程度。单入 C/I 计算方法也广泛应用于各主管部门之间卫星网络进行协调时的干扰评估。

（1）单入干扰评估方法

①同频同向的干扰场景

（a）被干扰链路与干扰链路同为上行链路

当被干扰卫星链路与干扰卫星链路在上行传输方向共用同一个频段时，干扰卫星系统地球站发射的上行信号为干扰信号，被干扰卫星系统地球站发射的上行信号为被干扰信号。仿真模型由被干扰卫星、干扰卫星、被干扰地球站、干扰地球站、被干扰链路和干扰链路六部分组成。其中，卫星部分具体特性参数包括天线视轴的增益、天线方向性系数、等效噪声温度、轨道参数（地球静止轨道卫星通过经度位置描述，地球非静止轨道卫星通过某历元时刻下的半长轴、偏心率、倾角、升交点赤经、近地点幅角和真近点角描述），地球站部分具体特性参数包括发射功率、天线视轴的增益、天线方向性系数，链路部分具体特性参数包括载波频点、带宽、链路距离长度等。对于干扰所表现出的结果特征，可以通过干扰的数值规律（干扰最大值、干扰最小值、干扰的波动中心等指标）和干扰的时间规律（干扰发生的时间间隔、每次干扰的持续时长等指标）予以评估。

被干扰链路与干扰链路在上行传输方向共用同一个频段时，单入干扰模式仿真模型如图 5 - 11 所示。

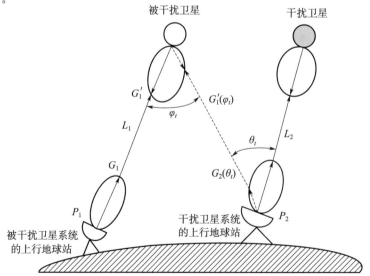

图 5 - 11　同频同向上行链路单入干扰模式仿真模型

分别计算出被干扰信号的功率 C 和干扰信号的功率 I，即可求得载干比 C/I 值。

被干扰信号功率 C 的计算公式为

$$C = P_1 + G_1 - 20\lg\left(\frac{4\pi L_1}{\lambda_1}\right) + G_1' \tag{5-18}$$

干扰信号功率 I 的计算公式为

$$I = P_2 + G_2(\theta_t) - 20\lg\left(\frac{4\pi L_2}{\lambda_2}\right) + G_1'(\varphi_t) \tag{5-19}$$

上行载干比 $(C/I)_U$ 的计算公式为

$$(C/I)_U = \left[P_1 + G_1 - 20\lg\left(\frac{4\pi L_1}{\lambda_1}\right) + G_1'\right] - \left[P_2 + G_2(\theta_t) - 20\lg\left(\frac{4\pi L_2}{\lambda_2}\right) + G_1'(\varphi_t)\right]$$

$$\tag{5-20}$$

式中，$(C/I)_U$ 为上行链路的载干比，单位为 dB；P_1 为被干扰卫星系统地球站的发射功率，单位为 dBW；G_1 为被干扰地球站在被干扰卫星方向上的发射增益，单位为 dBi；L_1 为被干扰链路距离长度，单位为 m，当被干扰卫星为地球非静止轨道卫星系统时，L_1 是随着时间 t 变化的时变量；λ_1 为被干扰链路波长，单位为 m；G_1' 为被干扰卫星在被干扰地球站方向上的接收增益，单位为 dBi；P_2 为干扰卫星系统地球站的发射功率，单位为 dBW；$G_2(\theta_t)$ 为干扰地球站在被干扰卫星接收方向上的发射增益，单位为 dBi，当被干扰卫星或干扰卫星有一个为地球非静止轨道卫星系统时，θ 是随着时间 t 变化的时变量；L_2 为干扰链路距离长度，单位为 m，当被干扰卫星为地球非静止轨道卫星系统时，L_2 是随着时间 t 变化的时变量；λ_2 为干扰链路波长，单位为 m；$G_1'(\varphi_t)$ 为被干扰卫星在干扰地球站方向上的接收增益，单位为 dBi，当被干扰卫星为地球非静止轨道卫星系统时，φ 是随着时间 t 变化的时变量。

在利用 C/I 方法对干扰程度进行评估时，有时还需要考虑"调整因子"的大小。调整因子等于有用载波带宽和干扰载波带宽的比值。在类似噪声的数字载波干扰中，如果有用载波带宽小于干扰载波带宽，在 C/I 计算中仅考虑一部分干扰载波功率。或者，如果有用载波带宽大于干扰载波带宽，则要考虑多个干扰载波对某个有用载波的影响效果。下面以上行链路频率重叠为例，给出考虑调整因子之后的 C/I 计算方法。

$$\begin{cases} (C/I)_U = C_U - I_U - 10\lg\beta \\ \beta = N_r \quad (BW_D > BW_{Ia}) \\ \beta = \dfrac{BW_D}{BW_{IO}} \quad (BW_D \leqslant BW_{Ia}) \end{cases} \tag{5-21}$$

式中，$(C/I)_U$ 为上行链路的载干比，单位为 dB；β 为带宽调整因子；N_r 为与 BW_D 频率重叠的干扰信号数量；BW_D 为有用信号占用带宽，单位为 Hz；BW_{IO} 为干扰信号占用带宽，单位为 Hz；BW_{Ia} 为干扰信号分配带宽，单位为 Hz。

（b）被干扰链路与干扰链路同为下行链路

当被干扰卫星链路与干扰卫星链路在下行传输方向共用同一个频段时，干扰卫星发射的下行信号为干扰信号，被干扰卫星发射的下行信号为被干扰信号。仿真模型由被干扰卫星、干扰卫星、被干扰地球站、干扰地球站、被干扰链路和干扰链路六部分组成。其中，卫星部分具体特性参数包括发射功率、天线视轴的增益、天线方向性系数、轨道参数（地球静止轨道卫星通过经度位置描述，地球非静止轨道卫星通过某历元时刻下的半长轴、偏心率、倾角、升交点赤经、近地点幅角和真近点角描述），地球站部分具体特性参数包括天线视轴的增益、天线方向性系数和噪声温度，链路部分具体特性参数包括载波频点、带宽和链路距离长度。对于干扰所表现出的结果特征，可以通过干扰的数值规律（干扰最大值、干扰最小值、干扰的波动中心等）和干扰的时间规律（干扰发生的时间间隔、每次干扰的持续时长等）予以评估。

被干扰链路与干扰链路在下行传输方向共用同一个频段时，单入干扰模式仿真模型如图 5 - 12 所示。

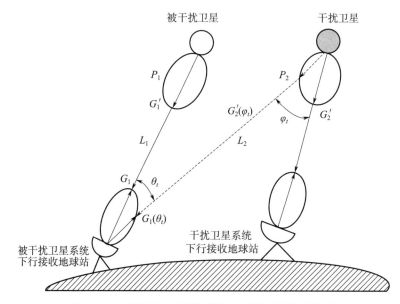

图 5 - 12　同频同向下行链路单入干扰模式仿真模型

被干扰信号功率 C 的计算公式为

$$C = P_1 + G_1' - 20\lg\left(\frac{4\pi L_1}{\lambda_1}\right) + G_1 \tag{5-22}$$

干扰信号功率 I 的计算公式为

$$I = P_2 + G_2'(\varphi_t) - 20\lg\left(\frac{4\pi L_2}{\lambda_2}\right) + G_1(\theta_t) \tag{5-23}$$

下行载干比 $(C/I)_D$ 的计算公式为

$$(C/I)_D = \left[P_1 + G_1' - 20\lg\left(\frac{4\pi L_1}{\lambda_1}\right) + G_1\right] - \left[P_2 + G_2'(\varphi_t) - 20\lg\left(\frac{4\pi L_2}{\lambda_2}\right) + G_1(\theta_t)\right]$$

$$\tag{5-24}$$

式中，$(C/I)_D$ 为下行链路的载干比，单位为 dB；P_1 为被干扰卫星的发射功率，单位为

dBW；G_1' 为被干扰卫星在被干扰地球站方向上的发射增益，单位为 dBi；L_1 为被干扰链路距离长度，单位为 m，当被干扰卫星为地球非静止轨道卫星系统时，L_1 是随着时间 t 变化的时变量；λ_1 为被干扰链路波长，单位为 m；G_1 为被干扰地球站在被干扰卫星方向上的接收增益，单位为 dBi；P_2 为干扰卫星的发射功率，单位为 dBW；$G_2'(\varphi_t)$ 为干扰卫星在被干扰地球站方向上的发射增益，单位为 dBi，当干扰卫星为地球非静止轨道卫星系统时，φ 是随着时间 t 变化的时变量；L_2 为干扰链路距离长度，单位为 m，当干扰卫星为地球非静止轨道卫星系统时，L_2 是随着时间 t 变化的时变量；λ_2 为干扰链路波长，单位为 m；$G_1(\theta_t)$ 为被干扰地球站在干扰卫星方向上的接收增益，单位为 dBi，当被干扰卫星或干扰卫星有一个为地球非静止轨道卫星系统时，θ 是随着时间 t 变化的时变量。

②同频反向的干扰场景

当被干扰卫星系统的上行链路与干扰卫星系统的下行链路使用相同频段时，被干扰卫星系统地球站发射的上行信号有可能被干扰卫星下行信号的天线旁瓣所干扰。仿真模型由被干扰卫星、干扰卫星、被干扰地球站、干扰地球站、被干扰链路和干扰链路六部分组成。其中，卫星部分具体特性参数包括发射功率、天线视轴的增益、天线方向性系数、噪声温度、轨道参数（地球静止轨道卫星通过经度位置描述，地球非静止轨道卫星通过某历元时刻下的半长轴、偏心率、倾角、升交点赤经、近地点幅角和真近点角描述），地球站部分具体特性参数包括天线视轴的增益、天线方向性系数、噪声温度，链路部分具体特性参数包括载波频点、带宽、链路距离长度。对于干扰所表现出的结果特征，可以通过干扰的数值规律（干扰最大值、干扰最小值、干扰的波动中心等）和干扰的时间规律（干扰发生的时间间隔、每次干扰的持续时长等）予以评估。

被干扰卫星系统的上行链路与干扰卫星系统的下行链路使用相同频段时，单入干扰模式仿真模型如图 5-13 所示。

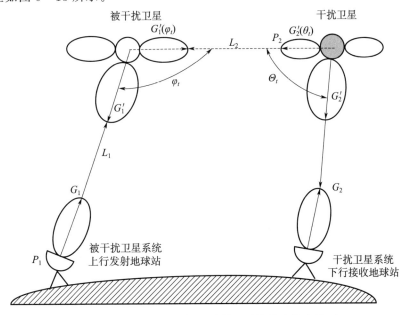

图 5-13　同频反向上行链路单入干扰模式仿真模型

被干扰信号功率 C 的计算公式为

$$C = P_1 + G_1 - 20\lg\left(\frac{4\pi L_1}{\lambda_1}\right) + G_1' \tag{5-25}$$

干扰信号功率 I 的计算公式为

$$I = P_2 + G_2'(\theta_t) - 20\lg\left(\frac{4\pi L_2}{\lambda_2}\right) + G_1'(\varphi_t) \tag{5-26}$$

载干比的计算公式为

$$(C/I)_U = \left[P_1 + G_1 - 20\lg\left(\frac{4\pi L_1}{\lambda_1}\right) + G_1'\right] - \left[P_2 + G_2'(\theta_t) - 20\lg\left(\frac{4\pi L_2}{\lambda_2}\right) + G_1'(\varphi_t)\right]$$
$$\tag{5-27}$$

式中，$(C/I)_U$ 为上行链路的载干比，单位为 dB；P_1 为被干扰卫星系统地球站的发射功率，单位为 dBW；G_1 为被干扰地球站在被干扰卫星方向上的发射增益，单位为 dBi；L_1 为被干扰链路距离长度，单位为 m，当被干扰卫星为地球非静止轨道卫星系统时，L_1 是随着时间 t 变化的时变量；λ_1 为被干扰链路波长，单位为 m；G_1' 为被干扰卫星在被干扰地球站方向上的接收增益，单位为 dBi；P_2 为干扰卫星的发射功率，单位为 dBW；$G_2'(\theta_t)$ 为干扰卫星在被干扰卫星方向上的发射增益，单位为 dBi，当干扰卫星或被干扰卫星有一个为地球非静止轨道卫星系统时，θ 是随着时间 t 变化的时变量；L_2 为干扰链路距离长度，单位为 m，当干扰卫星或被干扰卫星有一个为地球非静止轨道卫星系统时，L_2 是随着时间 t 变化的时变量；λ_2 为干扰链路波长，单位为 m；$G_1'(\varphi_t)$ 为被干扰卫星在干扰卫星方向上的接收增益，单位为 dBi，当被干扰卫星或干扰卫星有一个为地球非静止轨道卫星系统时，φ 是随着时间 t 变化的时变量。

（2）集总干扰评估方法

当被干扰卫星系统受到来自干扰卫星-1，干扰卫星-2，……，干扰卫星-N 的干扰时，仿真模型由被干扰卫星、干扰卫星、被干扰地球站、干扰地球站、被干扰链路和干扰链路六部分组成。其中，卫星部分具体特性参数包括发射功率、天线视轴的增益、天线方向性系数、轨道参数（地球静止轨道卫星通过经度位置描述，地球非静止轨道卫星通过某历元时刻下的半长轴、偏心率、倾角、升交点赤经、近地点幅角和真近点角描述），地球站部分具体特性参数包括天线视轴的增益、天线方向性系数、噪声温度，链路部分具体特性参数包括载波频点、带宽和链路距离长度。

对于集总干扰所表现出的结果特征，可以通过集总干扰的数值规律（集总干扰最大值、集总干扰最小值、集总干扰的波动中心等）和集总干扰的时间规律（集总干扰发生的时间间隔、每次干扰的持续时长等）予以评估。

图 5-14 以下行集总干扰为例，给出了 C/I 的具体计算方法。

被干扰信号功率 C 的计算公式为

$$C = P_0 + G_0' - 20\lg\left(\frac{4\pi L_0}{\lambda_0}\right) + G_0 \tag{5-28}$$

集总干扰信号 I 的计算公式为

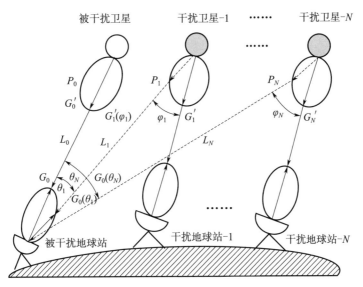

图 5-14　下行集总干扰模式场景

$$I = \sum_{i=1}^{N} \left[P_i + G'_i(\varphi_i) - 20\lg\left(\frac{4\pi L_i}{\lambda_i}\right) + G_0(\theta_i) \right] \tag{5-29}$$

载干比 $(C/I)_D$ 的计算公式为

$$(C/I)_D = P_0 + G'_0 - 20\lg\left(\frac{4\pi L_0}{\lambda_0}\right) + G_0 - \left[\sum_{i=1}^{N} P_i + G'_i(\varphi_i) - 20\lg\left(\frac{4\pi L_i}{\lambda_i}\right) + G_0(\theta_i) \right]$$

$$\tag{5-30}$$

式中，$(C/I)_D$ 为下行链路的载干比，单位为 dB；P_0 为被干扰卫星的发射功率，单位为 dBW；G'_0 为被干扰卫星在被干扰地球站方向上的发射增益，单位为 dBi；L_0 为被干扰链路距离长度，单位为 m，当被干扰卫星为地球非静止轨道卫星系统时，L_0 是随着时间 t 变化的时变量；λ_0 为被干扰链路波长，单位为 m；G_0 为被干扰地球站在被干扰卫星方向上的接收增益，单位为 dBi；P_i 为干扰卫星 i 的发射功率，单位为 dBW，其中 $i=1,\cdots,N$；$G'_i(\varphi_i)$ 为干扰卫星 i 在被干扰地球站方向上的发射增益，单位为 dBi，当干扰卫星 i 为地球非静止轨道卫星系统时，φ_i 是随着时间 t 变化的时变量；L_i 为干扰链路距离长度，单位为 m，当干扰卫星 i 为地球非静止轨道卫星系统时，L_i 是随着时间 t 变化的时变量；λ_i 为干扰链路波长，单位为 m；$G_0(\theta_i)$ 为被干扰地球站在干扰卫星 i 方向上的接收增益，单位为 dBi，当被干扰卫星或干扰卫星 i 有一个为地球非静止轨道卫星系统时，θ_i 是随着时间 t 变化的时变量。

5.3.4　基于 EPFD 的干扰评估方法

基于 EPFD 的干扰评估方法主要针对干扰系统所包含卫星数量不唯一的情况，例如 NGSO 星座系统对 GSO 系统的同频集总干扰分析，以及卫星无线电导航业务系统对用于民航生命安全的航空无线电导航业务的同频集总干扰分析，用于评估所有干扰信号在被干扰卫星系统接收机处产生的功率通量密度的总和。

5.4　干扰规避方法

对于通信卫星座，系统间频谱共存一直是贯穿卫星星座设计、建设及运营中的重要问题。其中，矛盾的核心主要来自两方面的约束，第一，是现有国际规则体系下，不同通信卫星系统间频率共享的约束，第二，是通信卫星系统自身需在服务区提供连续通信服务的约束。

20 世纪 70 年代，传统静止轨道通信卫星运营商就已经关注到了低轨卫星所带来的潜在同频干扰风险，从功率控制的角度开展了大量研究，即研究在确保静止轨道通信链路具有一定功率裕量的基础上，通过限制非静止轨道卫星星座的发射功率谱密度，以保护静止轨道通信链路质量。到了 20 世纪 90 年代，中低轨道通信卫星星座建设浪潮兴起，频率干扰规避的研究，也从单纯保护静止轨道通信卫星研究，到进一步关注多个非静止轨道通信卫星星座间的干扰规避方法研究。

由于通信系统在覆盖连续性与 100％可用率上的特殊需求，通信卫星星座系统设计与运营中需确保在服务区范围内提供 7×24 h 不间断的通信服务，从系统设计的角度看是卫星星座需确保对服务区的多重覆盖性，从地面站应用的角度看是可视空域范围内接入卫星数量应具有冗余，这样才能同时实现频率干扰规避以及连续不间断通信服务，也是干扰规避设计与实现的基础。

第一个在设计中利用多重覆盖实现干扰规避的星座，是 SkyBridge 天桥星座，这是一个低轨道卫星星座系统，使用 Ku 频段提供宽带接入服务，20 世纪 90 年代由法国阿尔卡特公司、美国劳拉公司、日本东芝公司共同提出，并于 2001 年提供服务。当时，在卫星星座总体设计中，为了避免与地球静止轨道卫星系统发生同频干扰，采用了一种复合构型，以"星对"为基准单元构成整个卫星星座。这样，当任意一颗卫星与其他卫星发生同频干扰，无法保证通信链路质量时，可以调整地面站天线指向，选择接入"星对"中的另一颗卫星，即与施扰链路在空间上形成安全角度，完成通信服务。

复合 Walker 星座可由 L 个相同的子 Walker 星座构成，也就是星座中，每个子星座参数完全一样，即

$$\begin{cases} N_1 = N_j = N_L = N \\ P_1 = P_j = P_L = P \\ F_1 = F_j = F_L = F \end{cases} \tag{5-31}$$

则复合 Walker 星座参数描述为 $LN/KP/F/h/i$，其中，K 为轨道面复合因子，取值为 $1 \sim L$ 之间的整数。复合 Walker 星座构型描述模型如图 5-15 所示。

其中，每个子星座的基准星升交点经度及初始相位为 Ω_{j0}、u_{j0}。定义 $\Delta\Omega_j$ 为子星座 j 基准星与母星座基准星之间的升交点经度差，Δu_j 为子星座 j 基准星与母星座基准星之间的相位差。

$$\Delta\Omega_j = \Omega_{j0} - \Omega_{10} \quad j = 2, \cdots, L$$
$$\Delta u_j = u_{j0} - u_{10} \quad j = 2, \cdots, L \tag{5-32}$$

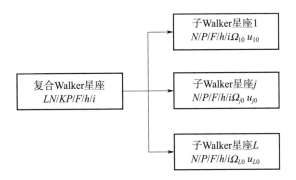

图 5-15　复合 Walker 星座构型描述模型

当复合构型星座由两个子星座构成时，假设复合构型星座 A 的参数为

$$L = 2, K = 1, \Omega_{10} = \Omega_{20}, \Delta\Omega = 0, \Delta u \neq 0 \qquad (5-33)$$

则星座 A 构型如图 5-16 所示，SkyBridge 星座即选用的此类复合 Walker 星座构型参数。

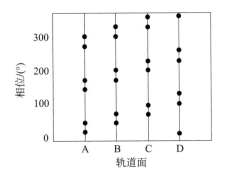

图 5-16　复合 Walker 星座 A 构型示意图

假设复合构型星座 B 的参数为

$$L = 2, K = 2, \Omega_{10} \neq \Omega_{20}, \Delta\Omega \neq 0, \Delta u \neq 0 \qquad (5-34)$$

即"星对"不在同一轨道面，构型如图 5-17 所示。当轨道倾角接近的多个 Walker 星座间存在频率共享约束问题时，适合应用此类复合 Walker 星座构型，便于实施同频干扰规避的选星策略。

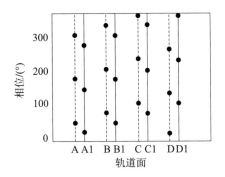

图 5-17　复合 Walker 星座 B 构型示意图

第 6 章　NGSO 星座与 GSO 卫星的频率干扰研究

6.1　低轨星座与 GSO 卫星的干扰场景

低轨星座系统与 GSO 卫星之间的兼容共存场景主要分为两大类，一类是低轨星座系统干扰 GSO 卫星系统，另一类是 GSO 卫星系统干扰低轨星座系统。其中，低轨星座系统干扰 GSO 卫星系统的场景又可以具体分为 NGSO 卫星对 GSO 地球站的下行干扰、NGSO 地球站对 GSO 卫星的上行干扰、NGSO 卫星干扰地球背面 GSO 卫星、NGSO 地球站干扰 GSO 地球站四类。GSO 卫星系统干扰低轨星座系统的场景也可以具体分为 GSO 卫星对 NGSO 地球站的下行干扰、GSO 地球站对 NGSO 卫星的上行干扰、GSO 卫星干扰地球背面 NGSO 卫星、GSO 地球站干扰 NGSO 地球站四类。

6.1.1　NGSO 卫星对 GSO 地球站的下行干扰

NGSO 卫星干扰 GSO 地球站的场景如图 6 - 1 所示。此场景 NGSO 卫星系统和 GSO 卫星系统都是下行，NGSO 卫星向其地球站发射信号，同频干扰信号落入 GSO 卫星系统地球站，GSO 卫星系统地球站受到干扰。

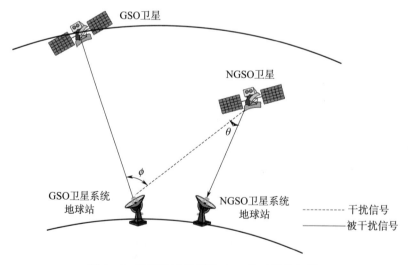

图 6 - 1　NGSO 卫星干扰 GSO 地球站的场景

6.1.2　NGSO 地球站对 GSO 卫星的上行干扰

NGSO 地球站干扰 GSO 卫星的场景如图 6 - 2 所示。此场景 NGSO 卫星系统和 GSO

卫星系统都是上行，NGSO 卫星系统地球站向 NGSO 卫星发射信号，同频干扰信号落入 GSO 卫星，GSO 卫星受到干扰。

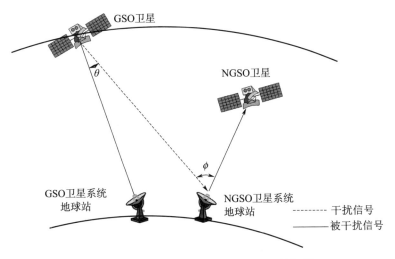

图 6 - 2　NGSO 地球站干扰 GSO 卫星的场景

6.1.3　NGSO 卫星干扰地球背面 GSO 卫星

NGSO 卫星干扰地球背面 GSO 卫星的场景如图 6 - 3 所示。此场景 NGSO 卫星系统为下行链路，GSO 卫星系统为上行链路，NGSO 系统卫星向 NGSO 系统地球站发射信号，同频干扰信号穿过地球表面，落入地球对面 GSO 卫星中，GSO 卫星受到干扰。由于有一段频率有同频反向应用，因此，会出现穿过地球影响地球背面的 GSO 系统。

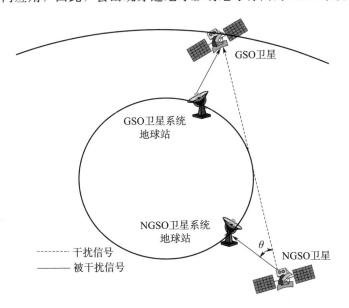

图 6 - 3　NGSO 卫星干扰地球背面 GSO 卫星的场景

6.1.4　NGSO 地球站干扰 GSO 地球站

NGSO 地球站干扰 GSO 地球站的场景如图 6-4 所示。此场景 NGSO 卫星系统是上行，GSO 卫星系统是下行，NGSO 卫星系统地球站向 NGSO 卫星发射信号，同频干扰信号落入 GSO 卫星系统地球站，GSO 卫星系统地球站受到干扰。

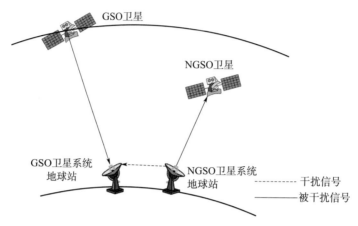

图 6-4　NGSO 地球站干扰 GSO 地球站的场景

6.1.5　GSO 卫星对 NGSO 地球站的下行干扰

GSO 卫星干扰 NGSO 地球站的场景如图 6-5 所示。此场景 NGSO 卫星系统和 GSO 卫星系统都是下行，GSO 卫星向其地球站发射信号，同频干扰信号落入 NGSO 卫星系统地球站，NGSO 卫星系统地球站受到干扰。

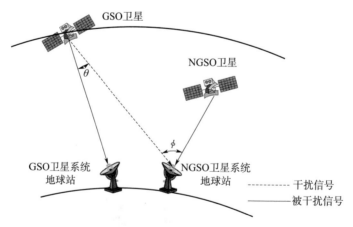

图 6-5　GSO 卫星干扰 NGSO 地球站的场景

6.1.6　GSO 地球站对 NGSO 卫星的上行干扰

GSO 地球站干扰 NGSO 卫星的场景如图 6-6 所示。此场景 NGSO 卫星系统和 GSO

卫星系统都是上行，GSO 卫星系统地球站向 GSO 卫星发射信号，同频干扰信号落入 NGSO 卫星，NGSO 卫星受到干扰。

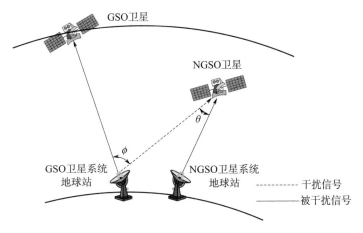

图 6 - 6　GSO 地球站干扰 NGSO 卫星的场景

6.1.7　GSO 卫星干扰地球背面 NGSO 卫星

GSO 卫星干扰地球背面 NGSO 卫星的场景如图 6 - 7 所示。此场景 GSO 卫星系统为下行链路，NGSO 卫星系统为上行链路，GSO 卫星向 GSO 卫星系统地球站发射信号，同频干扰信号穿过地球表面，落入地球背面 NGSO 卫星中，NGSO 卫星受到干扰。由于有一段频率有同频反向应用，因此，会出现穿过地球影响地球背面的 NGSO 系统。

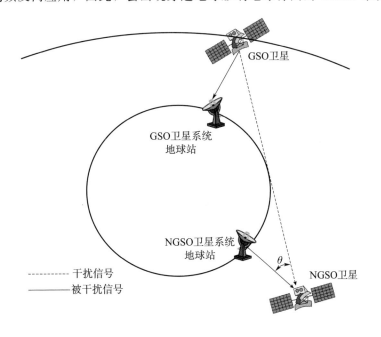

图 6 - 7　GSO 卫星干扰地球背面 NGSO 卫星的场景

6.1.8　GSO 地球站干扰 NGSO 地球站

　　GSO 地球站干扰 NGSO 地球站的场景如图 6-8 所示。此场景 GSO 卫星系统是上行，NGSO 卫星系统是下行，GSO 卫星系统地球站向 GSO 卫星发射信号，同频干扰信号落入 NGSO 卫星系统地球站，NGSO 卫星系统地球站受到干扰。

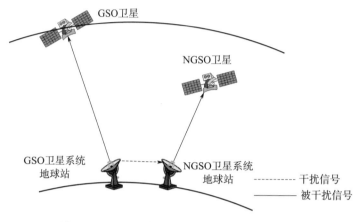

图 6-8　GSO 地球站干扰 NGSO 地球站的场景

6.2　国际电联建议书的研究

6.2.1　系统间干扰分析方法

　　(1) ITU-R S.1503

　　建议书 ITU-R S.1503 为《用来确定非地球静止轨道固定卫星业务系统或网络是否符合〈无线电规则〉第 22 条限值要求的软件工具的功能说明》。由于计算 NGSO 系统 EPFD 的过程非常复杂，国际电联为此专门开发了软件，来验证各国提交 NGSO 卫星网络资料的 EPFD 是否满足《无线电规则》第 22 条中的限值要求，S.1503 建议书就是这个软件的功能说明书，详细描述了用于计算 NGSO 系统 EPFD 的算法以及用软件实现的过程。

　　(2) ITU-R S.1256

　　建议书 ITU-R S.1256 为《确定卫星移动业务中非地球静止卫星系统的馈电链路在空对地方向上对 6 700~7 075 MHz 频段地球静止卫星轨道产生的最大累积功率通量密度的方法》。该建议书主要研究卫星移动业务中 NGSO 卫星对 GSO 卫星在 6 700~7 075 MHz 频段的干扰。通过 NGSO 卫星和 GSO 卫星的空间位置关系计算天线离轴角，进而结合天线增益计算出最大量累积功率能量密度（PFD），其干扰程度通过 PFD 的值来判定。

　　(3) ITU-R S.1257

　　建议书 ITU-R S.1257 为《计算从地球表面某一点看非地球静止卫星轨道卫星的短期能见度和干扰统计数据的分析方法》。该建议书给出了一种从地球表面一点观察到的 NGSO 卫星短期可视性和干扰特性分析的方法。通过 C_0/I_0 算法、I_0/N_0 算法计算出在一定干扰水平下的区别角，并判断可视性。设定一个圆形区域，并计算出 NGSO 卫星计入区域内的概率。该建议书涉及的干扰场景包括：NGSO 卫星系统地球站对 GSO 卫星的干扰、NGSO 卫星对 GSO 卫星系统地球站的干扰、GSO 卫星系统地球站对 NGSO 卫星的干扰、GSO 卫星对 NGSO 卫星系统地球站的干扰。

（4）ITU‑R S.1324

建议书 ITU‑R S.1324 为《同频、同向的 NGSO MSS 馈线链路和 GSO FSS 之间的干扰评估算法》。该建议书针对 NGSO MSS 系统与 GSO FSS 系统在同频同向上的干扰，分别给出了上行/下行链路干扰的分析方法，通过计算干扰功率谱密度和时间百分比来判定干扰程度。

（5）ITU‑R S.1325

建议书 ITU‑R S.1325 为《同频、同向的圆轨道 NGSO FSS 系统之间或圆轨道 NGSO FSS 系统与 GSO FSS 系统之间短期干扰统计计算的仿真算法》。该建议书给出了一种计算 NGSO 系统的 EPFD 累积概率数据的方法，用来评估同频、同向 NGSO 系统对 GSO 系统的短时干扰。此外，还给出了一种通过计算 NGSO 系统 EPFD 的累积密度函数，来评估 NGSO 系统对 GSO 系统产生的集总干扰的算法。在这个建议书里提出了短时干扰的概念，指的是在 1% 或更少的时间内计算出来的误码率（或 C/N 值）的累积概率分布。

（6）ITU‑R S.1430

建议书 ITU‑R S.1430 为《在双向划分的 FSS 频段内确定 NGSO 地球站和工作在反向链路的 GSO 地球站之间协调区域的方法》。该建议书介绍了确定 NGSO 卫星系统地球站和工作在反向链路上的 GSO 卫星系统地球站之间协调区域的两种方法，并引用方法一说明如何确定 NGSO 发射地球站干扰 GSO 接收地球站情况下的协调区域。协调区域的确定涉及相关参数包括最小允许传输损耗（以时间百分比作为衡量标准）、发射干扰的阈值（以时间百分比作为衡量标准）、NGSO 卫星系统地球站的天线增益以及未知的 NGSO/GSO 卫星系统地球站的水平天线增益，此建议书也对这些参数定义及计算进行了解释说明。该场景中干扰大小取决于干扰路径的传输损耗，而干扰路径传输损耗取决于干扰路径的长度、几何形状、最小可操作仰角、以时间为变量的天线增益分布、无线电气候条件和传输损耗超出某值的时间百分比。确定协调区域的思路为：首先确定协调距离，即在发射地球站的所有方位角方向上确定一个距离，超过该距离，除了指定的时间以外，预计传输损耗将超过规定值；然后将所有方位确定的协调距离端点连接形成协调等高线确定协调区域。

（7）ITU‑R S.1529

建议书 ITU‑R S.1529 为《NGSO FSS 系统与 NGSO FSS 系统以及 NGSO FSS 系统与 GSO FSS 系统间干扰数值分析方法》。该建议书完成于 2001 年，全文共 32 页，是一篇很重要的干扰分析方法建议书。NGSO 对 GSO 或者 NGSO 对 NGSO 出现短时干扰的概率，在很大程度上取决于这些卫星运行时的相对位置关系，而卫星的运行轨迹是遵从一定规律的。有别于时域仿真，本建议书提取了运行于椭圆轨道的卫星的概率分布函数，对卫星同时出现在某一特定区域的概率进行了建模，从而从概率统计的领域得出了 NGSO 系统对其他系统之间的干扰概率。

（8）ITU-R S.1588

建议书 ITU-R S.1588 为《用于计算多个 NGSO FSS 系统对一个 GSO FSS 系统的集总 EPFD 的方法》。该建议书完成于 2002 年，全文共 19 页，主要介绍了 3 种模拟仿真方法用于计算多个 NGSO FSS 系统卫星对同频运行的 GSO FSS 网络地球站产生的集总下行链路 EPFD↓，判断结果是否符合《无线电规则》中的 EPFD↓ 限值。方法一和方法二根据 ITU-R S.1503 建议书来检查 NGSO 系统是否符合《无线电规则》第 22 条中的验证限值，两种方法在选择测试点时有所不同。方法三根据 ITU-R S.1325 建议书提出了更详细的建模方法，可以同时模拟所有 NGSO 系统。建议书对这 3 种方法进行了比较。

6.2.2　干扰评价标准体系

（1）ITU-R S.1323

建议书 ITU-R S.1323 是《卫星固定业务的卫星网络（GSO FSS；NGSO FSS；NGSO MSS 馈电链路）中由其他低于 30 GHz 的同方向 FSS 网络产生的干扰的最大允许电平》。这是电联干扰评价体系中最具代表性的建议书，对于 30 GHz 以下 NGSO 系统与 GSO 系统间的上行/下行链路干扰，给出了 GSO 系统可接受的所有其他系统的干扰容限，分析了考虑长期干扰容限时，NGSO 对 GSO 系统单入干扰的计算标准流程和方法，可作为 NGSO 系统与 GSO 系统协调依据，同时给出了 EPFD 与 I/N 的换算关系。

S.1323 中方法 B 给出了考虑长期干扰容限时，NGSO 对 GSO 系统单入干扰的计算标准流程和方法，可作为 NGSO 系统与 GSO 系统协调依据。

如果同时有 n 个干扰源对系统同频段造成干扰，则每个系统造成的干扰应该少于 10% 可容忍时间百分比的 $1/n$，即每个干扰源对系统的影响是独立分开的。S.1323 认为，对于被干扰系统来说，其干扰限值曲线分为三段，分别是长期干扰限值 Ilong-term、短期干扰限值 IBER、失去同步限值 Ibit-sync。

（2）ITU-R S.1429

建议书 ITU-R S.1429 是《工作在 15 GHz 以下由于 NGSO FSS 系统和 GSO FSS 系统之间的干扰而造成的系统误码率指标》。建议书完成于 2000 年，是建议书 ITU-R S.1323 的引用建议书之一。该建议书给出了 GSO 与 NGSO 系统间短期干扰允许的误码率，见表 6-1。

表 6-1　GSO 与 NGSO 系统间短期干扰允许的误码率

码率/(Mbit/s)	时间百分比(最坏情况)	误码率
1.5	0.02	7×10^{-7}
	0.2	3×10^{-8}
	1.0	5×10^{-9}

续表

码率/(Mbit/s)	时间百分比(最坏情况)	误码率
2.0	0.02	7×10^{-6}
	0.2	2×10^{-8}
	1.0	2×10^{-9}
6.0	0.02	8×10^{-7}
	0.2	1×10^{-8}
	1.0	1×10^{-9}
51.0	0.02	4×10^{-7}
	0.2	2×10^{-9}
	1.0	2×10^{-10}
155	0.02	1×10^{-7}
	0.2	1×10^{-9}
	1.0	1×10^{-10}

6.2.3　兼容共用分析方法

（1）ITU－R S.1255

建议书 ITU－R S.1255 为《使用自适应上行链路功率控制来减轻地球静止轨道卫星/卫星固定业务网络与非地球静止轨道卫星/移动业务网络的馈线链路之间及 GSO/FSS 网络与 non－GSO/FSS 网络之间的同方向干扰》。该建议书主要介绍的是在卫星上行链路中采用自适应功率控制的方法，在抵抗传播损耗的同时，能够在系统间干扰水平增加的情况下仍能保持系统性能。

（2）ITU－R S.1419

建议书 ITU－R S.1419 为《用于 19.3～19.7 GHz 和 29.1～29.5 GHz 频段范围内 NGSO MSS 和 GSO FSS 系统间开展频率协调的干扰减缓技术》，该建议书完成于 1999 年，全文仅有 3 页，简单介绍了以下 7 种减缓干扰措施：

1）自适应上行链路功率控制或其他衰落补偿方法协调 NGSO MSS 馈线链路和 GSO FSS 网络。

2）使用高增益天线，同时将 GSO 卫星系统地球站最小天线尺寸限制为 1 m。

3）地球站之间的地理隔离：GSO/LEO 地球站之间维持 2°的最小纬度间隔，GSO/MEO 地球站之间维持纬度大于 2°（225 km）的间隔。该技术结合高增益天线使用将更有效缓解干扰。

4）卫星分集技术：通过将发射切换到另一个卫星来避免主波束对主波束的干扰。

5）地球站分集技术：使用位于离原地点足够远的备用地球站，以提供足够的天线间隔，从而减缓干扰。

6）链路平衡：NGSO MSS 馈线链路被设计成能够承载更大的固定上行链路裕度，以保护自身免受 GSO 系统的干扰。

7）频谱协调：通过频率隔离和/或极化隔离实现。

（3）ITU-R S.1430

建议书 ITU-R S.1430 为《在双向划分的 FSS 频段内确定 NGSO 地球站和工作在反向链路的 GSO 地球站之间协调区域的方法》。该建议书介绍了确定 NGSO 卫星系统地球站和工作在反向链路上的 GSO 卫星系统地球站之间协调区域的两种方法。尽管该建议书并未提出具体的规避策略，但确定协调区域本身就是为了避免干扰。如果地球站位于协调区外，那么干扰的风险很小；如果地球站位于协调区内，则需要进行详细的协调。例如，对于 NGSO 卫星系统地球站正在发射并因此干扰其他地球站接收的情况，通常将确定协调区；对于 NGSO 卫星系统地球站正在接收并因此受到来自其他地球站的辐射干扰的情况，也可能需要确定协调区域。

（4）ITU-R S.1647

建议书 ITU-R S.1647 为《不存在共线情况下决定 NGSO 系统最坏情况下的干扰方法》。该建议书主要介绍了 NGSO FSS 系统和 GSO FSS 网络在 37.5～42.5 GHz 频段和 47.2～50.2 GHz 频段内的频谱共存的两种策略：使用干扰缓解技术或者在不使用干扰缓解技术的情况下两个系统反极化运行。建议书中通过仿真以及结果分析论证了使用高增益窄波接地终端天线和小型接地终端天线两种情况下频谱共享策略的有效性。除此之外，建议书还对反极化运行、卫星分集或电弧避免技术以及地球站地理隔离三种技术进行了优劣对比分析。在不使用干扰缓解技术的情况下，两个系统反极化运行可实现频谱共存；在两个系统同极化运行的情况下，使用卫星分集技术，且当地球站分集切换角（即规避角 $X°$）大于或等于 0.5°时，系统间可实现频谱共存。诸如卫星分集或弧段避免之类的干扰缓解技术将增加系统的复杂性和成本，其他的干扰抑制技术，例如在网关应用相反极化或/和地理隔离，可以降低系统的复杂性和成本。但如果 GSO FSS 网络和 NGSO FSS 系统的需求不同，则频谱利用率无法达到最佳。

（5）ITU-R S.1655

建议书 ITU-R S.1655 为《工作于 37.5～42.5 GHz 和 47.2～50.2 GHz 频段内 NGSO 系统间的干扰减缓技术和频率共用技术》。该建议书完成于 2003 年，是针对使用 Q/V 频段的低轨星座系统提出的干扰减缓技术。建议书以一个 NGSO 系统和一个 GSO 系统为例，考虑了使用反向极化、卫星分集、利用小型地球站终端天线、地球站地理隔离等干扰减缓技术，并以仿真结果给出了不同干扰减缓技术的优缺点。

6.3　EPFD 限值的制定历程

6.3.1　概述

为实现对 GSO 卫星系统的有效保护，同时为 NGSO 卫星系统尽可能争取发展空间，国际电联引入了 EPFD 的概念，并围绕 EPFD 在规则条款、技术建议书、软件工具等多个层面制定了具体实施细节。

围绕 EPFD 限值及其相关政策法规的研究热度随着全球 NGSO 卫星星座建设热潮而

动。通过查阅国际电联历年颁布的无线电规则、建议书、历届 WRC 材料等相关文件，总结出 EPFD 的确立及演进过程分为以下四个阶段：

第一阶段（1993—1997 年），EPFD 定义及限值的提出。

美国于 1987 年提出铱星移动通信系统计划。该系统是全球第一代卫星移动通信系统，其在 20 世纪 90 年代蓬勃发展，开启了第一轮全球范围内的通信星座建设热潮，也引发了国际电联着手开展 NGSO 星座使用卫星 FSS 频段的规则体系的研究。

NGSO FSS 系统的概念最早出现在 1976 年版的《无线电规则》中，在此之前，《无线电规则》并不区分 GSO 和 NGSO 系统。铱星馈电系统的申报和使用正是在这个大背景下提出的，国际电联在 1993—1995 年期间围绕 19.3～19.6 GHz 和 29.1～29.4 GHz 频段用于 NGSO 卫星移动通信系统的馈电链路开展了研究和讨论，并在 WRC - 95 做出"自 1995 年 11 月 18 日起，当 19.3～19.6 GHz 和 29.1～29.4 GHz 频段用于 NGSO 卫星移动通信系统的馈电链路时，2613 条款（22.2 条款的前身）不适用"的决定，即 1995 年 11 月 18 日之后，铱星馈电系统与新申报的同频段 GSO 卫星系统构成协调关系，而不是无条件保证不受干扰 GSO 卫星系统，作为折中，铱星馈电系统需要无条件保证在 1995 年 11 月 18 日之前已经向国际电联申报并检查合格的 GSO 卫星网络的协调资料和通知资料不受干扰。WRC - 95 还同时指出，由于馈电链路资源有限，极大地约束了 NGSO 通信系统的发展，因此，希望 WRC - 97 能够继续研究 19.6～19.7 GHz 和 29.4～29.5 GHz，及相应的规则框架能否分配给 NGSO 卫星移动通信系统的馈电链路使用。由于发展 NGSO 通信星座系统的需求在此期间十分旺盛，经研究，WRC - 97 决定将 19.6～19.7 GHz 和 29.4～29.5 GHz 频段划分给 NGSO 卫星移动通信系统的馈电链路，并规定 22.2 条款不适用，但 1997 年 11 月 21 日之前已经向国际电联申报并检查合格的 GSO 卫星网络的协调资料和通知资料仍然能够得到无条件的保护。

除此之外，在 WRC - 97 研究期间（1996—1997 年），NGSO 星座与 GSO 卫星频率共用的规则、标准、干扰评估方法初步提出，在规则层面确立了 FSS NGSO/GSO 同频共用的规则框架，首次引入 22.2 条款、EPFD 限值（NGSO 下行干扰信号对 GSO 卫星系统地球站的保护）以及 APFD 限值（NGSO 上行干扰信号对 GSO 卫星的保护）。

第二阶段（1997—2000 年），EPFD 限值的初步确定。

据美国联邦航空管理局商业航天发射年度报告中公布的数据，在 1998—2000 年间，提出发射需求的 NGSO 通信星座系统达 50 多个，世界航天领域关于建设 NGSO 通信星座的意愿达到高潮。

在 WRC - 2000 研究周期（1998—2000 年），国际电联对 EPFD 限值进行了较大幅度的修改，具体表现在将上行 APFD 的概念废止，用 EPFD 上行限值来代替；首次引入星间 EPFD 的概念，并规定了具体限值；将 WRC - 97 给出的 EPFD 散点限值变更为连续的限值曲线；增加 EPFD 限值计算时参考的 GSO 地球站天线方向图等。

第三阶段（2000—2015 年），EPFD 定义及限值的微调。

伴随铱星于 2000 年 3 月宣布破产、全球建设 NGSO 星座的热度逐渐褪去，国际电联领域关于 NGSO 通信星座的规则研究明显减少。在规则条款表述方面，仅在 WRC-07 会议上对 22.2 条款进行了修改，增加并强调"NGSO 卫星系统不得要求来自 GSO 卫星系统的保护"，自此之后，22.2 条款至今再无修改。在 EPFD 限值方面，除了在 WRC-03 会议上同意增加 C 频段上行及下行 EPFD 限值外，仅更新了 EPFD 限值涉及的 GSO 卫星系统地球站天线方向图所参考建议书的版本号。

第四阶段，2015 年至今，EPFD 相关研究的再次兴起。

伴随以 OneWeb 公司、SpaceX 公司为代表的 NGSO 宽带通信卫星星座建设热潮的卷土重来，国际电联关于 NGSO 星座系统的研究和讨论又重新成为热点和焦点。由于 EPFD 限值在制定过程中涉及大量等效、简化的细节和假设，很多要素已经不适用于现在 NGSO 星座的典型场景，因此国际电联持续开展研究，以修正 EPFD 限制，提高 EPFD 限值的有效性和合理性，例如假设最多同时存在 3.5 个 NGSO 系统的前提是否依然合理，各 NGSO 卫星系统均分保护余量，GSO 卫星系统地球站天线参考模型是否适用于平面阵列天线等。

同时，考虑到卫星通信向更高频段发展，在 WRC-19（2016—2019 年）周期，针对 Q/V 频段提出了限值要求。

关于 EPFD 限值重要变更事件的时间线如图 6-9 所示。

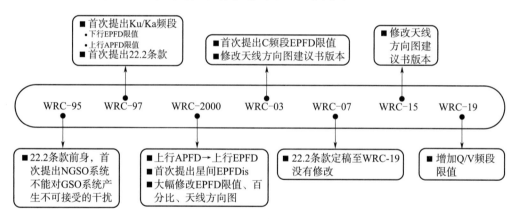

图 6-9　关于 EPFD 限值重要变更事件的时间线

历届 WRC 对 EPFD 限值做出的重要变更的具体内容见表 6-2。

表 6-2　对 EPFD 限值做出的重要变更内容梳理

1994 年《无线电规则》	2613　§　2. Non-geostationary space stations shall cease or reduce to a negligible level their emissions, and their associated earth stations shall not transmit to them, whenever there is insufficient angular separation between non-geostationary satellites and geostationary satellites resulting in unacceptable interference to geostationary satellite space systems in the fixed-satellite service operating in accordance with these Regulations.	WARC-92 修订

续表

1996 年《无线电规则》	S22.2　§　2 Non-geostationary space stations shall cease or reduce to a negligible level their emissions, and their associated earth stations shall not transmit to them, whenever there is **unacceptable interference** to geostationary satellite space systems in the fixed-satellite service operating in accordance with these Regulations.	WRC-95 修订
1998 年《无线电规则》	22.2　条款框架初具雏形 　　S22.2　§　2 1）Non-geostationary-satellite systems shall not cause unacceptable interference to geostationary-satellite systems in the fixed-satellite service and the broadcasting-satellite service operating in accordance with these Regulations. 　　S22.5C.1 中首次给出 EPFD 计算公式（下行），S22.5D.1 中首次给出 APFD 计算公式（上行），首次通过表格形式给出 Ku 和 Ka 频段的 EPFD 限值和 APFD 限值，但指明表 22-1~表 22-4 的限值为临时限值，均为散点，有待 WRC-99 进一步修订 　　NOTE—Tables S22-1 to S22-4 and S22.26 to S22.29 contain provisional limits corresponding to an interference level caused by one non-geostationary fixed-satellite service system in the frequency bands to be applied in accordance with Resolutions 130（WRC-97）and 538（WRC-97）. These provisional limits are subject to review by ITU-R and are subject to confirmation by WRC-99.	WRC-97 修订
2001 年《无线电规则》	将上行由 APFD 限值变更为 EPFD 限值，引入卫星间 EPFDis 限值 大幅修改 EPFD 限值、百分比、GSO 卫星系统地球站参考天线方向图	WRC-2000 修订
2004 年《无线电规则》	引入 C 频段 EPFD 限值 Ku 和 Ka 频段的 EPFD 限值参考天线方向图根据方向图版本进行修订	WRC-03 修订
2008 年《无线电规则》	修订了 22.2 表述，主要增加了"NGSO 不得要求 GSO 保护"，之后 22.2 条款再无修改。修订了表 22-4A 　　Non-geostationary-satellite systems shall not cause unacceptable interference to geostationary-satellite systems in the fixed-satellite service and the broadcasting-satellite service operating in accordance with these Regulations.（WRC-97） 　　Non-geostationary-satellite systems shall not cause unacceptable interference to and, unless otherwise specified in these Regulations, shall not claim protection from geostationary-satellite networks in the fixed-satellite service and the broadcasting-satellite service operating in accordance with these Regulations. No. 5.43A does not apply in this case.	WRC-07 修订
2016 年《无线电规则》	EPFD 限值参考天线方向图根据方向图版本进行修订	WRC-15 修订
2020 年《无线电规则》	增加了 Q/V 频段限值	WRC-19 修订

6.3.2　EPFD 定义及限值的提出（1993—1997 年）

（1）WRC-95——低轨通信星座的兴起对规则提出了挑战

摩托罗拉公司于 1991 年开始向国际电联申报卫星网络资料，其成为国际电联最早公布的 NGSO FSS 卫星网络资料，具体见表 6-3。

表 6-3　国际电联公布的铱星 NGSO FSS 卫星网络资料

卫星网络名称	国家	电联接收日期	IFIC 周报	周报公布日期
HIBLEO-2	美国	1991/10/31	2012	1992/02/04
HIBLEO-2	美国	1992/02/05	2024	1992/04/28
HIBLEO-2	美国	1992/06/11	2033	1992/06/30
HIBLEO-2	美国	1992/12/07	2060	1993/01/19
HIBLEO-2FL	美国	1995/10/23	2313	1998/02/03
HIBLEO-2FL	美国	1997/01/03	2376	1999/05/04

NGSO FSS 系统概念最早出现在 1976 年版的《无线电规则》中，在此之前，《无线电规则》并不区分 GSO 和 NGSO 系统。在该版《无线电规则》中，对 NGSO FSS 系统的要求如下：

470VA　25. Non-geostationary space stations in the fixed-satellite shall cease or reduce to a negligible level radio emissions，and their associated earth stations shall not transmit to them whenever there is insufficient angular separation between the non-geostationary satellite and geostationary satellites and unacceptable interference to geostationary satellite space systems operating in accordance with these Regulations.

WARC-93 在《无线电规则》中对上述条款进行了微调：

2613 § 2. Non-geostationary space stations shall cease or reduce to a negligible level their emissions，and their associated earth stations shall not transmit to them，whenever there is insufficient angular separation between non-geostationary satellites and geostationary satellites resulting in unacceptable interference1 to geostationary satellite space systems in the fixed-satellite service operating in accordance with these Regulations.

上述两个条款是 22.2 条款的前身，规定在没有足够的隔离角的情况下，NGSO FSS 卫星与其地球站间的通信链路发射端应停止发射功率（或减小发射功率），以避免对 GSO FSS 的干扰。

铱星馈电系统的申报和使用正是在这个大背景下提出的。国际电联在 1993—1995 年期间围绕 19.3～19.6 GHz 和 29.1～29.4 GHz 频段用于 NGSO 卫星移动通信系统的馈电链路开展了研究和讨论，由于铱星卫星网络资料申报时并没有具体规则对其进行约束，且当时较多国家都对建设低轨通信星座充满了兴趣，在具体讨论过程中也多次强调应当为 NGSO FSS 系统的发展提供空间，因此，WRC-95 做出"自 1995 年 11 月 18 日起，当 19.3～19.6 GHz 和 29.1～29.4 GHz 频段用于 NGSO 卫星移动通信系统的馈电链路时，2613 条款（22.2 条款的前身）不适用"的决定，即 1995 年 11 月 18 日之后，铱星馈电系统与新申报的同频段 GSO 卫星系统构成协调关系，而不是无条件保护 GSO 卫星系统，作为折中，铱星馈电系统需要无条件保护在 1995 年 11 月 18 日之前已经向国际电联申报并检查合格的 GSO 卫星网络的协调资料和通知资料。

WRC - 95 还同时指出，由于馈电链路资源有限，极大地约束了 NGSO 通信系统的发展，因此，希望 WRC - 97 能够继续研究 19.6～19.7 GHz 和 29.4～29.5 GHz 能否分配给 NGSO 卫星移动通信系统的馈电链路使用，及相应的规则框架。

（2）WRC - 97——EPFD 定义及限值的首次提出

在 WRC - 97（1996—1997 年）研究周期的讨论过程中，美国、法国、俄罗斯、INTELSSAT 公司等积极推进，首次提出 EPFD（下行）和 APFD（上行）的定义和计算方法。

EPFD 定义：

The equivalent power flux - density is defined as the sum of the power flux - densities produced at apoint on the Earth's surface by all space stations within a non -geostationary - satellite system，taking into account the off - axis discrimination of a reference receiving antenna assumed to be pointing towards the geostationary satellite orbit.

翻译成中文：EPFD 由 NGSO 系统中所有空间站点在地面上某一点所产生的功率谱密度和位于该点的指向 GSO 卫星的地面接收天线离轴辨别共同决定。

APFD 定义及公式：

The aggregate power flux - density is defined as the sum of the power flux - densities produced at apoint in the geostationary - satellite orbit by all the earth stations of a non - geostationary - satellite system. The aggregate power flux - density is computed by means of the following formula：

翻译成中文：APFD 是 NGSO 系统中所有地面站点在 GSO 中某一点产生的功率谱密度总和，计算公式为

$$\text{APFD} = 10 \log_{10} \left[\sum_{i=1}^{N_e} 10^{P_i/10} \frac{G_t(\theta_i)}{4\pi d_i^2} \right] \tag{6-1}$$

与此同时，WRC - 97 讨论并形成多篇关于 EPFD 及 APFD 限值的技术文稿，全面涉及干扰场景建模仿真、GSO 卫星系统干扰保护标准确定、NGSO 系统集总和单入干扰保护限值推导的算法流程等各个方面，进一步推动了《无线电规则》第 22.2 条款中对 NGSO 系统不干扰 GSO 系统工作的具体解读，尝试提出量化的 EPFD 限值要求，以替换原来的定性描述"Unacceptable Interference（不可接受的干扰）"，并且该保护标准独立于被保护 GSO 系统的具体参数，普适于所有 GSO 系统的保护。

①EPFD 限值形成的主要方法和过程

通过对 WRC - 95 和 WRC - 97 形成的 Final Acts、CPM 报告及过程性输入文稿进行研究，可以总结归纳出确定 EPFD 限值的主要方法和过程。下面以下行链路为例，给出 EPFD 限值形成的具体过程。

第一步，明确 GSO 系统自身链路设计余量。

面向国际电联所有成员国征集工作在目标频段的 GSO FSS 系统的特性参数，特别是 C/N 门限（通常为一组值）与对应的时间容限。表 6 - 4 给出了一组典型 GSO FSS 链路的 C/N 门限与时间容限。

表 6-4　典型 GSO FSS 卫星链路 C/N 门限与时间容限

Carrier	clear-sky C/N /dB	short term level 1		short term level 2		short term level3	
		C/N /dB	% of the time C/N can be exceeded	C/N /dB	% of the time C/N can be exceeded	C/N /dB	% of the time C/N can be exceeded
INTELSAT (IDR)	16	11	4.0	10	0.6	9	0.04
INTELSAT (IBS)	13.7	10.0	4.0	9.0	0.6	6.7	0.04
ASTRA 26M0F9W FM/ TV (1.2 m E/S)	13.8	11.0	1.0	6.0	0.3	N/A	N/A
EUTELSAT 36M0G7D SMS (3.6m E/S)	19.7	11.0	10.0	8.0	0.2	N/A	N/A

表 6-5 以 INTELSAT IDR 链路为例给出典型链路设计余量情况。左列是链路余量的门限，对应不同编码调制方式，右列是相应工作状态下可接受的小于链路余量门限的时间百分比，即 4% 时间下链路余量不满足 5 dB 可正常工作，0.6% 时间下链路余量不满足 6 dB 也可正常工作。

表 6-5　典型 GSO FSS 卫星链路设计余量

链路余量/dB	时间容限/%
16-11＝5	4
16-10＝6	0.6
16-9＝7	0.04

第二步，考虑降雨衰减对有用信号功率的影响。

根据 ITU-R 降雨模型计算典型地区的降雨衰减特性，确定由降雨引起的衰减占 GSO FSS 链路不可用度的 90%。

第三步，干扰信号分配到的保护门限指标。

对于短时干扰来说，超过 BER（或 C/N）的时间百分比不得超过对应时间容限的 10%；对于长期干扰来说，超过系统总噪声功率 6% 的累计时长不得超过对应时间容限的 10%。

第四步，确定干扰信号功率门限。

同样以 INTELSAT IDR 链路为例，求解同时满足短时干扰和长期干扰门限的干扰信号强度 I 及对应的超标时间百分比，见表 6-6。

表 6-6　干扰信号强度 I 及对应的超标时间百分比

干扰类型	I/N 超标百分比/%	超标时间百分比/%
长期干扰	6	0.729

续表

干扰类型		I/N 超标百分比/%	超标时间百分比/%
short term	short term level 1 $P(y{\geqslant}5){\leqslant}0.4\%$	216	0.211
	short term level 2 $P(y{\geqslant}6){\leqslant}0.06\%$	298	0.108
	short term level3 $P(y{\geqslant}7){\leqslant}0.004\%$	401	0.004

第五步，确定集总 EPFD 限值。

根据 EPFD 与干扰信号功率 I 之间的换算关系，可以将第四步确定的干扰信号功率门限转化为 EPFD 门限，注意这里得到的是集总 EPFD 限值。

$$\mathrm{EPFD} = I - \mathrm{Gain}_{\max} - 10\lg\left(\frac{\lambda^2}{4\pi}\right) \qquad (6-2)$$

表 6-7 给出了几个典型 GSO FSS 地球站的天线性能。

表 6-7　典型 GSO FSS 地球站天线性能

天线类型	天线口径/m	天线最大接收增益/dBi	天线辐射特性
I	0.6	36.4	Rec 465
II	1.8	45.2	Rec 465
III	3.5	51	Rec 465
IV	10	60.2	Rec 465

结合上述不同地球站的天线特性，可计算得到 EPFD 限值。遍历所有 GSO FSS 参考链路计算得到不同的 EPFD 限值之后，选择最严格的 EPFD 限值作为集总 EPFD 门限。

第六步，确定单入 EPFD 限值。

WRC-2000 同意将 3.5 个同频 NGSO 系统作为单入 EPFD 限值确定的前提。首先，将第五步得到的集总 EPFD 限值画在纵轴为时间百分比的对数（向上递增），横轴为 EPFD（dB）（向右递增）的坐标系中，记作 $F1$；其次，将 $F1$ 向左平移 $10\lg(3.5)$ 个单位，即在功率域上对 3.5 个同频系统进行平均，得到第二条曲线，记作 $F2$；再将 $F1$ 除以 3.5 个单位，即在时间域上对 3.5 个同频系统进行平均，得到第三条曲线，记作 $F3$；记 $F2$ 与 $F3$ 的交点为点 P。

以 10.7～12.75 GHz 频段、GSO 地球站天线口径$\geqslant$10 m 为例，图 6-10 给出的 NGSO FSS 系统单入 EPFD 限值为一个分段函数：第一段是点（$F2$，100%）与点 P 之间的线段，其中点（$F2$，100%）指曲线 $F2$ 上纵坐标为 100% 对应的点，下同；第二段是点 P 与点（$F3$，0.01%）之间的线段；第三段是点（$F3$，0.01%）与点（$F1$，0.001%）之间的线段，第四段是点（$F1$，$\leqslant$0.001%）的射线。

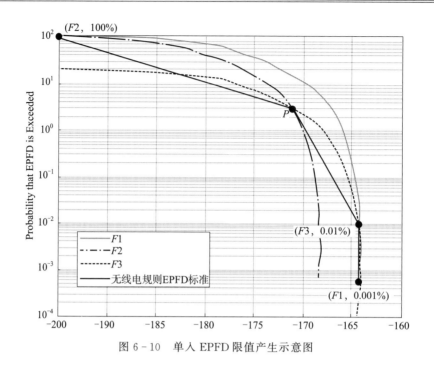

图 6 - 10　单入 EPFD 限值产生示意图

②小结

可以看到，EPFD 限值的得出基于大量假设前提和简化，例如采用当时得以参加国际电联会议并输入文稿的国家或卫星运营商提供的 GSO FSS 典型参数作为 GSO 系统保护门限的分析基础，忽略了 GSO FSS 系统之间的差异性带来的影响，也扼杀了随着科技的进步、GSO FSS 性能提升，从而为 NGSO FSS 释放更多空间的可能；又或者采用典型区域的降雨衰减特性对降雨衰减和干扰功率进行简单比例分配，忽略了不同地区之间链路传输特性的差异性等。

然而，就算存在一些不足，对于 NGSO 卫星操作者来说，考虑到无须与 GSO 卫星操作者之间履行协调程序就可以共同使用 FSS 频率资源所带来的好处，已经远远超过了需要遵守硬限值所付出的代价。

6.3.3　EPFD 限值的演变过程（1997 年至今）

（1）WRC - 2000——框架初显

NGSO 星座的第一次发展浪潮于 20 世纪 90 年代开始，到 2000 年前后达到高潮。国际电联针对 NGSO 星座的用频问题进行了大量技术研究和规则讨论，主要内容是新引入的 NGSO 星座如何充分保护 GSO 系统的安全用频，两者如何协同发展。经过 WRC - 95、WRC - 97、WRC - 2000 三届大会，最终在以下两方面进行了修改和补充：

在规则层面，采取的规则措施如下：

1）Radio Regulation（RR）引入 22.2 款，即 FSS、BSS 业务划分频段内，NGSO 系统须保护 GSO 系统；

2）为落实这一条款，RR 22.5 款中给出了单入 NGSO 系统 EPFD 限值（表 22-1A、22-1B、22-1C、22-1D、22-1E、22-2、22-3 等）。

在技术层面，考虑到需要解决计算某个 NGSO FSS 系统的 EPFD 是否符合规则限值的问题，以及相应的算法和开发相应软件工具应具有的功能需求与技术要求，制定形成了 ITU-R S.1503 建议书，并在其中对以上方面进行了详细阐述。该建议书于 2000 年 5 月发布，是 BR、各国主管部门及操作者开发相应软件的共同技术基础和执行资料申报、审查、协调等程序的依据。

上述规则的引入目的是保护 GSO 系统，同时也让后发展的 NGSO 系统有必要的频率资源可用，该条款适用范围内，GSO 系统拥有至高优先权。EPFD 限值为硬限值，NGSO 系统必须满足。该指标的引入和使用，使 NGSO 系统可以与 GSO 系统频率共用。

①上行 APFD 变为 EPFD

在 WRC-97 研究周期中，通过 APFD 限值对 NGSO 系统上行干扰进行约束，具体如图 6-11 所示。

S22.5D.1　The aggregate power flux - density is defined as the sum of the power flux - densities produced at a point in the geostationary - satellite orbit by all the earth stations of a non - geostationary - satellite system. The aggregate power flux - density is computed by means of the following formula：

$$\text{APFD} = 10\log_{10}\left[\sum_{i=1}^{Ne} 10^{P_i/10} \cdot \frac{G_t(\theta_i)}{4\pi d_i^2}\right]$$

where：

N_e： number of earth stations in the non - geostationary - satellite system with an elevation angle greater than or equal to $0°$, from which the point considered in the geostationary - satellite orbit is visible；

i： index of the earth station considered in the non - geostationary - satellite system；

P_i： RF power at the input of the transmitting antenna of the earth station considered in the non - geostationary - satellite system in dBW in the reference bandwidth；

θ_i： off - axis angle between the boresight of the earth station considered in the non - geostationary - satellite system and the direction of the point considered in the geostationary - satellite orbit；

$G_t(\theta_i)$： transmit antenna gain (as a ratio) of the earth station considered in the non - geostationary - satellite system in the direction of the point considered in the geostationary - satellite orbit；

d_i： distance in metres between the earth station considered in the non - geostationary - satellite system and the point considered in the geostationary - satellite orbit；

APFD： aggregate power flux - density in dB（W/m²）in the reference bandwidth.

图 6-11　国际电联关于 APFD 的定义

经过 WRC-2000 的讨论，将上行 APFD 限值改为 EPFD 限值，同时增加上行卫星接收参考天线方向图，见表 6-8。

②引入星间 EPFDis

在 WRC-2000 研究周期中，引入了星间 EPFDis 限值，直至 WRC-19 没有改变，见表 6-9。

表6-8　《无线电规则》表22-2演进情况

WRC-97				WRC-2000					WRC-03				
TABLE S22-2 TABLE S22-4 (WRC-97)				Limits to the EPFD↑ radiated by non-geostationary-satellite systems in the fixed-satellite service in certain frequency bands14					Limits to the EPFD↑ radiated by non-geostationary-satellite systems in the fixed-satellite service in certain frequency bands15				
Frequency band/GHz	Aggregate PFD/[dB(W/m²)]	Percentage of time during which aggregate PFD level may not be exceeded	Reference bandwidth/kHz	Frequency band/GHz	EPFD↑/[dB(W/m²)]	Percentage of time EPFD↑ level may not be exceeded	Reference bandwidth/kHz	Reference antenna beamwidth and reference radiation pattern15	Frequency band	EPFD↑[dB(W/m²)]	Percentage of time EPFD↑ level may not be exceeded	Reference bandwidth/kHz	Reference antenna beamwidth and reference radiation pattern16
									5 925~6 725 MHz	-183.0	100	4	1.5° Recommendation ITU-R S.672-4, Ls=-20
12.5~12.75	-170	100	4	12.50~12.75					12.5~12.75 GHz				
12.75~13.25	-186	100	4	12.75~13.25	-160	100	40	4° Recommendation ITU-R S.672-4, Ls=-20	12.75~13.25 GHz	-160	100	40	4° Recommendation ITU-R S.672-4, Ls=-20
13.75~14.5	-170	100	4	13.75~14.5					13.75~14.5 GHz				
17.3~18.1 (Regions 1 and 3) 17.8~18.1 (Region 2)	-163	100	4	17.3~18.1 (Regions 1 and 3) 17.8~18.1 (Region 2)	-160	100	40	4° Recommendation ITU-R S.672-4, Ls=-20	17.3~18.1 (Regions 1 and 3) 17.8~18.1 (Region 2)	-160	100	40	4° Recommendation ITU-R S.672-4, Ls=-20

续表

	WRC-97			WRC-2000				WRC-03			
27.5~28.6 and 29.5~30	-159	100	40	27.5~28.6	-162	100	40	27.5~28.6 GHz	-162	100	40
							1.55° Recommendation ITU-R S.672-4, Ls=-10				1.55° Recommendation ITU-R S.672-4, Ls=-10
	-145	100	1 000	29.5~30	-162	100	40	29.5~30 GHz	-162	100	40
							1.55° Recommendation ITU-R S.672-4, Ls=-10				1.55° Recommendation ITU-R S.672-4, Ls=-10

14 22.5D.2 In meeting these limits, the administrations intending to develop such systems shall ensure that the assignments appearing in the Plans of Appendices 30A and 30B will be fully protected. (WRC-2000)

15 22.5D.3 For this Table, reference patterns of Recommendation ITU-R S.672-4 shall be used only for the calculation of interference from non-geostationary-satellite systems in the fixed-satellite service into geostationarysatellite systems in the fixed-satellite service. For the case of Ls=-10, the values a=1.83 and b=6.32 shall be used in the equations in Annex 1 to Recommendation ITU-R S.672-4 for single-feed circular beams. In all cases of Ls, the parabolic main beam equation shall start at zero. (WRC-2000)

15 22.5D.2 In meeting these limits, the administrations intending to develop such systems shall ensure that the assignments appearing in the Plans of Appendices 30A and 30B will be fully protected. (WRC-2000)

16 22.5D.3 For this Table, reference patterns of Recommendation ITU-R S.672 4 shall be used only for the calculation of interference from non-geostationary-satellite systems in the fixed-satellite service into geostationary-satellite systems in the fixed-satellite service. For the case of Ls=-10, the values a=1.83 and b=6.32 shall be used in the equations in Annex 1 to Recommendation ITU-R S.672-4 for single-feed circular beams. In all cases of Ls, the parabolic main beam equation shall start at zero. (WRC-2000)

续表

WRC-97	WRC-2000	WRC-03
	16 22.5D.4 This EPFD↑ level also applies to the frequency band 17.3~17.8 GHz to protect broadcasting-satellite service feeder links in Region 2 from non-geostationary fixed-satellite service Earth-to-space transmissions in Regions 1 and 3. (WRC-2000)	17 22.5D.4 This EPFD level also applies to the frequency band 17.3～17.8 GHz to protect broadcasting-satellite service feeder links in Region 2 from non-geostationary fixed-satellite service Earth-to-space transmissions in Regions 1 and 3. (WRC-2000)

表 6 - 9　《无线电规则》表 22 - 3 演进情况

Limits to the epfdis radiated by non - geostationary - satellite systems in the fixed - satellite service in certain frequency bands19

Frequency band/GHz	epfdis/ $[dB(W/m^2)]$	Percentage of time during which epfdis level may not be exceeded	Reference bandwidth/kHz	Reference antenna beamwidth and reference radiation pattern
10.7~11.7 (Region 1) 12.5~12.75 (Region 1) 12.7~12.75 (Region 2)	-160	100	40	4° Recommendation ITU - R S. 672 - 4, Ls=-20
17.8~18.4	-160	100	40	4° Recommendation ITU - R S. 672 - 4, Ls=-20

22.5F.2 In meeting these limits, the administrations intending to develop such systems shall ensure that the assignments appearing in the feeder - link Plans of Appendix 30A will be fully protected. (WRC - 2000)

22.5F.3 In this Table, the reference pattern of Recommendation ITU R S. 672 - 4 shall be used only for the calculation of interference from non - geostationary - satellite systems in the fixed - satellite service into geostationary - satellite systems in the fixed - satellite service. In applying the equations of Annex 1 to Recommendation ITU R S. 672 - 4, the parabolic main beam equation shall start at zero. (WRC - 2000)

③下行 EPFD 限值修改

（a）对下行 GSO FSS 系统保护限值修改

在《无线电规则》第 22 条款中，有四张表格描述了下行 GSO FSS 系统保护限值，对应表 22 - 1 A～C 和表 22 - 1 E。其中，表 22 - 1 A～C 都是 1997 年提出的；2000 年进行了较大幅度修改，对参考带宽、GSO 卫星系统地球站天线口径及天线方向图、百分比取值及对应的 EPFD 限值进行了丰富和完善，之后就再没有修订过具体限值；2000—2003年仅更新了 GSO 卫星系统地球站天线方向图参考的建议书版本；至 WRC - 19 一直没有修订。表 22 - 1 E 是关于 C 频段的限值，于 2003 年提出，提出后至 WRC - 19 未修改。

考虑到低轨星座卫星随时间而变化的特性，2000 年采用建议书 ITU - R S. 1428，可适用于移动信源和接收机的天线，以取代 1997 年时的 ITU - R S. 465。与 ITU - R S. 465 相比，ITU - R S. 1428 的主要不同点如下：

1）明确天线效率，$D/\lambda \leqslant 100$ 时为 0.6，>100 时为 0.7；

2）修改 G_1 计算公式；

3）修改分段函数选点；

4）细化旁瓣描述。

下面选取天线口径为 90 cm 和 5 m 时，用 ITU - R S. 465 和 ITU - R S. 1428 分别作图，对比如图 6 - 12 和图 6 - 13 所示。而在 2003 年采用的 ITU - R S. 1428 - 1 版本中，多是一些文字性的改动，天线方向图和 ITU - R S. 1428 中一致，因此不再作图对比。《无线电规则》表 22 - 1A、表 22 - 1B 和表 22 - 1C 演进情况见表 6 - 10～表 6 - 12。

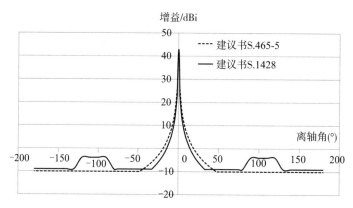

图 6 - 12　90 cm 口径天线 ITU - R S. 465 和 S. 1428 天线增益公式比较示意图

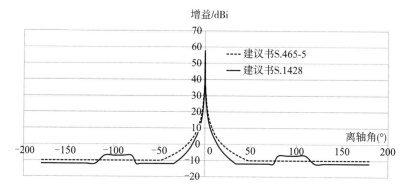

图 6 - 13　5 m 口径天线 ITU - R S. 465 和 S. 1428 天线增益公式比较示意图

（b）对下行 GSO BSS 系统保护限值修改

在《无线电规则》第 22 条款中，对下行 GSO BSS 系统保护限值只有一张表格 22 - 1D，于 1997 年提出，2000 年同样进行了较大幅度的修改（涉及参考带宽、GSO 卫星系统地球站天线口径及天线方向图、增加了百分比取值及对应的 EPFD 限值），之后分别于 2003 年、2007 年、2015 年更新了 GSO 卫星系统地球站天线方向图参考的建议书版本，其他并无修改。

2000 年新编建议书 ITU - R BO. 1443，以整合代替 1997 年时的 ITU - R BO. 1213（适用于 11.7～12.5 GHz in Region 1，11.7～12.2 GHz 和 12.5～12.75 GHz in Region 3）和 § 3.7.2 of Annex 5 of Appendix S30（适用于 12.2～12.7 GHz in Region 2）。主要改进点是大幅加强了天线旁瓣的抑制，并且对旁瓣变化描述得更准确。下面选取频段 12 GHz、天线口径为 90 cm 时，用 ITU - R BO. 1213 和 ITU - R BO. 1443，Annex 1 分别作图，对比如图 6 - 14 所示。选取频段 12.5 GHz、天线口径为 180 cm 时，用附录 30 的附件 5 中第 § 3.7.2 的天线增益公式和 ITU - R BO. 1443 附件 1 中的公式分别作图，对比如图 6 - 15 所示。《无线电规则》表 22 - 1D 演进情况见表 6 - 13。

表 6-10　《无线电规则》表 22-1A 演进情况

WRC-97

Frequency band/GHz	EPFD↓ /[dB(W/m²)]	Percentage of time during which equivalent PFD level may not be exceeded	Reference bandwidth/kHz	Reference antenna diameter, and reference radiation pattern
10.7~11.7; 11.7~12.2 (Region 2); 12.2~12.5 (Region 3); 12.5~12.75 (Regions 1 and 3)	−179	99.7	4	60 cm, Rec. ITU-R S.465-5
	−170	99.999		
	−170	100		
	−192	99.9	4	3 m, Rec. ITU-R S.465-5
	−186	99.97		
	−173	99.999		
	−170	100		
	−195	99.97	4	10 m, Rec. ITU-R S.465-5
	−178	99.999		
	−170	100		

WRC-2000

Frequency band/GHz	EPFD↓ /[dB(W/m²)]	Percentage of time during which EPFD↓ may not be exceeded	Reference bandwidth/kHz	Reference antenna diameter and reference radiation pattern
	−175.4	0	40	60 cm Recommendation ITU-R S.1428
	−174	90		
	−170.8	99		
	−165.3	99.73		
	−160.4	99.991		
	−160	99.997		
	−160	100		
10.7~11.7 (all Regions); 11.7~12.2 (Region 2); 12.2~12.5 (Region 3); 12.5~12.75 (Regions 1 and 3)	−181.9	0	40	1.2 m Recommendation ITU-R S.1428
	−178.4	99.5		
	−173.4	99.74		
	−173	99.857		
	−164	99.954		
	−161.6	99.984		
	−161.4	99.991		
	−160.8	99.997		
	−160.5	99.997		
	−160	99.999 3		
	−160	100		
	−190.45	0	40	3 m Recommendation ITU-R S.1428
	−189.45	90		
	−187.45	99.5		
	−182.4	99.7		
	−182	99.855		
	−168	99.971		
	−164	99.988		
	−162	99.995		
	−160	99.999		
	−160	100		
	−195.45	0	40	10 m Recommendation ITU-R S.1428
	−195.45	99		
	−190	99.65		
	−190	99.71		
	−172.5	99.99		
	−160	99.998		
	−160	100		

WRC-2003

Frequency band/GHz	EPFD↓ /[dB(W/m²)]	Percentage of time during which EPFD↓ may not be exceeded	Reference bandwidth/kHz	Reference antenna diameter and reference radiation pattern
	−175.4	0	40	60 cm ITU-R S.1428-1
	−174	90		
	−170.8	99		
	−165.3	99.73		
	−160.4	99.991		
	−160	99.997		
	−160	100		
10.7~11.7 (all Regions); 11.7~12.2 (Region 2); 12.2~12.5 (Region 3); 12.5~12.75 (Regions 1 and 3)	−181.9	0	40	1.2 m ITU-R S.1428-1
	−178.4	99.5		
	−173.4	99.74		
	−173	99.857		
	−164	99.954		
	−161.6	99.984		
	−161.4	99.991		
	−160.8	99.997		
	−160.5	99.997		
	−160	99.999 3		
	−160	100		
	−190.45	0	40	3 m ITU-R S.1428-1
	−189.45	90		
	−187.45	99.5		
	−182.4	99.7		
	−182	99.855		
	−168	99.971		
	−164	99.988		
	−162	99.995		
	−160	99.999		
	−160	100		
	−195.45	0	40	10 m ITU-R S.1428-1
	−195.45	99		
	−190	99.65		
	−190	99.71		
	−172.5	99.99		
	−160	99.998		
	−160	100		

表6-11　《无线电规则》表22-1B演进情况

1997年

Frequency band/GHz	EPFD↓/[dB(W/m²)]	Percentage of time during which EPFD↓ may not be exceeded	Reference bandwidth/kHz	Reference antenna diameter and reference radiation pattern
17.8~18.6	-165	99	40	30 cm, Rec.ITU-R S.465-5
	-165	100	40	
	-151	99	1000	
	-165	100	1000	
	-165	100	40	70 cm, Rec.ITU-R S.465-5
	-151	99	40	
	-151	100	1000	
	-165	100	1000	
	-165	99.5	40	90 cm, Rec.ITU-R S.465-5
	-151	100	40	
	-151	99.5	1000	
	-167	100	1000	
	-165	99.8	40	1.5 m, Rec.ITU-R S.465-5
	-153	100	40	
	-151	99.8	1000	
	-180	100	1000	
	-166	99.9	40	5 m, Rec.ITU-R S.465-5
	-151	100	1000	
	-184	99.9	40	7.5 m, Rec.ITU-R S.465-5
	-165	100	40	
	-170	99.9	1000	
	-151	100	1000	
	-188	99.9	40	12 m, Rec.ITU-R S.465-5
	-165	100	40	
	-174	99.9	1000	
	-151	100	1000	

2000年

Frequency band/GHz	EPFD↓/[dB(W/m²)]	Percentage of time during which EPFD↓ may not be exceeded	Reference bandwidth/kHz	Reference antenna diameter and reference radiation pattern
17.8~18.6	-175.4	0	40	1 m, Recommendation ITU-R S.1428
	-175.4	90	40	
	-172.5	99	40	
	-167	99.714	40	
	-164	99.971	40	
	-164	100	40	
	-161.4	0	1000	
	-161.4	90	1000	
	-158.5	99	1000	
	-153	99.714	1000	
	-150	99.971	1000	
	-150	100	1000	
	-178.4	0	40	2 m, Recommendation ITU-R S.1428
	-178.4	99.4	40	
	-171.4	99.9	40	
	-170.5	99.913	40	
	-166	99.971	40	
	-164	99.977	40	
	-164	100	40	
	-164.4	0	1000	
	-157.4	99.4	1000	
	-156.5	99.913	1000	
	-152	99.971	1000	
	-150	99.977	1000	
	-150	100	1000	
	-185.4	0	40	5 m, Recommendation ITU-R S.1428
	-185.4	99.8	40	
	-180	99.8	40	
	-172	99.943	40	
	-164	99.998	40	
	-164	100	40	
	-171.4	0	1000	
	-171.4	99.8	1000	
	-166	99.8	1000	
	-166	99.943	1000	
	-158	99.943	1000	
	-150	99.998	1000	
	-150	100	1000	

2003年

Frequency band/GHz	EPFD↓/[dB(W/m²)]	Percentage of time during which EPFD↓ may not be exceeded	Reference bandwidth/kHz	Reference antenna diameter and reference radiation pattern
17.8~18.6	-175.4	0	40	1 m, Recommendation ITU-R S.1428-1
	-175.4	90	40	
	-172.5	99	40	
	-167	99.714	40	
	-164	99.971	40	
	-164	100	40	
	-161.4	0	1000	
	-161.4	90	1000	
	-158.5	99	1000	
	-150	99.714	1000	
	-150	99.971	1000	
	-150	100	1000	
	-178.4	0	40	2 m, Recommendation ITU-R S.1428-1
	-178.4	99.4	40	
	-171.4	99.9	40	
	-170.5	99.913	40	
	-166	99.971	40	
	-164	99.977	40	
	-164	100	40	
	-164.4	0	1000	
	-157.4	99.9	1000	
	-156.5	99.913	1000	
	-152	99.971	1000	
	-150	99.977	1000	
	-150	100	1000	
	-185.4	0	40	5 m, Recommendation ITU-R S.1428-1
	-185.4	99.8	40	
	-180	99.8	40	
	-172	99.943	40	
	-164	99.998	40	
	-164	100	40	
	-171.4	0	1000	
	-171.4	99.8	1000	
	-166	99.8	1000	
	-166	99.943	1000	
	-158	99.943	1000	
	-150	99.998	1000	
	-150	100	1000	

表 6－12　《无线电规则》表 22－1C 演进情况

WRC-97

Frequency band/GHz	EPFD↓/[dB(W/m²)]	Percentage of time during which EPFD↓ may not be exceeded	Reference bandwidth/kHz	Reference antenna diameter and reference radiation pattern
19.7~20.2	-154	99	40	30 cm, Rec. ITU-R S.465-5
	-154	100	40	
	-140	99	1 000	
	-140	100	1 000	
	-164	99.9	40	90 cm, Rec. ITU-R S.465-5
	-154	100	40	
	-150	99.9	1 000	
	-140	100	1 000	
	-167	99.8	40	2 m, Rec. ITU-R S.465-5
	-154	99.8	40	
	-153	99.8	1 000	
	-140	100	1 000	
	-174	99.9	40	5 m, Rec. ITU-R S.465-5
	-154	100	40	
	-160	99.9	1 000	
	-140	100	1 000	

WRC-2000

Frequency band/GHz	EPFD↓/[dB(W/m²)]	Percentage of time during which EPFD↓ may not be exceeded	Reference bandwidth/kHz	Reference antenna diameter and reference radiation pattern
19.7~20.2	-187.4	0	40	70 cm, Recommendation ITU-R S.1428
	-182	71.429	40	
	-172	97.143	40	
	-154	99.983	40	
	-154	100	40	
	-173.4	0	1 000	
	-168	71.429	1 000	
	-158	97.143	1 000	
	-140	99.983	1 000	
	-140	100	1 000	
	-190.4	0	40	90 cm, Recommendation ITU-R S.1428
	-181.4	91	40	
	-170.4	99.8	40	
	-168.6	99.8	40	
	-165	99.943	40	
	-160	99.943	40	
	-154	99.997	40	
	-154	100	40	
	-176.4	0	1 000	
	-167.4	91	1 000	
	-156.4	99.8	1 000	
	-154.6	99.8	1 000	
	-151	99.943	1 000	
	-146	99.943	1 000	
	-140	99.997	1 000	
	-140	100	1 000	
	-196.4	0	40	2.5 m, Recommendation ITU-R S.1428
	-162	99.98	40	
	-154	99.999 43	40	
	-154	100	40	
	-182.4	0	1 000	
	-148	99.98	1 000	
	-140	99.999 43	1 000	
	-140	100	1 000	
	-200.4	0	40	5 m, Recommendation ITU-R S.1428
	-189.4	90	40	
	-187.8	94	40	
	-184	97.143	40	
	-175	99.886	40	
	-164.2	99.99	40	
	-154.6	99.999 2	40	
	-154	100	40	
	-186.4	0	1 000	
	-175.4	90	1 000	
	-173.8	94	1 000	
	-170	97.143	1 000	
	-161	99.886	1 000	
	-150.2	99.99	1 000	
	-140.6	99.999 2	1 000	
	-140	100	1 000	

WRC-2003

Frequency band/GHz	EPFD↓/[dB(W/m²)]	Percentage of time during which EPFD↓ may not be exceeded	Reference bandwidth/kHz	Reference antenna diameter and reference radiation pattern
19.7~20.2	-187.4	0	40	70 cm, Recommendation ITU-R S.1428-1
	-182	71.429	40	
	-172	97.143	40	
	-154	99.983	40	
	-154	100	40	
	-173.4	0	1 000	
	-168	71.429	1 000	
	-158	97.143	1 000	
	-140	99.983	1 000	
	-140	100	1 000	
	-190.4	0	40	90 cm, Recommendation ITU-R S.1428-1
	-181.4	91	40	
	-170.4	99.8	40	
	-168.6	99.8	40	
	-165	99.943	40	
	-160	99.943	40	
	-154	99.997	40	
	-154	100	40	
	-176.4	0	1 000	
	-167.4	91	1 000	
	-156.4	99.8	1 000	
	-154.6	99.8	1 000	
	-151	99.943	1 000	
	-146	99.943	1 000	
	-140	99.997	1 000	
	-140	100	1 000	
	-196.4	0	40	2.5 m, Recommendation ITU-R S.1428-1
	-162	99.98	40	
	-154	99.999 43	40	
	-154	100	40	
	-182.4	0	1 000	
	-148	99.98	1 000	
	-140	99.999 43	1 000	
	-140	100	1 000	
	-200.4	0	40	5 m, Recommendation ITU-R S.1428-1
	-189.4	90	40	
	-187.8	94	40	
	-184	97.143	40	
	-175	99.886	40	
	-164.2	99.99	40	
	-154.6	99.999 2	40	
	-154	100	40	
	-186.4	0	1 000	
	-175.4	90	1 000	
	-173.8	94	1 000	
	-170	97.143	1 000	
	-161	99.886	1 000	
	-150.2	99.99	1 000	
	-140.6	99.999 2	1 000	
	-140	100	1 000	

表6-13　《无线电规则》表22-1D演进情况

WRC-97

Frequency band allocated to the broadcasting satellite service	EPFD↓ /[dB(W/m²/4 kHz)]	Percentage of time during which EPFD↓ may not be exceeded	Antenna diameter /cm	Reference antenna radiation pattern	Frequency band/ GHz
11.7~12.5 GHz (Region 1); 11.7~12.5, 12.2 GHz, 12.5~12.75 GHz (Region 3)	−172.3	99.70%	30	ITU-R BO.1213	
	−169.3	100%	60		
	−183.3	99.70%	90		
	−170.3	100%			
	−186.8	99.70%			
	−170.3	100.00%			
12.2~12.7 GHz (Region 2)	−174.3	99.70%	45	§3.7.2 of Annex 5 of Appendix S30	
	−165.3	100.00%	100		
	−186.3	99.70%	120		
	−170.3	100.00%	180		
	−187.9	99.70%			
	−170.3	100.00%			
	−191.4	99.70%			
	−170.3	100.00%			
17.3~17.8 GHz (Region 2)		For further study*			

WRC-2000

EPFD↓ /[dB(W/m²)]	Percentage of time during which EPFD↓ may not be exceeded	Reference bandwidth /kHz	Reference antenna diameter and reference radiation pattern	Frequency band/GHz
−165.841	0	40	30 cm Recommendation ITU-R BO.1443, Annex 1	11.7~12.5 (Region 1); 11.7~12.2, 12.5~12.75 (Region 3); 12.2~12.7 (Region 2) (频段被合并了)
−165.541	25			
−164.041	96			
−158.6	98.857			
−158.6	99.429			
−158.33	99.429			
−158.33	100			
−175.441	0	40	45 cm Recommendation ITU-R BO.1443, Annex 1	
−172.441	66			
−169.441	97.75			
−164	99.357			
−160.75	99.809			
−160	99.986			
−160	100			
−176.441	0	40	60 cm Recommendation ITU-R BO.1443, Annex 1	
−173.191	97.8			
−167.75	99.371			
−162	99.886			
−161	99.943			
−160.2	99.971			
−160	99.997			
−160	100			

WRC-03

EPFD↓ /[dB(W/m²)]	Percentage of time during which EPFD may not be exceeded	Reference bandwidth /kHz	Reference antenna diameter and reference radiation pattern 2	Frequency band/GHz
−165.841	0	40	30 cm Recommendation ITU-R BO.1443-1, Annex 1	11.7~12.5 (Region 1);
−165.541	25			11.7~12.2, 12.5~12.75 (Region 3);
−164.041	96			12.2~12.7 (Region 2)
−158.6	98.857			
−158.6	99.429			
−158.33	99.429			
−158.33	100			
−175.441	0	40	45 cm Recommendation ITU-R BO.1443-1, Annex 1	
−172.441	66			
−169.441	97.75			
−164	99.357			
−160.75	99.809			
−160	99.986			
−160	100			
−176.441	0	40	60 cm Recommendation ITU-R BO.1443-1, Annex 1	
−173.191	97.8			
−167.75	99.371			
−162	99.886			
−161	99.943			
−160.2	99.971			
−160	99.997			
−160	100			

续表

WRC-97					WRC-2000					WRC-03				
Frequency band allocated to the broadcasting satellite service	EPFD↓ /[dB(W/m² · 4 kHz)]	Percentage of time during which EPFD↓ may not be exceeded	Antenna diameter /cm	Reference antenna radiation pattern	Frequency band/ GHz	EPFD↓ /[dB(W/ m²)]	Percentage of time during which EPFD↓ may not be exceeded	Reference bandwidth /kHz	Reference antenna diameter and reference radiation pattern	Frequency band/GHz	EPFD↓ /[dB(W/ m²)]	Percentage of time during which EPFD may not be exceeded	Reference bandwidth/ kHz	Reference antenna diameter and reference radiation pattern12
						−178.94	0				−178.94	0		
						−178.44	33				−178.44	33		
						−176.44	98				−176.44	98		
						−171	99.429		90 cm Recommendation ITU-R BO.1443, Annex 1		−171	99.429		90 cm Recommendation ITU-R BO.1443-1, Annex 1
						−165.5	99.714	40			−165.5	99.714	40	
						−163	99.857				−163	99.857		
						−161	99.943				−161	99.943		
						−160	99.991				−160	99.991		
						−160	100				−160	100		
						−182.44	0				−182.44	0		
						−180.69	90				−180.69	90		
						−179.19	98.9				−179.19	98.9		
						−178.44	98.9				−178.44	98.9		
						−174.94	99.5		120 cm Recommendation ITU-R BO.1443, Annex 1		−174.94	99.5		120 cm Recommendation ITU-R BO.1443-1, Annex 1
						−173.75	99.68				−173.75	99.68		
						−173	99.68	40			−173	99.68	40	
						−169.5	99.85				−169.5	99.85		
						−167.8	99.915				−167.8	99.915		
						−164	99.94				−164	99.94		
						−161.9	99.97				−161.9	99.97		
						−161	99.99				−161	99.99		
						−160.4	99.998				−160.4	99.998		
						−160	100				−160	100		

续表

WRC-97					WRC-2000					WRC-03			
Frequency band allocated to the broadcasting satellite service	EPFD↓/[dB(W/m²·4 kHz)]	Percentage of time during which EPFD↓ may not be exceeded	Antenna diameter/cm	Reference antenna radiation pattern	Frequency band/GHz	EPFD↓/[dB(W/m²)]	Percentage of time during which EPFD↓ may not be exceeded	Reference bandwidth/kHz	Reference antenna diameter and reference radiation pattern	Frequency band/GHz	EPFD↓/[dB(W/m²)]	Percentage of time during which EPFD may not be exceeded	Reference bandwidth/kHz	Reference antenna diameter and reference radiation pattern12
						-184.941	0				-184.941	0		
						-184.101	33				-184.101	33		
						-181.691	98.5				-181.691	98.5		
						-176.25	99.571	40	180 cm Recommendation ITU-R BO.1443-1, Annex 1		-176.25	99.571	40	180 cm Recommendation ITU-R BO.1443-1, Annex 1
						-163.25	99.946				-163.25	99.946		
						-161.5	99.974				-161.5	99.974		
						-160.35	99.993				-160.35	99.993		
						-160	99.999				-160	99.999		
						-160	100				-160	100		
						-187.441	0				-187.441	0		
						-186.341	33				-186.341	33		
						-183.441	99.25				-183.441	99.25		
						-178	99.786	40	240 cm Recommendation ITU-R BO.1443-1, Annex 1		-178	99.786	40	240 cm Recommendation ITU-R BO.1443-1, Annex 1
						-164.4	99.957				-164.4	99.957		
						-161.9	99.983				-161.9	99.983		
						-160.5	99.994				-160.5	99.994		
						-160	99.999				-160	99.999		
						-160	100				-160	100		
						-191.941	0				-191.941	0		
						-189.441	33				-189.441	33		
						-185.941	99.5				-185.941	99.5		
						-180.5	99.857	40	300 cm Recommendation ITU-R BO.1443-1, Annex 1		-180.5	99.857	40	300 cm Recommendation ITU-R BO.1443-1, Annex 1
						-173	99.914				-173	99.914		
						-167	99.951				-167	99.951		
						-162	99.983				-162	99.983		
						-160	99.991				-160	99.991		
						-160	100				-160	100		

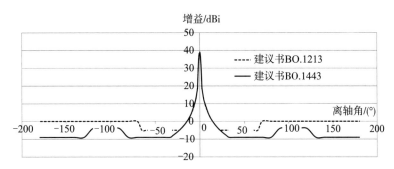

图 6 - 14　90 cm 口径天线 ITU - R BO. 1213 和 BO. 1443 天线增益公式比较示意图（见彩插）

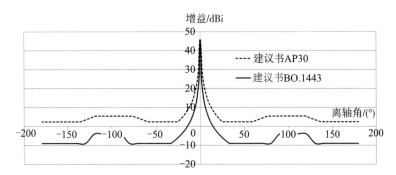

图 6 - 15　180 cm 口径天线 ITU - R BO. 1443 和 AP30 附件 5 天线增益公式比较示意图

（2）WRC - 2000—2015——热潮褪去

2000 年之后，随着铱星等系统先后破产，NGSO 通信星座热潮迅速褪去，反映到 ITU - R 研究组的研究进展方面，就是在相关规则和 EPFD 限值方面的研究进程都明显放缓。

在规则方面，2000 年后的 WRC 对 22.2 条款没有进行实质修改，2001 版、2004 版、2008 版、2012 版、2016 版和 2020 版的《无线电规则》在 22.2 条款的表述上只有一次修订，即在 WRC - 07 上增加了"NGSO 系统不得要求 GSO 系统保护"的陈述。

在 EPFD 限值方面，除了 WRC - 03 增加了 C 频段的相应限值，以及其他一些编辑性修改之外，并没有大的修改。

①引入 C 频段 EPFD

在 WRC - 03 研究周期（2001—2003 年）期间，提出了 C 频段的 EPFD 限值，该限值至今没有修改。《无线电规则》表 22 - 1E 演进情况见表 6 - 14。

表 6 - 14   《无线电规则》表 22 - 1E 演进情况

WRC - 03

Frequency band/MHz	EPFD↓ /[dB(W/m²)]	Percentage of time during which EPFD↓ may not be exceeded	Reference bandwidth/kHz	Reference antenna diameter and reference radiation pattern/m*
	−195.4	100	4	1.8
	−197.9	100	4	2.4
	−201.6	100	4	3.7
	−203.3	100	4	4.5
3 700~4 200	−204.5	100	4	5.5
	−207.5	100	4	8
	−208.5	100	4	10
	−212.0	100	4	15

注：* The associated reference radiation pattern is defined as follows：

(a) for values of $(D/\lambda) \geqslant 100$：

$$G(\varphi) = \begin{cases} G_{\max} - 2.5 \times 10^{-3}(D/\lambda)^2, & 0 \leqslant \varphi < \varphi_m \\ G_1, & \varphi_m \leqslant \varphi < \varphi_r \\ 29 - 25\log\varphi, & \varphi_r \leqslant \varphi < 20° \\ -3.5, & 20° \leqslant \varphi < 26.3° \\ 32 - 25\log\varphi, & 26.3° \leqslant \varphi < 48° \\ -10, & 48° \leqslant \varphi \leqslant 180° \end{cases}$$

(b) for values of $42 \leqslant (D/\lambda) < 100$：

$$G(\varphi) = \begin{cases} G_{\max} - 2.5 \geqslant 10^{-3}(D/\lambda)^2, & 0 \leqslant \varphi < \varphi_m \\ G_1, & \varphi_m \leqslant \varphi < 100(\lambda/D) \\ 29 - 25\log\varphi, & 100(\lambda/D) \leqslant \varphi < 20° \\ -3.5, & 20° \leqslant \varphi < 26.3° \\ 32 - 25\log\varphi, & 26.3° \leqslant \varphi < 48° \\ -10, & 48° \leqslant \varphi \leqslant 180° \end{cases}$$

②22.2 条款定稿

WRC - 07 对 22.2 条款的文字表述进行了修改，强调 "NGSO 系统不得要求 GSO 系统保护"，之后直至 WRC - 19 都没有再进行修订。关于 22.2 条款的修订历程具体见表 6 - 15。

表 6 - 15　《无线电规则》第一卷第 22.2 条款演进情况

WRC 时间	《无线电规则》版本	22 条款内容
WMARC - 74	1976 年	470VA　25. Non - geostationary space stations in the fixed - satellite shall cease or reduce to a negligible level radio emissions, and their associated earth stations shall not transmit to them whenever there is insufficient angular separation between the non - geostationary satellite and geostationary satellites and unacceptable interference to geostationary satellite space systems operating in accordance with these Regulations
WARC - 92	1994 年	2613　§ 2. Non - geostationary space stations shall cease or reduce to a negligible level their emissions, and their associated earth stations shall not transmit to them, whenever there is insufficient angular separation between non - geostationary satellites and geostationary satellites resulting in unacceptable interference1 to geostationary satellite space systems in the fixed - satellite service operating in accordance with these Regulations
WRC - 95	1996 年	S22.2　§ 2 Non - geostationary space stations shall cease or reduce to a negligible level their emissions, and their associated earth stations shall not transmit to them, whenever there is unacceptable interference to geostationary satellite space systems in the fixed - satellite service operating in accordance with these Regulations
WRC - 97	1998 年	S22.2　§ 2 1) Non - geostationary - satellite systems shall not cause unacceptable interference to geostationary - satellite systems in the fixed - satellite service and the broadcasting - satellite service operating in accordance with these Regulations
WRC - 07	2008 年	Non - geostationary - satellite systems shall not cause unacceptable interference to geostationary - satellite systems in the fixed - satellite service and the broadcasting - satellite service operating in accordance with these Regulations(WRC - 97) Non - geostationary - satellite systems shall not cause unacceptable interference to and, unless otherwise specified in these Regulations, shall not claim protection from geostationary - satellite networks in the fixed - satellite service and the broadcasting - satellite service operating in accordance with these Regulations. No. 5.43A does not apply in this case(WRC - 07)

（3）WRC - 19——卷土重来

随着卫星通信不断向更高频段发展，WRC - 15～WRC - 19 期间对 Q/V 频段 NGSO 系统对 GSO 系统保护限值进行了充分的讨论，形成了 22.5L、22.5M 条款和 770、769 决议。

22.5L　9) A non - geostationary - satellite system in the fixed - satellite service in the frequency bands 37.5～39.5 GHz (space - to - Earth), 39.5～42.5 GHz (space - to - Earth), 47.2～50.2 GHz (Earth - to - space) and 50.4～51.4 GHz (Earth - to - space) shall not exceed:

—a single - entry increase of 3% of the time allowance for the C/N value associated with the shortest percentage of time specified in the short - term performance objective of the generic[①] geostationary – satellite orbit reference links; and

—a single – entry permissible allowance of at most 3% reduction in time – weighted average spectral efficiency calculated on an annual basis for the generic geostationary – satellite orbit reference links using adaptive coding and modulation. (WRC – 19)

22.5M　10) Administrations operating or planning to operate non – geostationary – satellite systems in the fixed – satellite service in the frequency bands 37.5～39.5 GHz (space – to – Earth), 39.5～42.5 GHz (space – to – Earth), 47.2～50.2 GHz (Earth – to – space) and 50.4～51.4 GHz (Earth – to – space) shall ensure that the aggregate interference to geostationary – satellite FSS, MSS, and BSS networks caused by all non – geostationary – satellite FSS systems operating in these frequency bands does not exceed:

—an increase of 10% of the time allowance for the C/N value associated with the shortest percentage of time specified in the short – term performance objective of the generic geostationary – satellite orbit reference links; and

—a reduction of at most 8% in a calculated annual time – weighted average spectral efficiency for the generic geostationary – satellite orbit reference links using adaptive coding and modulation, taking into account that the methodology ensures that the degradation of time – weighted average spectral efficiency on each link is lower than the maximum permissible reduction,

for each generic geostationary – satellite orbit reference link in Annex 1 to Resolution770 (WRC – 19);

and:

—an increase of 10% of the time allowance for the C/N values associated with the short – term performance objectives of the supplemental geostationary – satellite orbit links; and

—a reduction of at most 8% in a calculated annual time – weighted average spectral efficiency for the supplemental geostationary – satellite orbit links associated with notified and brought into use frequency assignments using adaptive coding and modulation, taking into account that the methodology ensures that the degradation of time – weighted average spectral efficiency on each link is lower than the maximum permissible reduction.

Resolution769 (WRC – 19) shall also apply. (WRC – 19)

---

① 22.5L.1 Generic geostationary – satellite orbit reference links are comprised of parametric link budget parameters and are used for the purpose of determining the compliance of a non – geostationary – satellite system with respect to No. 22.5L. The generic geostationary – satellite orbit reference link parameters are found in Table 1 of Annex 1 to Resolution 770. (WRC – 19)

The procedures and methodologies specified in Resolution 770 (WRC – 19) shall be used for the calculations. The equivalent power flux – density levels from the non – geostationary – satellite FSS system should be derived using the most recent version of Recommendation ITUR S. 1503. (WRC – 19)

770 决议给出了在 Q/V 频段，NGSO 系统保护 GSO 系统时干扰计算的方法和流程，总结流程如图 6-16 所示。

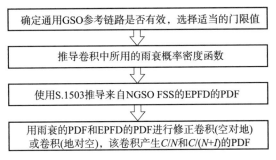

图 6-16　770 决议的计算流程

考虑到 Q/V 频段更高，受雨衰影响更大，上述干扰计算方法是将 GSO 参考链路在雨衰条件下的服务质量和在"干扰＋雨衰"条件下的服务质量进行比较，更加贴合 Q/V 频段特性。

6.3.4　EPFD 限值的未来发展方向

从整体研究过程和最终在规则中采纳的 EPFD 限值相关条款形式看，当前 EPFD 限值的确定隐含了制定过程中大量等效、简化的细节和假设前提，一方面是为了便于规则的操作实施，另一方面也是各方立场折中的结果，但许多假设已经不适用于现在 NGSO 星座典型场景，举例如下：

1）单入 EPFD 限值是基于 NGSO 系统最大有效数量为 3.5 个的假设前提得出的。而当前的 GSO 与 NGSO 频率共用中，该假设是否依然适用有待研究。

2）各 NGSO 卫星系统均占总干扰的 I/N（N 为同频段内可能产生时变干扰的等效系统数量），未考虑各 NGSO 系统间差异。这并不符合当前 NGSO 星座系统差异巨大的现状。

3）采用的 GSO 卫星系统地球站天线旁瓣模型（ITU-R S.1428-1）是基于一系列抛物面天线，需要进一步研究这些参考模型对于平面阵列天线的适用性。

在 WRC-19 以后，更多欧美操作者提出了针对 EPFD 限值的修改建议，其中 2021 年 1 月 CG-6 总结了上述建议，见表 6-16 和表 6-17。

表 6-16　研究报告状态代码说明

代码	报告状态说明
A	需要进一步研究讨论的观点，需要继续研究来判断该观点是否有价值
B	观点基本达成一致，但是具体细节需要进一步研究、讨论
C	成熟观点，具体实施路径需要进一步讨论
D	可直接实施的观点

表 6 - 17　EPFD 限值未来发展方向

序号	状态	研究方向	文档号	关键信息
1	[B]	同频 NGSO 通信链路间最小隔离角	Doc 4A/124 (CAN)	增加两个新的全部时间内均符合要求的隔离角数据,分别针对上行和下行 仅应用于满足最小仰角和最小 GSO 排除角限值的卫星
			Doc 4A/91 (USA)	与下行 EPFD 计算相关的修改描述
			Doc 4A/110 (G)	用一个用户数据执行最小隔离角策略
			Doc 4A/912/N10 (Previous cycle WP4A)	只考虑下行 考虑采用已有持续跟踪方法或者平行独立步骤的算法
2	[B]	能够被一个 NGSO 卫星追踪到的最大数量的同频 NGSO 地球站	Doc 4A/912/N10 (Previous cycle WP4A)	采用时变的 MAX_CO_FREQ_SAT 网络,输入文件格式 XML 在上行 EPFD 统计数据算法中,链路定义是多个 NGSO 地球站到 NGSO 卫星
3	[A]	EPFD↓NGSO 卫星选择方法	Doc 4A/110 (G)	增加一组 alpha 角概率函数,来描述 NGSO 卫星实际运行中是否符合 alpha 角要求,$p_i = \mathrm{Pr}\{\mathrm{alpha} \leqslant \mathrm{alpha}_i\}$ 在计算 NGSO 对 GSO 干扰的 EPFD 时,可以用这个新定义的函数来衡量
			Doc 4A/91 (USA)	在计算 NGSO 对 GSO 卫星产生的 EPFD 统计数据时,除了固定选择外,增加一个可选策略 搭建模型,利用方位角和俯仰角来定义一颗卫星的概率密度函数,以及 alpha 角随机选择策略
			Doc 4A/912/N10 (Previous cycle WP4A)	在计算 NGSO 对 GSO 卫星产生的 EPFD 统计数据时,除了固定选择外,增加一个可选策略 对建模时,基于方位角和俯仰角,采用用户定义概率密度函数的选星策略 针对建议书本身提出一些修改
			Doc 4A/166 (Multi)	在计算 NGSO 对 GSO 卫星产生的 EPFD 统计数据时,除了固定选择外,增加一个可选策略 提出一种建模的选择策略,利用定义连续时变特征的方法描述卫星概率密度函数 给出一些选择策略的算例,比如选择高仰角卫星、选择最长跟踪时间等

续表

序号	状态	研究方向	文档号	关键信息
4	[B]	EPFD↑中所用的 EIRP mask 定义	Doc 4A/124 (CAN)	应用非对称 mask 采用随指向变化的方向图 结合纬度、方位角、仰角、u、v① 定义天线边缘功率随参数变化的函数 分别考虑排除上下行区域的 AP4 数据
			Doc 4A/91 (USA)	应用非对称 mask 采用随指向变化的方向图 结合纬度、方位角、仰角、u、v 定义天线边缘功率随参数变化的函数
			Doc 4A/912/N10 (Previous cycle WP4A)	应用非对称 mask 采用随指向变化的方向图 结合纬度、方位角、仰角、u、v
5	[A]	计算上下行 EPFD 时考虑大气衰减	Doc 4A/124 (CAN)	使用建议书 ITU – R P.618 – 13 使用基于时间和可选卫星数量的可重复不可用度 不用于提供最大 EPFD 的 WCG 计算
			Doc 4A/91 (USA)	使用建议书 ITU – R P.618 – 13 研究建议书中均匀分布变量 p 的建模可用度
			Doc 4A/166 (Multi)	与 22.5C of RR 中在真空环境中计算不同,在计算上下行 EPFD 时考虑大气衰减 建议书 ITU – R S.1503 中包含传播损耗,同时需要修改决议 770
6	[A]	NGSO 操作者提供时变 EPFD 函数	Doc 4A/91 (USA)	对卫星天线主瓣产生的时变 PFD 函数进行建模 考虑采用已有持续跟踪方法或者平行独立步骤的算法 讨论第三方验证 PFD 符合性的可能性
			Doc 4A/912/N10 (Previous cycle WP4A)	对卫星天线主瓣进行可测量的、周期的、时变的 PFD 函数建模。此函数可以根据 PFD mask 确定 PFD 的减少 考虑采用已有持续跟踪方法或者平行独立步骤的算法
			Doc 4A/166 (Multi)	针对采用调频和时变波束指向等先进概念的时变 PFD,需要进一步研究,以及对实际应用进行验证,以保障对 GSO 的保护不降级
7	[A]	修改 S.1503 – 3 中 GSO FSS 和 BSS 参考天线增益方向图	Doc 4A/110 (G)	研究利用 GSO 天线离轴增益数据来替代建议书 Rec. ITU – R S.1428 中的常值 应用此方法计算 EPFD 统计值,但 WCG 计算中不用此方法,而是用建议书 ITU – R S.1428 中的值
			Doc 4A/166 (Multi)	建议书 ITU – R S.1503 – 3 中考虑离轴增益的方法和其他建议书、决议以及无线电规则(Appendices 30, 30B, Art 9.7, 11.32A etc.)一致

续表

序号	状态	研究方向	文档号	关键信息
8	[A]	从一个激活的 NGSO 卫星考虑最大 EPFD 下行值	Doc 4A/912/N10 (Previous cycle WP4A)	Active 一词描述 NGSO 的卫星是否正在与地面固定某点进行通信业务 在输入的 XML 文件中需要确定 MAX_ACTIVE_EPFD WCGA 只考虑 EPFD＜MAX_ACTIVE_EPFD 的地球站位置 EPFD 下行统计数据只包含 EPFD＜MAX_ACTIVE_EPFD 的算例
			Doc 4A/166 (Multi)	最大 EPFD 值不应作为软件的输入,因为这是由软件被输入操作参数后,通过软件中的函数计算出来的
9	[A]	考虑将地球建模为椭圆而非圆球	Doc 4A/124 (CAN)	需要进行更多高纬度地球站的建模
10	[B]	对下行 mask 定义的修改,尤其是"alpha－deltaLong"定义格式的一些模糊处,定义 EIRP 密度 mask	Doc 4A/124 (CAN)	研究如何修复针对一组给定的 alpha 和 delta－long,存在多种 PFD 值的情况 考虑当采用方位角和仰角定义时,EPFD 软件中内存溢出报错的可能性 研究通过 EIRP 密度 mask 来定义 NGSO 辐射功率的选项 可以减少 mask 尺寸 因为网格插入,可减少报错
11	[C]	为确保定义的一致性、不同概念的使用,对建议书中现有文本的修改	Doc 4A/124 (CAN)	Alpha 标志得不明确 Theta 和 phi 定义得不明确
12	[B]	最小 GSO 地球站仰角	Doc 4A/912/N10 (Previous cycle WP4A)	提出 GSO 地球站最低仰角 5° 在 WCGA 下行计算中,只有以仰角大于 5°指向 GSO 卫星的才是 WCG 下行计算中的可选项
13	[A]	带有倾角的 GSO 建模	N/A	WP4A 讨论时,在 9.7A/B 的分析中,考虑在软件中增加共线情况的建模

①由 (u,v) 坐标给出 EIRP 计算方向,其中,$u=\cos(仰角)\cdot\cos(方位角)$;$v=\cos(仰角)\cdot\sin(方位角)$。

6.4　EPFD 限值合理性研究

低轨卫星星座对 GSO 卫星的链路级频率干扰评估指标的定量研究始于 20 世纪 90 年代初,由美国摩托罗拉公司提出的铱星移动通信系统计划所引发。摩托罗拉公司于 1991 年开始向国际电联申报使用卫星固定业务的低轨卫星星座资料,由此引发国际电联着手开展相关规则体系的研究。截至目前,国际电联发布的以及低轨卫星星座国际协调过程中常用的链路级干扰评估指标聚焦在 EPFD 和干扰噪声比(I/N)。

EPFD 及 I/N 作为低轨星座系统与 GSO 卫星系统之间干扰判定的常用准则，在国内外学者所开展的研究中被广泛使用。对于规定有 EPFD 限值的频段，低轨星座必须符合 EPFD 限值，以满足无条件保护 GSO 卫星系统的要求，并且只有满足 EPFD 限值才能通过国际电联的技术检查，否则将做删除处理。

对于尚未规定 EPFD 限值的频段，例如铱星馈电链路的使用频段，低轨星座系统与 GSO 卫星系统之间按照向国际电联申报卫星网络的先后次序实施协调程序。针对这些频段，目前国际电联并没有明确规定低轨星座系统与 GSO 卫星系统之间是否存在潜在有害干扰的判定标准。在国内外卫星操作者开展频率干扰分析时，既可以借鉴相邻频段规定的 EPFD 限值作为判定有害干扰的依据，也可以选择 I/N 限值。那么，探究两种限值对于干扰评估结果的具体影响就显得非常重要。只有追本溯源地摸清 EPFD 限值和 I/N 限值的确定方法及假设前提，才能帮助低轨卫星星座在实际应用中合理选择对 GSO 卫星的同频干扰评估指标。

6.4.1　对 GSO 系统干扰指标—— S.1323 方法 B

（1）计算方法

S.1323 中方法 B 给出了考虑长期干扰容限时，NGSO 对 GSO 系统单入干扰的计算标准流程和方法，可作为 NGSO 系统操作者与 GSO 系统协调依据。

如果同时有 n 个干扰源对系统同频段造成干扰，则每个系统造成的干扰应该少于 10% 可容忍时间百分比的 $1/n$，即每个干扰源对系统的影响是独立分开的，为每个系统对被干扰系统的干扰情况。

如图 6-17 所示，干扰限值曲线分为三段，分别是长期干扰限值 $I_{\text{long-term}}$、短期干扰限值 I_{BER}、失去同步限值 $I_{\text{bit-sync}}$。

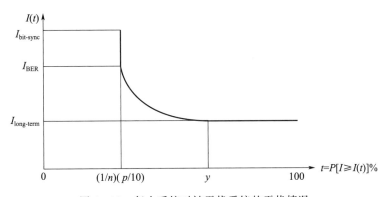

图 6-17　每个系统对被干扰系统的干扰情况

首先定义单个系统的干扰衰减为

$$y_{\text{SE}} = 10\log Y \tag{6-3}$$

$$Y = 1 + I/N_T \tag{6-4}$$

然后确定 GSO 系统限值要求，见表 6-18。

表 6 - 18　Methodology B 输入

变量	含义
$(C/N)_{cs}$	晴空状态下 C/N
$(C/N)_t$	低于此值业务不可用
$(C/N)_{\text{bit-sync}}$	失同步限值
p	低于 $(C/N)_t$ 门限的可允许时间百分比，即系统不可用度
n	NGSO 系统个数，假设 $n = 3.5$
x	长期总干扰占总噪声的百分比，假设 $x = 6\%$
y	长期干扰时间百分比，假设 $y = 10\%$

计算步骤如下：

第一步：计算系统总衰减为

$$Z_t = (C/N)_{cs} - (C/N)_t \tag{6-5}$$

第二步：计算 BER 要求的干扰容限为

$$P(y_{\text{SE}} \geqslant Z_t) \leqslant (1/n)(p/10) \tag{6-6}$$

$$P\{I \geqslant [10\char`^(Z_t/10) - 1]N_T\} \leqslant (1/n)(p/10) \tag{6-7}$$

第三步：计算同步性要求的干扰容限为

$$Z_{\text{bit-sync}} = Z_t + Z_s \tag{6-8}$$

$$P(y_{\text{SE}} \geqslant Z_{\text{bit-sync}}) = 0 \tag{6-9}$$

$$P\{I \geqslant [10\char`^(Z_{\text{bit-sync}}/10) - 1]N_T\} = 0 \tag{6-10}$$

第四步：计算长期要求的干扰容限为

$$P\{y_{\text{SE}} \geqslant 10\log[1 + x/(100n)]\} \leqslant y \tag{6-11}$$

$$P[I \geqslant (x/100n)N_T] \leqslant y \tag{6-12}$$

第五步：计算单个干扰的容限为

$$I(t) = \begin{cases} I_{\text{bit-sync}} \\ I_{\text{BER}} - (I_{\text{BER}} - I_{\text{long-term}})\dfrac{\log(t) - \log[(1/n)(p/10)]}{\log(y) - \log[(1/n)(p/10)]} \\ I_{\text{long-term}} \end{cases}$$

$$\begin{aligned} & 0 \leqslant t < (1/n)(p/10) \\ & (1/n)(p/10) \leqslant t < y \\ & y \leqslant t < 100 \end{aligned} \tag{6-13}$$

式（6-13）中的变量和含义见表 6-19。

表 6 - 19　公式中的变量和含义

变量	含义
$I(t)$	干扰功率/dBW
t	时间百分比

续表

变量	含义
$I_{\text{bit-sync}}$	$10\log\{[10^\wedge((Z_t+Z_s)/10)-1]N_T\}$
I_{BER}	$10\log\{[10^\wedge(Z_t/10)-1]N_T\}$
$I_{\text{long-term}}$	$10\log\{[x/(100n)]N_T\}$

同时，此限值可转换为 I/N 限值，噪声功率的计算公式为

$$N=10\log(kT_{\text{sys}}B) \tag{6-14}$$

式（6-14）中的变量和含义见表 6-20。

表 6-20　公式中的变量和含义

变量	含义
k	玻耳兹曼常数($1.380\ 7\times10^{-23}$ J/K)
B	载波带宽
T_{sys}	系统噪声温度/K

（2）不同 C/N 对 I/N 限值的影响

通过上一小节对 S.1323 方法 B 的描述，可确认 I/N 门限与 GSO 系统三个 C/N 有关，本节对三个 C/N 与 I/N 限值的关系进行分析，以一组基准门限为例，改变其中一个 C/N 门限，其他两个 C/N 门限不变，分析对 I/N 门限的影响。几组 C/N 门限选取的组合见表 6-21。

表 6-21　几组 C/N 门限选取的组合

	$(C/N)_{cs}$	$(C/N)_t$	$(C/N)_{\text{bit-sync}}$
基准	18.7	10.1	-7
改变 $(C/N)_{\text{bit-sync}}$	18.7	10.1	-3
改变 $(C/N)_t$	18.7	15	-7
改变 $(C/N)_{cs}$	16	10.1	-7

图 6-18～图 6-20 分别展示了改变某一个 C/N 门限与基准 C/N 门限对比的情况。可以看出，改变 $(C/N)_{\text{bit-sync}}$ 对 I/N 限值右段有影响，改变 $(C/N)_t$ 对限值中段有影响，改变 $(C/N)_{cs}$ 对限值中段及右段有影响。限值左段仅与长期限值取值有关，与三个 C/N 限值无关。

从图 6-18～图 6-20 也可以看出，$(C/N)_{cs}$ 和 $(C/N)_t$ 之间的差值越小，I/N 限值要求越严格，图 6-21 将 $(C/N)_{cs}$ 和 $(C/N)_t$ 之间的差值变为 1 dB，可以看出，I/N 限值中段完全由 $(C/N)_{cs}$ 和 $(C/N)_t$ 之间的差值决定，I/N 限值右段由 $(C/N)_{cs}$ 和 $(C/N)_{\text{bit-sync}}$ 差值决定。

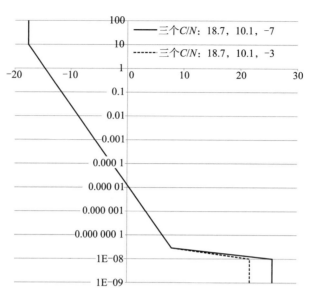

图 6-18　基准 C/N 与改变 $(C/N)_{\text{bit-sync}}$ 对比（见彩插）

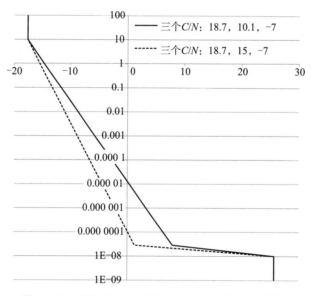

图 6-19　基准 C/N 与改变 $(C/N)_t$ 对比（见彩插）

6.4.2　EPFD 与 I/N 的换算关系——S.1323 附件 4

S.1323 附件 4 提供了通过方法 B 计算 EPFD 的流程。图 6-22 给出了 EPFD↓ 与 I/N 换算关系的示意图。公式为

$$\text{EPFD}_{\downarrow} = 10\log\left(\frac{I_e}{N_e}\right) - G_{e\max} + 10\log(T_e) + 10\log(B) + G(1\text{ m}^2) - 228.6$$

$$(6-15)$$

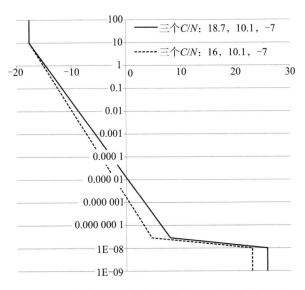

图 6 - 20　基准 C/N 与改变 $(C/N)_{cs}$ 对比（见彩插）

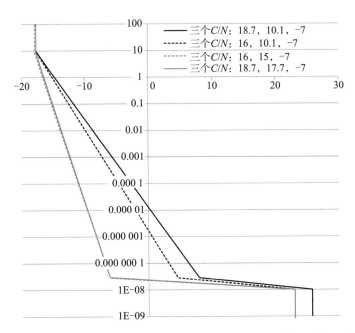

图 6 - 21　$(C/N)_{cs}$ 和 $(C/N)_t$ 之间差值变小，对 I/N 限值的影响（见彩插）

图 6 - 23 给出了 EPFD↑与 I/N 换算关系的示意图。公式为

$$\text{EPFD}\uparrow = 10\log\left(\frac{I_s}{N_s}\right) - G_s + 10\log(T_s) + 10\log(B) + G(1 \text{ m}^2) - 228.6 \quad (6 - 16)$$

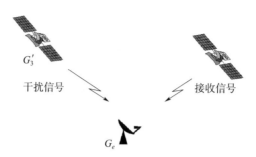

图 6 - 22　EPFD↓ 与 I/N 换算关系的示意图

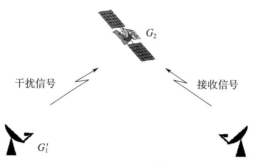

图 6 - 23　EPFD↑ 与 I/N 换算关系的示意图

6.4.3　EPFD 限值与 I/N 限值的对比分析

由于国际电联在制定 EPFD 限值时考虑了大量等效、简化的细节及假设前提，为了验证 EPFD 限值是否合理，将被保护卫星系统的 I/N 门限作为基线，在找到 NGSO 卫星系统满足 EPFD 限值的场景之后，逐步增加 NGSO 卫星发射功率，直至找到超出 EPFD 限值的场景，统计此时 NGSO 卫星系统对 GSO 卫星系统的 I/N 数值，再依据 S.1323 建议书的 Methodology B 找出 I/N 长期和短期干扰门限指标，与上述超出 EPFD 限值场景时 I/N 数值进行比对。

表 6 - 22～表 6 - 25 给出了在对比分析过程中涉及的系统仿真参数设置情况。

表 6 - 22　地球系统参数

参数名称	参数值	参数单位
地球半径	$R_e = 6\,378.145$	km
对地静止轨道半径	$R_{gso} = 42\,164.2$	km
万有引力常数	$\mu = 3.986\,012 \times 10^5$	km³/s²
光速	$c = 2.997\,924\,58 \times 10^5$	km/s
地球自转角速度	$\omega_e = 4.178\,074\,582\,3 \times 10^{-3}$	(°)/s
地球自转周期	$T_e = 86\,164.090\,54$	s
地球非球形因子	$J_2 = 0.001\,082\,636$	—

表 6 - 23　EPFD 下行系统配置参数

参数名称	参数值	参数单位
频率	$f = 18$	GHz
参考带宽	REFBW	kHz
EPFD 下行点数	NEPFD_DOWN	—
EPFD 下行阵列	EPFD_DOWN[I]	$dB(W/m^2/BW_{ref})$
EPFD 下行百分比	PC[I]	%

GSO 卫星系统地球站接收天线增益图参考 ITU - R S. 1428 - 1。

表 6 - 24　EPFD 下行 GSO 系统参数

参数名称	参数值	参数单位
GSO 卫星经度	GSO_Long＝113.893	(°)
GSO 卫星高度	R_GSO＝42 164.2	km
GSO 卫星系统地球站纬度	GES_Lat(0～70 N)	(°)
GSO 卫星系统地球站经度	GES_Long＝116	(°)
GSO 卫星系统地球站天线尺寸	$D = 1$	m
GSO 卫星系统地球站天线增益	GSO_ES_PATTERN	见 ITU - R S. 1503 中 D6.5 节

时间步长为 5 s，时间步长个数为 20 000 点。

表 6 - 25　EPFD 下行运行时间参数

参数名称	参数值	参数单位
时间步长	$T = 5$	s
时间步长个数	$N_{min} = 20\ 000$	—

（1）场景一：NGSO 卫星系统是 120 星倾斜轨道（表 6 - 26）

NGSO 卫星发射天线增益图参考 ITU - R S. 1528 - 0。

表 6 - 26　120 星倾斜轨道 EPFD 下行 NGSO 系统参数

参数名称	参数值	参数单位
NGSO 卫星数目	120	个
NGSO 轨道面数	12	个
NGSO 卫星轨道倾角	Incline＝52	(°)
NGSO 卫星轨道半长轴	$a = 7\ 528.137$	km
NGSO 卫星升交点赤经	sat_pos$\{i, idx\_i\}$.RAAN	弧度
NGSO 卫星真近地点角	sat_pos$\{i, idx\_i\}$.w	弧度
NGSO 卫星天线图	LEO_G	参考 ITU - R. S. 1528 - 0 1.3
NGSO 卫星天线发射峰值增益	25	dB
NGSO 卫星天线发射功率	P_LEO_40 kHz＝－27	dBW/40 kHz
最小可视仰角	10	(°)
排他角	6/8.8/10	(°)

　　图 6-24 和图 6-25 分别给出了倾斜轨道星座（120 颗）对静止轨道卫星的下行链路按照不同干扰评估指标计算得到的干扰情况。可以看到，随着排他角增大，干扰信号逐渐变弱直至满足或逼近 EPFD 限值。当静止轨道链路实际保护门限要求较低，低于当初确定EPFD 限值所选择的典型链路的保护门限时，存在干扰信号不满足 EPFD 限值但满足 I/N 限值的情况。

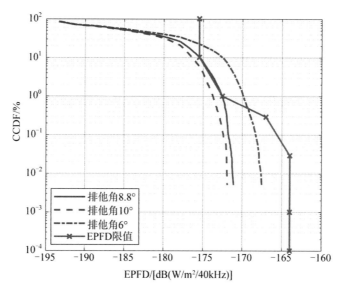

图 6-24　倾斜轨道星座采用 EPFD 限值的干扰判定结果（地面站天线口径 1 m）

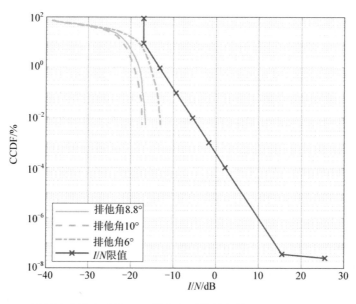

图 6-25　倾斜轨道星座采用 I/N 限值的干扰判定结果（地面站天线口径 1 m）

（2）场景二：NGSO 卫星系统是 70 星极地轨道（表 6 - 27）

NGSO 卫星发射天线增益图参考 ITU - R S. 1528 - 0。

表 6 - 27　70 星极地轨道 EPFD 下行 NGSO 系统参数

参数名称	参数值	参数单位
NGSO 卫星数目	40	个
NGSO 轨道面数	7	个
NGSO 卫星轨道倾角	Incline＝88	(°)
NGSO 卫星轨道半长轴	$a = 7\,528.137$	km
NGSO 卫星升交点赤经	sat_pos{i,idx_i}. RAAN	弧度
NGSO 卫星真近地点角	sat_pos{i,idx_i}. w	弧度
NGSO 卫星天线图	LEO_G	参考 ITU - R. S. 1528 - 0 1. 3
NGSO 卫星天线发射峰值增益	25	dB
NGSO 卫星天线发射功率	P_LEO_40 kHz＝－27	dBW/40 kHz
最小可视仰角	10	(°)
排他角	8/21/35/50	(°)

图 6 - 26 和图 6 - 27 分别给出了极地轨道星座（70 颗）对静止轨道卫星的下行链路按照不同干扰评估指标计算得到的干扰情况。可以看到，随着排他角增大，干扰信号逐渐变弱直至满足或逼近 EPFD 限值。当静止轨道链路实际保护门限要求较低，低于当初确定 EPFD 限值所选择的典型链路的保护门限时，存在干扰信号不满足 EPFD 限值但满足 I/N 限值的情况。

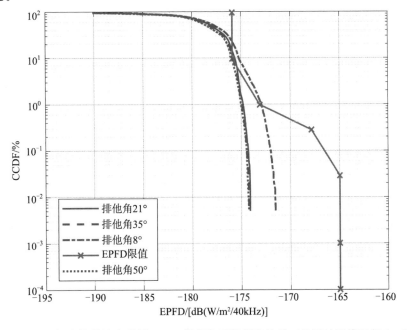

图 6 - 26　极地轨道星座采用 EPFD 限值的干扰判定结果（地面站天线口径 1 m）

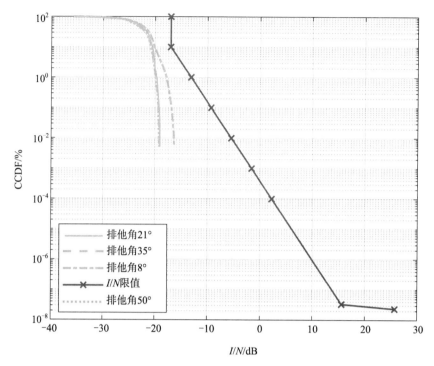

图 6-27　极地轨道星座采用 I/N 限值的干扰判定结果（地面站天线口径 1 m）

6.4.4　EPFD 限值修改建议

（1）建议一

由于 EPFD 限值制定初期，按照所有参考 GSO 链路中最差链路制定 EPFD 限值，因此 EPFD 限值在与 GSO 卫星操作者协调时对 NGSO 操作者较为严苛。

建议未来与 GSO 卫星操作者协调时，基于本项目研究方法及结论，详细了解三个 C/N 门限，使用 S.1323-2 方法 B 基于 I/N 进行评估，与 EPFD 限值方法进行比较，选取对于 NGSO 操作者更有利的限值进行协调。

（2）建议二

针对雨衰对链路衰减影响较大的频段（Ka、Q/V），建议采用决议 770 的方法步骤。在 S.1323-2 中有一个假设前提条件："Assumption 4：This analysis assumes that，during a fading event，the wanted carrier is attenuated but the interfering carrier is not. This assumption results in some over-estimation of the total downlink degradation under circumstances where interference peaks and downlink fading occur simultaneously。" 这个假设是说，当在有衰减的场景下，受扰信号减去了衰减的影响，但是施扰信号并没有减去，这就对施扰信号的干扰进行了过量的估计。

图 6-28 显示了雨衰随频率变化的情况。当频段较低，如 Ku 频段，雨衰对链路衰减的影响较小，而当频段升高，如 Ka 和 Q/V 频段，雨衰对链路衰减的影响不可忽视，采用 1323-2 的方法评估施扰信号的衰减就会出现过量估计的现象。

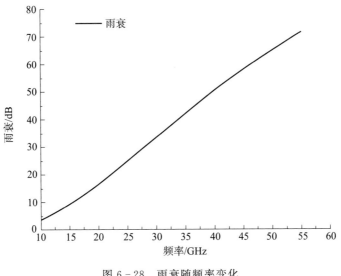

图 6 - 28　雨衰随频率变化

由图 6 - 29 可以看出，在国际电联建议书 S. 1323 - 2 考虑的前提条件下，施扰信号 I 被过量估计，而国际电联在 WRC - 19 讨论并形成的针对 Q/V 频段 NGSO 星座保护 GSO 卫星的决议 770，则对施扰信号和受扰信号基于实际工作时受雨衰的影响进行了更加真实的估计，如图 6 - 29 所示。因此，针对雨衰对链路衰减影响较大的频段（例如 Ka、Q/V 频段），建议采用决议 770 的方法来评估 NGSO 星座系统的干扰程度。

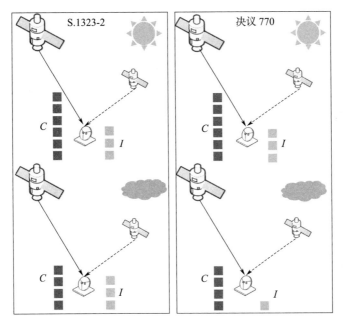

图 6 - 29　S. 1323 - 2 和决议 770 对比

6.5　低轨星座对 GSO 卫星的干扰规避策略

　　由于《无线电规则》从规则的角度限定了 NGSO 卫星系统必须对 GSO 系统进行避让，但并没有具体规定系统之间的兼容共用方法。因此各 NGSO 卫星操作者开展了各种研究，以避免对 GSO 系统的干扰。典型的有 OneWeb 公司提出的渐进倾斜技术，当 OneWeb 卫星用户站、OneWeb 卫星和 GSO 卫星处于一条直线时，存在 OneWeb 用户干扰 GSO 卫星的可能，如图 6 - 30 和图 6 - 31 所示。但 OneWeb 网络要求用户站与 LEO 卫星的仰角要大于 50°，因此干扰只会发生在距离赤道较近的地方。这个概念广泛用于全球各低轨座系统的规避理念中，尽管实现方式各有不同，但基本思路都是一致的。

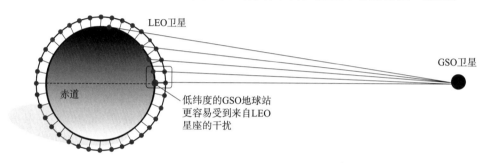

图 6 - 30　OneWeb 卫星与 GSO 卫星干扰模型示意图

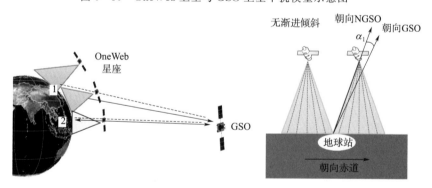

(a) NGSO卫星姿态始终指向地心情况

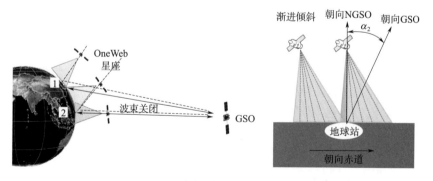

(b) NGSO卫星姿态施加渐进倾斜干扰规避策略情况

图 6 - 31　OneWeb 卫星与 GSO 卫星兼容运行示意图

第7章　NGSO 星座之间的频率干扰研究

7.1　低轨星座系统间的干扰场景

自 2019 年 5 月首批 60 颗"星链"卫星发射成功以来，SpaceX 公司已累计发射 4 940 颗"星链"卫星，在轨运行 4 500 余颗，一代星链已经部署完成，二代星链 Mini 版卫星也在紧锣密鼓的发射当中，目前已发射 220 颗。在这样的大批量部署下，近地空间的卫星频率和轨道资源日益拥挤，卫星无线电频率的干扰问题将会频繁发生，形势非常严峻。基于以上背景，近年来，大规模 NGSO 卫星系统间频率兼容问题成为全球的研究热点，在国际电联层面的研究也层出不穷。但总体说来，与 NGSO 和 GSO 之间的兼容分析研究相比，目前国际上有关低轨卫星系统兼容分析和干扰规避理论研究基础都较为薄弱，尚未形成全球统一标准的兼容分析和评估方法。

两个及以上低轨星座系统间兼容共存场景分为 NGSO 星座系统 1 卫星干扰 NGSO 星座系统 2 地球站、NGSO 星座系统 1 地球站干扰 NGSO 星座系统 2 卫星、NGSO 星座系统 1 卫星干扰 NGSO 星座系统 2 卫星、NGSO 星座系统 1 地球站干扰 NGSO 星座系统 2 地球站，干扰场景分别如图 7-1～图 7-4 所示。国际电联、卫星操作者、高校及研究院所进行的研究不论是系统间干扰分析方法的研究，还是干扰评价标准研究，或是动态共用共存案例，两个及以上低轨星座系统间的干扰分析都逃不出这四类场景。

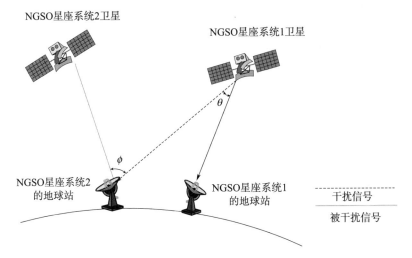

图 7-1　两个及以上低轨星座系统间下行干扰场景示意图

NGSO 星座系统 1 卫星干扰 NGSO 星座系统 2 地球站场景如图 7-1 所示。此场景两个 NGSO 系统都是下行，NGSO 星座系统 1 卫星向其地球站发射信号，同频干扰信号落入 NGSO 星座系统 2 的地球站，NGSO 星座系统 2 的地球站受到干扰。

　　NGSO 星座系统 1 地球站干扰 NGSO 星座系统 2 卫星场景如图 7-2 所示。此场景两个 NGSO 系统都是上行，NGSO 星座系统 1 的地球站向其卫星发射信号，同频干扰信号落入 NGSO 星座系统 2 的卫星，NGSO 星座系统 2 的卫星受到干扰。

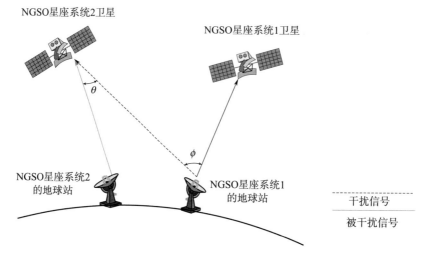

图 7-2　两个及以上低轨星座系统间上行干扰场景示意图

　　NGSO 星座系统 1 卫星干扰 NGSO 星座系统 2 卫星场景如图 7-3 所示。此场景 NGSO 星座系统 1 是下行，NGSO 星座系统 2 是上行，NGSO 星座系统 1 卫星向其地球站发射信号，同频干扰信号落入 NGSO 星座系统 2 的卫星，NGSO 星座系统 2 的卫星受到干扰。

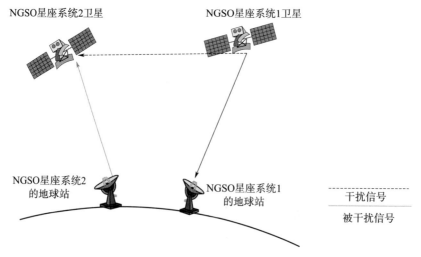

图 7-3　两个及以上低轨星座系统间下行干扰场景示意图（同频反向）

　　NGSO 星座系统 1 地球站干扰 NGSO 星座系统 2 地球站场景如图 7-4 所示。此场景 NGSO 星座系统 1 是上行，NGSO 星座系统 2 是下行，NGSO 星座系统 1 的地球站向其卫星发射信号，同频干扰信号落入 NGSO 星座系统 2 的地球站，NGSO 星座系统 2 的地球站受到干扰。

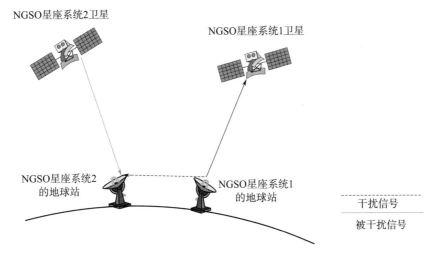

图 7 - 4　两个及以上低轨星座系统间上行干扰场景示意图

7.2　低轨星座系统间干扰分析方法

7.2.1　《无线电规则》的相关规定

根据《无线电规则》第 5.484A 款："卫星固定业务的非对地静止卫星系统使用 $10.95 \sim 11.2\,\mathrm{GHz}$（空对地）、$11.45 \sim 11.7\,\mathrm{GHz}$（空对地）、$11.7 \sim 12.2\,\mathrm{GHz}$（空对地）（2 区）、$12.2 \sim 12.75\,\mathrm{GHz}$（空对地）（3 区）、$12.5 \sim 12.75\,\mathrm{GHz}$（空对地）（1 区）、$13.75 \sim 14.5\,\mathrm{GHz}$（地对空）、$17.8 \sim 18.6\,\mathrm{GHz}$（空对地）、$19.7 \sim 20.2\,\mathrm{GHz}$（空对地）、$27.5 \sim 28.6\,\mathrm{GHz}$（地对空）和 $29.5 \sim 30\,\mathrm{GHz}$（地对空）各频段，应按照第 9.12 款的规定与卫星固定业务其他非对地静止卫星系统进行协调。不论 BR 何时收到卫星固定业务非对地静止系统完整的协调资料或通知资料，或不论何时收到对地静止卫星网络的完整协调或通知资料，卫星固定业务的非对地静止卫星系统均不得要求来自对地静止卫星网络的干扰保护，且 5.43A 款不适用。操作上述频段内的卫星固定业务非对地静止卫星系统时，如在操作期间产生任何不可接受的干扰，须迅速予以消除。"对于开启协调的门限或者条件，在《无线电规则》的附录 5 的表 5 - 1 中规定为"频率重叠"，评定方法为"通过使用指配的频率和带宽进行核对"。

以上条款从规则的角度规定了在 Ku 和 Ka 等频段，NGSO 卫星系统之间只要使用了相同的频段，就需要开展系统间的频率协调，并且不得要求来自 GSO 系统的干扰保护。但至于如何开展频率协调，也就是干扰评估算法、干扰评估体系等，在《无线电规则》中没有具体给出。

7.2.2　电联建议书的研究

尽管在《无线电规则》中没有给出具体的 NGSO 卫星系统间的干扰分析方法，但在国际电联标准体系中已经有数篇针对低轨星座系统间无线电兼容算法的建议书，从不同的维度提出了关于低轨星座系统的干扰分析方法。

以下将对国际电联相关建议书进行介绍。

（1）ITU – R S. 1257

建议书 ITU – R S. 1257 的题目为《从地球表面一点观察的非地球静止轨道卫星的短期可视性计算和干扰统计特性的分析方法》。从建议书中给出的分析结果显示，此方法给出的卫星位置概率与轨道外推获取的结果几乎一致。同时，该建议书也给出了卫星出现在空域中的平均时间等一系列参数的计算方法，为后续 S. 1529 通过概率方式完成干扰分析提供了理论基础。该建议书推导了卫星在某一确定空域中的出现概率及其规律，利用卫星分布概率的方式确定卫星在不同位置的出现概率，以此逼近概率分布/累计概率分布曲线，利用这种方法来计算 NGSO 系统对 GSO 系统的干扰，如图 7 – 5 所示。但使用概率方法也可以推出 NGSO 系统之间的干扰评估算法，并且基于可视空间的概念，在大型低轨星座之间的干扰仿真计算中更能体现出计算优势。

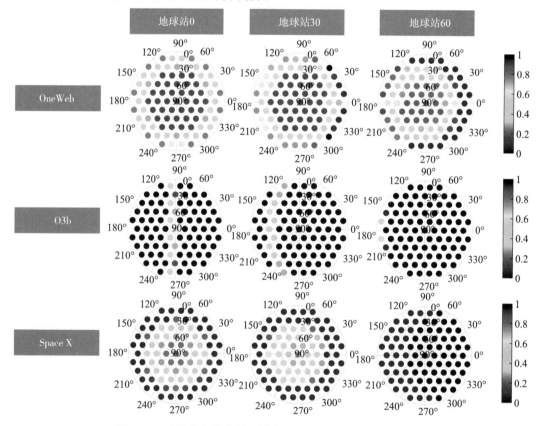

图 7 – 5　建议书中给出的不同纬度地球站可视空域卫星分布

（2）ITU‐R S.1529

建议书 ITU‐R S.1529 的题目为《NGSO FSS 系统与 NGSO FSS 系统以及 NGSO FSS 系统与 GSO FSS 系统间干扰数值分析方法》。该建议书完成于 2001 年，全文共 32 页，是一篇很重要的干扰分析方法建议书。NGSO 系统对 GSO 系统或者 NGSO 系统出现短时干扰的概率，很大程度上取决于这些卫星运行时的相对位置关系，而卫星的运行轨迹是遵从一定的规律的。有别于时域仿真，本建议书提取了运行于椭圆轨道的卫星的概率分布函数，对卫星同时出现在某一特定区域的概率进行了建模，从而得出了 NGSO 系统对其他系统的干扰概率。

（3）ITU‐R S.1325

建议书 ITU‐R S.1325 的题目为《同频、同向的圆轨道 NGSO FSS 系统之间或圆轨道 NGSO FSS 系统与 GSO FSS 系统之间短期干扰统计计算的仿真算法》。建议书的介绍详见第 6.2.1 节。

7.2.3　干扰分析方法总结

在 NGSO 星座卫星系统之间的干扰分析方法方面，《无线电规则》并没有具体约束，建议书同样给出了较为丰富的分析方法，大致分为两类，一类是时域仿真法，另一类是位置概率法。

一方面，最传统并且最直观的计算两个 NGSO 系统间干扰的方法是利用轨道外推时域分析完成干扰分析，但这种方法不适用于超大规模的 NGSO 星座系统仿真；另一方面，利用卫星分布概率的方式确定卫星在不同位置的出现概率，以此逼近概率分布/累计概率分布曲线，是另一种完成干扰分析的方法。时域统计法支持理想轨道、J2 轨道，射频性能可根据单星真实工况设置，但仿真时间较长。位置概率法支持理想轨道，射频性能设置需简化，优点是仿真时长短。

表 7‐1 对干扰分析方法进行了归纳与分类。

表 7‐1　干扰分析方法的归纳总结

序号	规则或建议书编号	条款或建议书名称	类别
1	S.1257	从地球表面一点观察的非地球静止轨道卫星的短期可视性计算和干扰统计特性的分析方法	位置概率法分析干扰
2	S.1529	NGSO FSS 系统与 NGSO FSS 系统以及 NGSO FSS 系统与 GSO FSS 系统间干扰数值分析方法	
3	S.1325	同频、同向的圆轨道 NGSO FSS 系统之间或圆轨道 NGSO FSS 系统与 GSO FSS 系统之间短期干扰统计计算的仿真算法	时域仿真法分析干扰

7.3　低轨星座系统间干扰分析模型

本章节建立了时域统计和位置概率空间干扰分析模型，从卫星和链路的几何关系层面进行建模优化，支撑低轨星座系统间的干扰评估分析。

7.3.1　时域统计仿真分析模型

通过对仿真对象进行数字化抽象，团队建设了 NGSO 星座系统间兼容性分析仿真软件。与国外商用软件相比，终端射频性能、系统选星策略、干扰规避等参数支持按照单星颗粒度进行自定义，仿真模型支持 LEO、MEO 等多种构型巨星星座（施扰卫星数量为 10 k 量级）。

图 7 - 6 所示为某研究院频率中心开发的 NGSO 星座系统间兼容性分析仿真模型示意图。输入参数包括星座构型、用户位置、仿真时长步长、发射端性能、接收端性能。输出参数包括 I/N、C/I 和系统容量等。

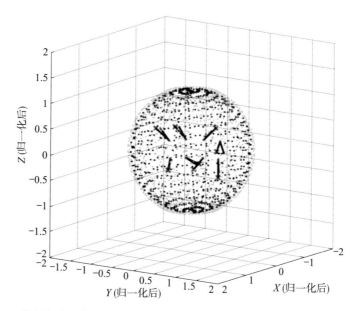

图 7 - 6　某研究院频率中心开发的 NGSO 星座系统间兼容性分析仿真模型示意图

（1）LEO 卫星下行干扰 OneWeb 地球站/用户

①仿真思路概述

选取一个 OneWeb 地球站/用户计算当前时刻所有可视 LEO 卫星对其的下行干扰。在纬度 0°N、40°N、70°N 建立 OneWeb 地球站/用户，OneWeb 地球站/用户选取最大仰角卫星作为通信卫星，建立通信链路。为了验证最大干扰情况，设置 LEO 地球站/用户与 OneWeb 地球站/用户同址，LEO 地球站/用户选取所有当前时刻可视 LEO 卫星进行通信（最多选取 50 颗），LEO 卫星天线指向 LEO 地球站/用户方向，通过遍历卫星运行周期计算 LEO 系统对 OneWeb 地球站/用户的下行干扰水平，仿真结果通过 C/I 表示。

②仿真参数设置

仿真系统参数见表 7 - 2，包括 LEO 系统参数、OneWeb 系统参数和运行时间参数。

表 7 - 2　仿真系统参数

参数名称	参数值	参数单位
频率	$f = 18$	GHz
OneWeb 卫星数目	720	颗
OneWeb 卫星轨道半长轴	a_One=7 570.137	km
OneWeb 卫星 EIRP	8	dBW/MHz
OneWeb 地球站/用户接收天线增益	51.5	dBi
OneWeb 地球站/用户接收天线图	OneWeb_G	参考 ITU - R S.1428 - 1
LEO1 卫星数目	70	颗
LEO1 轨道面数	7	个
LEO2 卫星数目	880	颗
LEO2 轨道面数	16	个
LEO 卫星轨道倾角	Incline=88	(°)
LEO 卫星轨道半长轴	$a = 7528.137$	km
LEO 卫星升交点赤经	sat_pos{i,idx_i}.RAAN	弧度
LEO 卫星真近地点角	sat_pos{i,idx_i}.w	弧度
LEO 卫星天线图	LEO_G	参考 ITU - R S.15281.3
LEO 卫星天线发射峰值增益	25	dB
LEO 卫星天线发射功率	P_LEO_40 kHz=-27	dBW/40 kHz
LEO 地面终端位置	同 OneWeb 地球站/用户	
LEO 地面终端天线直径	0.5	m
LEO 地球站/用户接收天线峰值增益	32	dB
最小可视仰角	10	(°)
时间步长	$T_{course} = 5$	s
时间步长个数	$N_{min} = 30\ 000$	—

③仿真情况分析及共享策略

本方案共仿真 30 000 个时间间隔，间隔 5 s，总时长为 150 000 s，在不同纬度建立 OneWeb 地球站/用户，并使其选取当前时刻最大仰角 OneWeb 卫星作为通信卫星，当前时刻所有可视 LEO 卫星天线主轴指向 OneWeb 地球站/用户进行干扰。得到 LEO 星座对 OneWeb 卫星下行干扰如图 7 - 7～图 7 - 9 所示。

由于低轨卫星在高纬度地区较多，因此随着地球站/用户纬度的增加，LEO 星座对 OneWeb 地球站/用户的干扰越来越大，并且随着卫星数目的增多，LEO 星座对 OneWeb 系统的下行干扰程度也会增大。由于仿真条件有限，在目前的仿真结果中，LEO2 星座对 OneWeb 地球站/用户下行干扰更大，LEO1 星座对 OneWeb 地球站/用户的 C/I 下行干扰

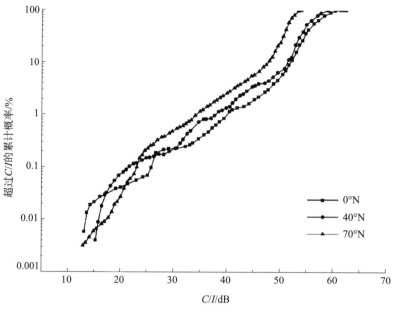

图 7 - 7　　LEO1 下行干扰 OneWeb 地球站/用户

最小值为 13.286 1 dB，LEO2 星座对 OneWeb 地球站/用户的 C/I 下行干扰最小值为—6.45 dB，干扰比较严重。

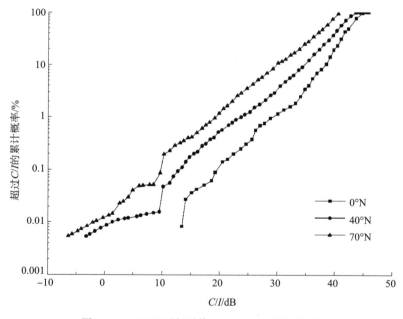

图 7 - 8　　LEO2 下行干扰 OneWeb 地球站/用户

（2）LEO 地球站/用户上行干扰 OneWeb 卫星

①仿真思路概述

选取某颗 OneWeb 卫星计算 LEO 地球站/用户对其的上行干扰。被干扰源系统

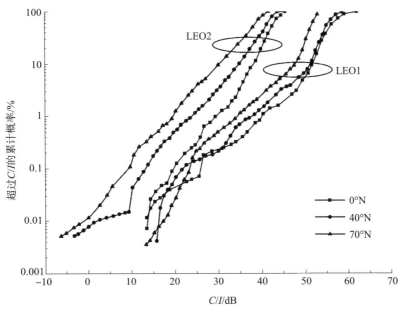

图 7 - 9　LEO1 与 LEO2 下行干扰 OneWeb

OneWeb 地球站/用户建立在 OneWeb 星下点位置。干扰源为以 OneWeb 卫星星下点地球站/用户为中心设置的 3×3 个 LEO 地球站/用户（包括与 OneWeb 地球站/用户同址的 LEO 地球站/用户），所有 LEO 地球站/用户选取自身仰角最大的 LEO 卫星进行通信，建立通信链路和干扰链路。干扰信号发射天线增益与接收天线增益均根据 LEO 地球站/用户与 OneWeb 卫星之间的离轴角进行计算。

在计算低轨系统间干扰 C/I 时，LEO 和 OneWeb 使用相同的发射功率，在计算公式中相互抵消，发射功率对计算干扰无影响。

②仿真参数设置

仿真系统参数见表 7 - 3，包括 LEO 系统参数、OneWeb 系统参数和运行时间参数。OneWeb 卫星天线方向图参考 ITU - R S. 1528，LEO 地球站/用户天线方向图参考 ITU - R S. 1428 - 1。

表 7 - 3　仿真系统参数

参数名称	参数值	参数单位
频率	$f = 30$	GHz
LEO1 卫星数目	70	颗
LEO1 轨道面数	7	个
LEO2 卫星数目	880	颗
LEO2 轨道面数	16	个
LEO 卫星轨道倾角	Incline = 88	(°)
LEO 卫星轨道半长轴	$a = 7\,528.137$	km

续表

参数名称	参数值	参数单位
LEO 卫星升交点赤经	sat_pos{i,idx_i}. RAAN	弧度
LEO 卫星真近地点角	sat_pos{i,idx_i}. w	弧度
LEO 地球站/用户天线发射功率	P_LEO_40 kHz＝－24	dBW/40 kHz
最小可视仰角	10	(°)
时间步长	5	s
时间步长个数	$N_{\min}＝30\ 000$	—
OneWeb 卫星数目	720	颗
OneWeb 卫星轨道半长轴	a_One＝7 570. 137	km
OneWeb 地球站/用户位置	OneWeb 卫星星下点	
OneWeb 地球站/用户天线尺寸	D＝2. 4	m
OneWeb 地球站/用户天线发射功率	－24	dBW/40 kHz
OneWeb 卫星接收天线峰值增益	35	dBi

③仿真情况分析及共享策略

本方案共仿真 30 000 个时间间隔，间隔 5 s，总时长为 150 000 s。70 颗 LEO 卫星系统和 880 颗 LEO 卫星系统对 OneWeb 系统上行干扰如图 7 - 10 所示。LEO 星座对 OneWeb 星座上行干扰较小。LEO 星座卫星个数增加时，LEO 地球站/用户可视卫星数目增加，挑选到仰角更大、与被干扰链路之间隔离角度更小的 LEO 卫星概率增大，导致干扰增大。

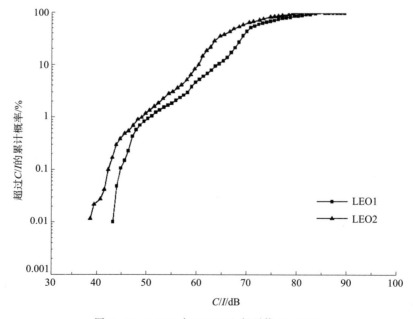

图 7 - 10　LEO1 与 LEO2 上行干扰 OneWeb

（3）OneWeb 卫星下行干扰 LEO 地球站/用户

①仿真思路概述

选取一个 LEO 地球站/用户计算当前时刻所有可视 OneWeb 卫星对其的下行干扰。在纬度 0°N、40°N、70°N 建立 LEO 地球站/用户，LEO 地球站/用户选取最大仰角卫星作为通信卫星，建立通信链路。为了验证最大干扰情况，设置 OneWeb 地球站/用户与 LEO 地球站/用户同址，OneWeb 地球站/用户选取所有当前时刻可视 OneWeb 卫星进行通信（最多选取 50 颗），OneWeb 卫星天线指向 OneWeb 地球站/用户方向，通过遍历卫星运行周期计算 OneWeb 系统对 LEO 地球站/用户的下行干扰水平，仿真结果通过 C/I 表示。

②仿真参数设置

仿真系统参数见表 7 - 4，包括 LEO 系统参数、OneWeb 系统参数和运行时间参数。

表 7 - 4　仿真系统参数

参数名称	参数值	参数单位
频率	$f = 18$	GHz
OneWeb 卫星数目	720	颗
OneWeb 卫星轨道半长轴	a_One＝7 570.137	km
OneWeb 卫星 EIRP	8	dBW/MHz
OneWeb 地球站/用户接收天线增益	51.5	dBi
OneWeb 地球站/用户接收天线图	OneWeb_G	参考 ITU - R S.1428 - 1
LEO1 卫星数目	70	颗
LEO1 轨道面数	7	个
LEO2 卫星数目	880	颗
LEO2 轨道面数	16	个
LEO 卫星轨道倾角	Incline＝88	(°)
LEO 卫星轨道半长轴	$a = 7\ 528.137$	km
LEO 卫星升交点赤经	sat_pos{i,idx_i}.RAAN	弧度
LEO 卫星真近地点角	sat_pos{i,idx_i}.w	弧度
LEO 卫星天线图	LEO_G	参考 ITU - R S.1528 1.3
LEO 卫星天线发射峰值增益	25	dB
LEO 卫星天线发射功率	P_LEO_40 kHz＝-27	dBW/40 kHz
LEO 地面终端位置	同 OneWeb 地球站/用户	
LEO 地面终端天线直径	0.5	m

续表

参数名称	参数值	参数单位
LEO 地面终端天线图	LES_G	参考 ITU - R.S.580
LEO 地球站/用户接收天线峰值增益	32	dB
最小可视仰角	10	(°)
时间步长	$T_{course} = 5$	s
时间步长个数	$N_{min} = 30\ 000$	—

③仿真情况分析及共享策略

采用本方案共仿真 30 000 个时间间隔，间隔 5 s，时长为 150 000 s，在不同纬度建立 LEO 星座地球站/用户，LEO 地球站/用户选取当前时刻仰角最大的 LEO 卫星进行通信，OneWeb 地球站/用户与 LEO 地球站/用户同址，因此当前时刻 LEO 地球站/用户所有可视 OneWeb 卫星（至多选取 50 颗）天线主轴直接指向其下行干扰。

由图 7 - 11 和图 7 - 12 可知，随着纬度增大，OneWeb 卫星对 LEO 星座的地球站/用户的下行干扰呈递增趋势，在 OneWeb 地球站/用户为北纬 70°时干扰最大，OneWeb 下行干扰 LEO1 星座的 C/I 最小值为 0.9 dB，干扰情况较严重；OneWeb 下行干扰 LEO2 星座的 C/I 最小值为 10 dB，干扰较为良好。

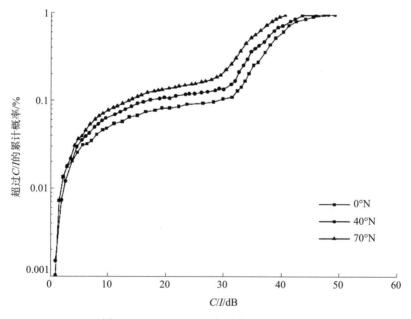

图 7 - 11　OneWeb 下行干扰 LEO1 星座

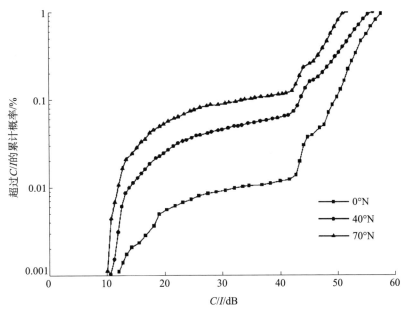

图 7 - 12　OneWeb 下行干扰 LEO2 星座

　　如图 7 - 13 所示，由于 LEO2 星座较 LEO1 星座卫星数目多，地球站/用户可选择仰角更高的 LEO 卫星进行通信，从而增大自己的有用信号功率，因此在相同 OneWeb 卫星下行干扰情况下，C/I 提升 10 dB 左右，比 LEO1 星座具有更好的抗干扰性能。

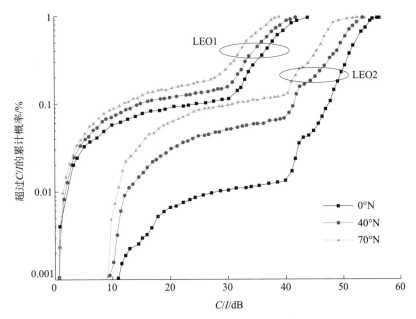

图 7 - 13　OneWeb 下行干扰 LEO1 星座和 LEO2 星座的对比

（4）OneWeb 地球站/用户上行干扰 LEO 卫星

①仿真思路概述

LEO 的干扰源为以 LEO 卫星星下点地球站/用户为中心设置的 3×3 个 OneWeb 地球站/用户（包括与 LEO 地球站/用户同址的 OneWeb 地球站/用户），所有 OneWeb 地球站/用户选取自身仰角最大的 OneWeb 卫星进行通信，因此干扰信号发射天线增益与接收天线增益均根据 OneWeb 地球站/用户与 LEO 卫星之间的离轴角进行计算。

同样，在计算低轨系统间干扰 C/I 时，LEO 和 OneWeb 使用相同的发射功率在计算公式中相互抵消，发射功率对计算干扰无影响。

②仿真参数设置

仿真系统参数见表 7-5，包括 LEO 系统参数、OneWeb 系统参数和运行时间参数。LEO 卫星天线方向图参考 ITU-R S.1528，OneWeb 地球站/用户天线方向图参考 ITU-R S.1428-1。

表 7-5　仿真系统参数

参数名称	参数值	参数单位
频率	$f = 30$	GHz
OneWeb 卫星数目	720	颗
OneWeb 卫星轨道半长轴	a_One=7 570.137	km
OneWeb 地球站/用户纬度	One_Lat(0~70 N)	(°)
OneWeb 地球站/用户经度	GES_Long=116	(°)
OneWeb 地球站/用户天线发射功率	−24	dBW/40 kHz
LEO1 卫星数目	70	颗
LEO1 轨道面数	7	个
LEO2 卫星数目	880	颗
LEO2 轨道面数	16	个
LEO 卫星轨道倾角	Incline=88	(°)
LEO 卫星轨道半长轴	$a = 7\ 528.137$	km
LEO 卫星升交点赤经	sat_pos{i,idx_i}.RAAN	弧度
LEO 卫星真近地点角	sat_pos{i,idx_i}.w	弧度
LEO 地球站/用户天线发射功率	−24	dBW/40 kHz
最小可视仰角	10	(°)
时间步长	5	s
时间步长个数	$N_{min}=30\ 000$	—

③仿真情况分析及共享策略

采用本方案共仿真 30 000 个时间间隔，间隔 5 s，时长为 150 000 s，OneWeb 星座对 LEO1 卫星系统和 LEO2 卫星系统上行干扰如图 7-14 所示。OneWeb 星座对 LEO 星座上行干扰较小。LEO 卫星个数增加时，OneWeb 星座对 LEO 星座的干扰有所改善，这是因为 LEO 地球站/用户可视卫星数量增加，易挑选到仰角更大的 LEO 卫星，LEO 通信链路有用信号增强。

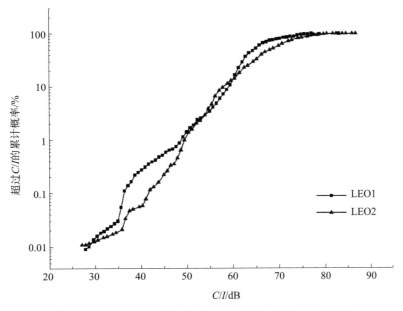

图 7 - 14　OneWeb 星座对 LEO1 和 LEO2 星座的上行干扰

7.3.2　位置概率仿真分析模型

依托位置概率法，可以加深对不同构型星座位置特征的理解，有助于基于空间分集、卫星分集的干扰规避策略设计。但是，对于单重覆盖的小规模星座，在保证业务连续的情况下探寻干扰规避策略，仍面临一定的资源约束与技术挑战。

本小节针对位置概率法，结合国际电联 S. 1257、S. 1529 建议书，深入研究了 NGSO 系统间同频干扰概率分析方法，建立了基于可视空域卫星出现概率的分析体系；在此基础上，针对高效率、高精度星座分布概率解析问题，首次提出并详细推导了具有普适性的卫星星座概率分布解析表达式，引入了地球站可视空域小区内卫星期望值变量，系统验证了解析算法对于不同构型大型星座的适用性；此外，还详细分析了地球站部署在不同纬度时对混合构型星座场景的计算精度，为全球范围内精确解析星座分布概率提供了理论基础及高效计算方法。最后，提出了 NGSO 系统间同频有害干扰概率分析模型，该方法适用于不同 NGSO 系统间同频干扰分析。以 OneWeb 卫星网络、O3b 卫星网络以及 SpaceX 的 STEAM - 2B 卫星网络参数为例，展示了所提出的同频干扰分析的仿真结果，验证了不同星座轨道构型对干扰概率分布的影响，并分析了基于空域预划分的干扰规避策略对 NGSO 卫星系统间频谱共享的有效性。

（1）星座构型与分布概率

目前，NGSO 通信卫星星座大部分采用 Walker 星座构型，为了探索星座构型对 NGSO 系统间同频干扰发生概率的影响，选取三个典型的单一构型 Walker 星座系统作为研究对象，具体通信系统的轨道参数见表 7 – 6。其中，OneWeb 星座系统包括 720 颗卫星，轨道高度为 1 200 km，倾角为 87.9°，构型如图 7 – 15 中蓝色点所示；O3b 星座系统包括 24 颗卫星，轨道高度为 8 062 km，倾角为 0°，构型如图 7 – 15 中绿色点所示；SpaceX（STEAM – 2B）星座系统包括 1 600 颗卫星，轨道高度为 1 150 km，倾角为 53°，构型如图7 – 15中红色点所示。

表 7 – 6　NGSO 通信卫星星座轨道参数

报送公司	OneWeb	O3b	SpaceX
卫星网络名词	L5	O3b – A	STEAM – 2B
轨道平面总数（个）	18	1	32
每个轨道卫星数（颗）	40	24	50
轨道高度/km	1 200	8 062	1 150
轨道倾角/(°)	87.9	0	53

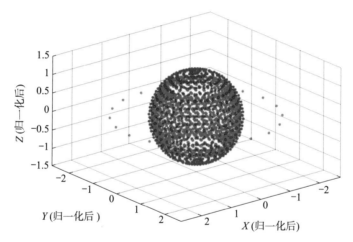

图 7 – 15　星座构型示意图（蓝色表示 OneWeb 星座，绿色表示 O3b 星座，
红色表示 SpaceX 星座）（见彩插）

①卫星出现概率

在卫星系统干扰分析中，除基于轨道外推的时域统计方法外，利用卫星分布概率确定星座空间位置关系，模拟概率分布曲线，是完成星座系统性能优化及干扰评估的一种重要方法。在国际电联建议书 ITU – R S. 1257 中，推导了特定轨道卫星的出现概率以及星座空间分布规律。之后相关研究也展示了基于空间位置概率法与轨道外推法获取的结果几乎一致，且大大提升了仿真计算效率。

本小节将研究卫星出现概率随仰角和方位角的变化规律。首先将任意地面终端可视空域划分为更小的子空域。如图 7 – 16 所示，以边长为 10.5°（边长的两个端点分别与地面终端连线的夹角为 10.5°）的正六边形为网格划分可视空域，正六边形单元紧密排列，各区域中心呈三角形排布，共得到 85 个子空域，方位角 0°表示正北方向，90°表示正东方向，180°表示正南方向，极轴长度表示仰角范围，坐标中心点表示地面终端正上方，即仰角为 90°。将表 7-6 中不同构型星座分别代入基于轨道外推的时域统计模型及基于 ITU-R S.1527 的空间概率分布模型，并选取北纬 0°、30°和 60°三个地面终端观测位置，得到空间概率分布分析结果，如图 7-17 所示。

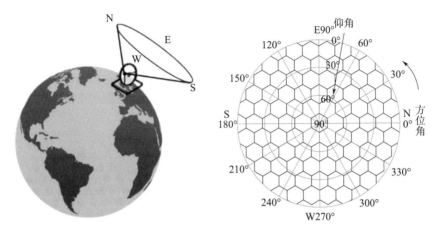

图 7-16　地面终端可视空域划分示意图

②星座空间概率分布仿真结果

OneWeb 卫星星座在不同纬度地面终端可视空域概率分布如图 7-17（a）所示，结果中圆圈位置表示子空域中心，颜色图例表示该 NGSO 系统卫星出现在子空域的概率，方位角 0°表示正北方向，极轴长度表示仰角范围，坐标中心点表示地面终端正上方，即仰角为 90°。当地面终端位于 0°N 时，正上方空域卫星出现概率最低，随着仰角减小，四周子空域卫星出现概率逐渐增加。当地面终端位于 30°N 及 60°N 时，随着地面终端纬度增加，图中北方的卫星出现概率会逐渐高于南方。

O3b 卫星星座在不同纬度地面终端可视空域概率分布如图 7-17（b）所示，由于 O3b 星座倾角为 0°，其空间分布概率结果和 OneWeb 近极轨道星座表现出较大差异。当地面终端位于 0°N 时，卫星出现概率大于 0 的子空域沿东西方向分布，即方位角 90°及 270°方向，其他子空域卫星出现概率为 0。当地面终端位于 30°N 时，随着地面终端纬度增加，图中卫星出现概率大于 0 的区域会逐渐移向南方。当地面终端位于 60°N 时，仅正南方向低仰角区域的两个子空域的卫星出现概率大于 40%。

SpaceX 卫星星座在不同纬度地面终端可视空域概率分布如图 7-17（c）所示，由于 SpaceX 星座倾角为 53°，其空间分布概率结果和之前所述近极轨道星座以及 0°倾角星座也表现出一定差异。当地面终端位于 0°N 时，正上方空域卫星出现概率最低，随着仰角减小，四周子空域卫星出现概率逐渐增加，由于该星座包含卫星数量远多于其他两星座，所以在视场边缘卫星出现的概率约为 100%。当地面终端位于 30°N 时，随着地面终端纬度增加，图中北方的卫星出现概率会略高于南方。当地面终端位于 60°N 时，可视范围内南方大部分区域卫星出现概率约等于 100%，北方区域概率为 0，若地面终端继续向北移动，将接近覆盖区边缘。倾斜轨道星座的覆盖区极限范围由星座倾角及高度共同决定。

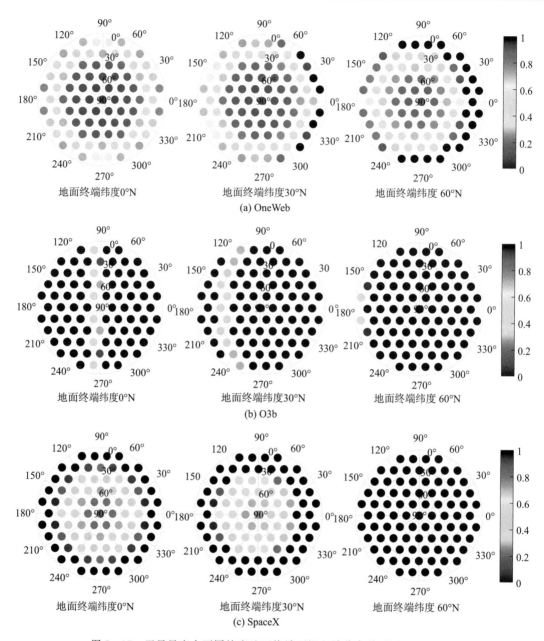

图 7-17　卫星星座在不同纬度地面终端可视空域分布关系图（见彩插）

（2）星座分布概率解析算法及精度分析

ITU-R 相关研究在验证基于位置概率的计算结果时，所用时域统计仿真结果包含大量假设前提，例如不考虑地球自转的影响（即假设地球自转角速度为 0），设定升交点漂移为固定值（0.06°每公转周期）等，与现实场景之间存在较大差距。此外，S.1529 建议书和 S.1257 建议书只对特定场景的概率计算结果与时域统计法进行了数值对比，并未对计算精度及误差产生的原因做系统分析，所提方法对由数千颗卫星构成的大型星座的适用性也没有验证。本节，笔者参考国际电联前期所开展的基于卫星星座位置概率的研究基础，首次提出并详细推导了具有普适性的卫星星座概率分布的解析表达式，引入了地球站可视空域小区内卫星期望值变量，系统验证了对于不同构型大型星座的适用性，通过与时域统计法结果对比，详细分析了地球站在不同纬度下面对单一构型星座场景及混合构型星座场景的计算精度，为精确解析大型卫星星座分布概率提供了理论基础及高效计算方法。

①解析法公式推导

在卫星系统间频率干扰分析中，利用卫星分布概率确定星座空间位置关系，模拟干扰概率分布曲线，是完成星座系统性能优化及干扰规避策略设计的一种重要方法。下面将详细推导利用解析法求解不同构型星座卫星在可视空域小区中的分布特征，首先求解卫星星座概率密度函数，之后在此基础上推导地球站可视空域小区内卫星期望值。

（a）卫星星座概率密度函数

假设某卫星运行在轨道半径为 R 、倾角为 δ 的圆轨道上，若卫星轨道为非回归轨道，则卫星轨迹将逐步遍历半径为 R 的截断球面，形成轨道壳，如图 7-18 所示。

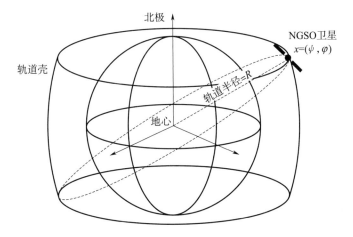

图 7-18　NGSO 卫星轨道壳示意图

该轨道壳上的卫星位置 x 可用星下点经度 ψ 和纬度 φ 表示为 (ψ, φ)，由于围绕地球极轴的自转具有对称性，所以卫星轨道壳的经度将均匀分布，但是，卫星所处纬度的概率，与其运行轨道倾角相关。运行于圆轨道的卫星位置矢量为

$$r = R \begin{bmatrix} \cos(2\pi\tau) \\ \sin(2\pi\tau)\cos\delta \\ \sin(2\pi\tau)\sin\delta \end{bmatrix} \tag{7-1}$$

其中，τ 为服从 $[0, 1]$ 均匀分布的随机变量。

$$\sin\varphi = \frac{Z}{R} = \sin(2\pi\tau)\sin\delta \tag{7-2}$$

$$\tau = \frac{1}{2\pi}\arcsin\left(\frac{\sin\varphi}{\sin\delta}\right) \tag{7-3}$$

式（7-3）中存在两个解，分别对应运行中卫星星下点纬度增大和纬度减小的两种情况，因此卫星位于纬度区间 $[\varphi_1, \varphi_2]$ 内的概率为

$$p(\varphi_1,\varphi_2) = \frac{1}{\pi}\left[\arcsin\left(\frac{\sin\varphi_2}{\sin\delta}\right) - \arcsin\left(\frac{\sin\varphi_1}{\sin\delta}\right)\right] \tag{7-4}$$

则卫星在纬度方向的概率密度为

$$p_x(\varphi) = \lim_{\Delta\varphi\to0}\frac{p(\varphi,\varphi+\Delta\varphi)}{\Delta\varphi} = \frac{1}{\pi}\frac{\cos(\varphi)}{\sqrt{\sin^2\delta-\sin^2\varphi}} \tag{7-5}$$

由于卫星在轨道壳经度方向均匀分布，所以，概率密度函数可由下式表示

$$p_x(\psi,\varphi) = \begin{cases} \dfrac{1}{2\pi^2}\dfrac{\cos(\varphi)}{\sqrt{\sin^2\delta-\sin^2\varphi}} & -\pi<\psi\leqslant\pi \\ & -\delta<\varphi<\delta \\ 0 & \text{其他} \end{cases} \tag{7-6}$$

图 7 - 19 展示了倾角为 45°的圆轨道面上卫星的概率密度函数，其在南北纬度大于 45°区域概率密度为 0；在小于或等于 45°的区域，赤道上空卫星概率密度最低，随纬度的增加，概率密度单调递增。

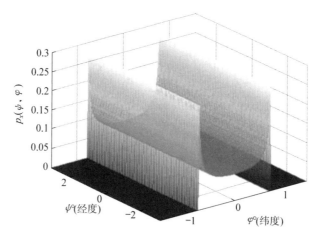

图 7 - 19　倾角为 45°时卫星概率密度函数（见彩插）

（b）地球站可视空域小区内卫星期望值

地球站 T 与其可视空域小区 C_i 的几何关系示意图如图 7 - 20 所示，卫星出现在小区 C_i 中的概率为

$$p = \oiint p_C(\psi,\varphi)\,\mathrm{d}S \tag{7-7}$$

即概率密度函数在小区 C_i 上的面积分，假设概率密度函数在被积分面积上均匀，则有

$$p_i = p_C(\psi_i,\varphi_i)A_C \tag{7-8}$$

式中，$p_C(\psi_i,\varphi_i)$ 为小区单元中心点对应的卫星概率密度；A_C 为地球站可见空域小区单元的球面积，单位为 rad^2，若可视空域小区为圆形，则面积 A_C 的表达式为

$$A_C = \frac{\pi}{4}\Delta\theta_\epsilon\Delta\theta_\beta \tag{7-9}$$

式中，$\Delta\theta_\epsilon$ 和 $\Delta\theta_\beta$ 分别为空域小区 C_i 的俯仰角差和方位角差所对应的地心角差，可由地球

站与可见空域小区的位置几何关系求出，表达式为

$$k = \frac{r}{R} \tag{7 - 10}$$

$$\theta_{\varepsilon\_min} = \arccos\left[k\cos(\varepsilon - r_{cell})\right] - (\varepsilon - r_{cell}) \tag{7 - 11}$$

$$\theta_{\varepsilon\_max} = \arccos\left[k\cos(\varepsilon + r_{cell})\right] - (\varepsilon + r_{cell}) \tag{7 - 12}$$

$$\Delta\theta_{\varepsilon} = \theta_{\varepsilon\_max} - \theta_{\varepsilon\_min} \tag{7 - 13}$$

$$\theta_{\varepsilon} = \frac{\theta_{\varepsilon\_max} + \theta_{\varepsilon\_min}}{2} \tag{7 - 14}$$

$$\Delta\theta_{\beta} = 2\arctan\frac{\tan(r_{cell})\sin(\theta_{\varepsilon})}{\cos\varepsilon} \tag{7 - 15}$$

式中，r 与 R 分别为地球半径和卫星圆轨道半径；ε 和 θ_{ε} 分别为空域小区中心点对应的地球站仰角与地心角；θ_{ε_min} 与 θ_{ε_max} 分别为空域小区上边缘与下边缘对应的地心角；r_{cell} 为可视空域圆形小区半径。

当卫星总数为 N 时，对某一确定地球站，其可视空域小区 C_i 内，卫星期望值为

$$E = Np_i = Np_C(\psi_i, \varphi_i)A_C \tag{7 - 16}$$

当卫星星座存在 k 种不同构型时，对某一确定地球站，其可视空域小区 C_i 内，卫星期望值为

$$E_A = \sum_{j=1}^{k} E_j = A_C \sum_{j=1}^{k} N_j\, p_{Cj}(\psi_i, \varphi_i) \tag{7 - 17}$$

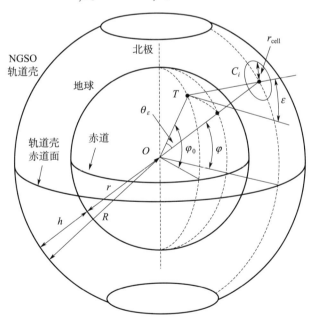

图 7 - 20　地球站可视空域小区几何关系示意图

②不同构型星座计算结果及精度分析

本节将利用以上推导的解析法公式，求解不同构型星座对于地球站可视空域小区卫星

出现期望值的计算结果，并对计算精度进行分析。下面选取两个典型的 Walker 星座构型作为研究对象，分别研究单一构型及混合构型条件下的分析结果，具体构型轨道参数见表 7 - 7。其中，构型 A 为 δ 型 Walker 星座，包括 3 200 颗卫星，轨道高度为 1 150 km，倾角为 60°；构型 B 为星型 Walker 星座，包括 2 880 颗卫星，轨道高度为 1 200 km，倾角为 88°。

表 7 - 7　NGSO 通信星座轨道参数

参数	构型 A	构型 B
轨道构型	δ 型	星型
轨道高度/km	1 150	1 200
轨道倾角/(°)	60	88
轨道面数量	64	36
每个轨道面卫星数量（颗）	50	80

在验证计算精度时，采用基于轨道外推的时域统计结果 E_S 与基于位置概率解析法计算结果 E_A 的比值作为评估指标，其中基于轨道外推的时域统计结果采用圆轨道，仿真步长为 10 s，总仿真时长为 10 000 h（约 417 天），即以年为星座运行时长量级评估解析算法计算精度。在地面站空域划分中，本节选取可视空域小区中心点仰角大于 20°区域范围进行统计及计算，可视空域小区半径 r_{cell} 最大选取 10°，最小选取 2°。其中，图 7 - 21（a）展示了可视空域小区半径为 10°时，仰角大于 20°区域范围被划分为 61 个小区单元，图 7 - 21（b）展示了可视空域小区半径为 4°时，相同区域范围被划分为 367 个小区单元。小区单元紧密排列，各区域中心呈三角形排布，极坐标中，极轴长度表示仰角范围，坐标中心点表示地球站正上方，即仰角为 90°，方位角 0°表示正北方向，90°表示正东方向，180°表示正南方向。

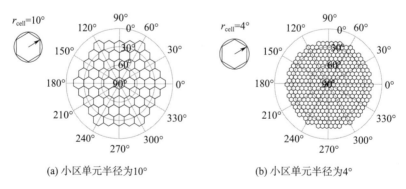

(a) 小区单元半径为10°　　　　　　(b) 小区单元半径为4°

图 7 - 21　地球站可视空域小区单元划分图

（a）单一构型星座计算结果及精度分析

首先，对单一构型星座卫星位置概率计算结果进行分析。

构型 A 星座在不同纬度地球站可视空域卫星期望值由式（7 - 16）计算，具体期望值分布如图 7 - 22 所示。其中，图 7 - 22（a）中小区单元半径为 10°，图 7 - 22（b）中小区单元半径为 4°。结果中圆圈位置表示子空域中心，灰度图例表示卫星出现在小区单元的期望值，方位角 0° 表示正北方向，极轴长度表示仰角范围。当地球站位于 0°N 时，正上方空域（仰角等于 90°）小区单元内卫星期望值最小，随着仰角减小，四周小区单元卫星期望值逐渐增加，由于构型 A 星座包含卫星数量多达 3 200 颗，所以在视场边缘小区半径为 10° 区域（正北、正南方向）卫星期望值可达 3.2。当地球站位于 30°N 时，随着地球站纬度增加，图中北方卫星出现概率会略高于南方。当地球站位于 60°N 时，卫星集中于可视范围内南方区域，北方大部分区域卫星期望值为 0，对应式（7-6）中卫星星下点纬度大于卫星轨道倾角的区域概率密度为 0。

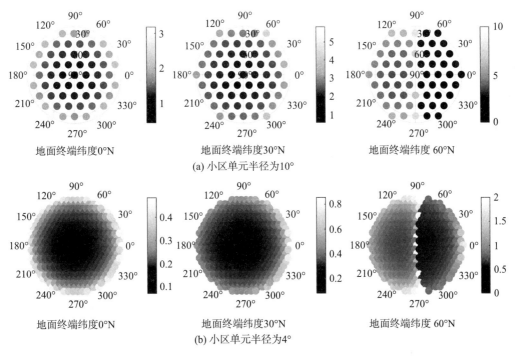

地面终端纬度 0°N　　　地面终端纬度 30°N　　　地面终端纬度 60°N

(a) 小区单元半径为 10°

地面终端纬度 0°N　　　地面终端纬度 30°N　　　地面终端纬度 60°N

(b) 小区单元半径为 4°

图 7-22　构型 A 星座地球站可视空域小区卫星期望值

图 7-23 展示了采用基于轨道外推的时域统计小区单元内卫星期望值 E_S 与基于位置概率的解析法计算卫星期望值 E_A 的比值，可以看出，小区单元半径越小，则期望值比值越接近于 1，即基于轨道外推的时域统计结果更加与基于卫星位置概率的解析算法计算结果越接近。从理论上讲，即小区单元面积越小，基于式（7-8）的近似算法与式（7-7）的概率密度面积分结果越吻合。地球站纬度小于或等于 45° 时，基于位置概率的解析算法与基于轨道外推的时域统计结果相比，误差最小为 0.1%（小区半径为 2° 时），误差最大为 3.1%（小区半径为 10° 时）。当地球站纬度等于卫星轨道倾角，即 60° 时，由于卫星轨迹覆盖边缘存在未占满小区单元，基于位置概率的解析算法与基于轨道外推的时域统计结果相比，误差最小为 4.1%（小区半径为 2° 时），误差最大为 6.7%（小区半径为 10° 时）。

构型 B 星座在不同纬度地球站可视空域卫星期望值同样由式（7-16）计算，具体期望值分布如图 7-24 所示。其中，图 7-24（a）中小区单元半径为 10°，图 7-24（b）中小区单元半径为 4°。当地球站位于 0°N 时，正上方空域卫星出现概率最低，随着仰角减

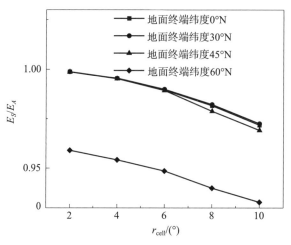

图 7 - 23　构型 A 星座地球站可视空域卫星期望值基于轨道外推法计算结果 E_S 与基于位置概率
解析法计算结果 E_A 的比值（见彩插）

小，四周小区单元内卫星出现概率逐渐增加，构型 B 星座包含卫星数量为 2 880 颗，略小
于构型 A 星座，视场边缘小区半径为 10°区域（正北、正南方向）卫星期望值最大为 2.6。
当地球站位于 30°N 时可明显看出，随着地球站纬度增加，图中北方的卫星期望值会逐渐
高于南方。由于构型 B 星座倾角为 88°，空间分布特征和之前所述构型 A 星座表现出一定
差异，其在高纬度地区仍有较好的可见性，当地球站位于 60°N 时，正北方向可视空域边
缘小区半径为 10°区域卫星期望值可达到 12.2。

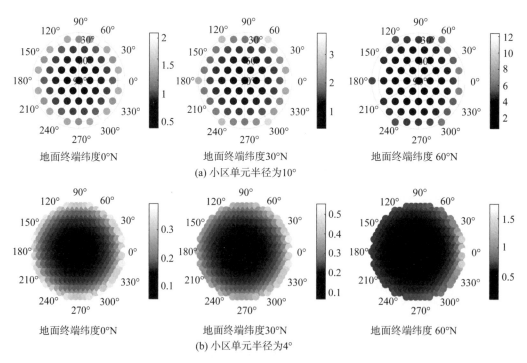

图 7 - 24　构型 B 星座地球站可视空域小区卫星期望值分布

图 7-25 展示了构型 B 星座采用基于轨道外推的时域统计小区单元内卫星期望值 E_S 与基于位置概率的解析法计算卫星期望值 E_A 的比值。当地球站纬度为 0°N 和 30°N 时，误差最小为 0.1％（小区半径为 2°时），误差最大为 2.9％（小区半径为 10°时）。当地球站纬度为 60°N 时，误差最小为 0.05％（小区半径为 2°时），误差最大为 2.6％（小区半径为 10°时）。

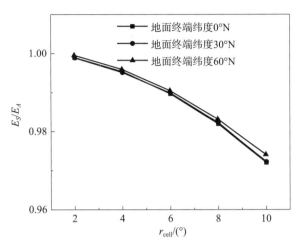

图 7-25　构型 B 星座地球可视空域卫星期望值基于轨道外推法计算结果 E_S 与基于位置概率解析法计算结果 E_A 的比值

（b）混合构型星座解析精度分析

在对单一构型星座卫星位置概率计算结果进行分析的基础上，本小节将针对包含构型 A 及构型 B 的混合构型星座，展示由式（7-17）计算的不同纬度地球站可视空域卫星期望值，并对计算精度进行分析。

混合构型星座期望值分布如图 7-26 所示。其中，图 7-26（a）中小区单元半径为 10°，图 7-26（b）中小区单元半径为 4°。由于该混合构型星座为构型 A 星座与构型 B 星座叠加，所以图 7-26 中地球站可视空域小区卫星期望值为图 7-22 与图 7-24 结果叠加。当地球站位于 0°N 时，正上方空域（仰角等于 90°）小区单元内卫星期望值最小，随着仰角减小，四周小区单元卫星期望值逐渐增加，在视场边缘小区半径为 10°区域（正北、正南方向）卫星期望值为 5.8。当地球站位于 30°N 时，图中北方的卫星出现概率会略高于南方。当地球站位于 60°N 时，卫星期望值分布包括构型 A 特征，即卫星分布集中于可视范围内南方区域，又包括构型 B 特征，正北方向可视空域边缘小区半径为 10°区域卫星期望值可达到 12.2。

图 7-27 展示了混合构型星座采用基于轨道外推的时域统计小区单元内卫星期望值 E_S 与基于位置概率的解析法计算卫星期望值 E_A 的比值。当地球站位于 0°N 和 30°N 时，基于位置概率的解析算法误差最小为 0.1％（小区半径为 2°时），误差最大为 2.9％（小区半径为 10°时）。当地球站纬度等于构型 A 卫星轨道倾角，即 60°时，基于位置概率的解析算法与基于轨道外推的时域统计结果相比，误差最小为 3.5％（小区半径为 2°时），误差最大为 5.8％（小区半径为 10°时）。

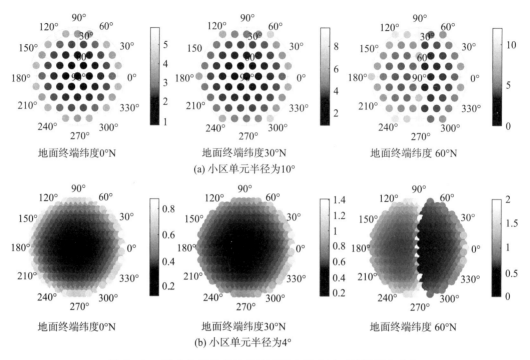

图 7 - 26　混合构型星座地球站可视空域小区卫星期望值分布

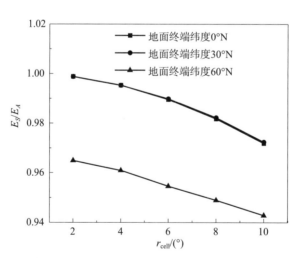

图 7 - 27　混合构型星座地球站可视空域卫星期望值基于轨道外推法计算结果
E_S 与基于位置概率解析法计算结果 E_A 的比值（见彩插）

③小结

为了满足日益增长的卫星星座空间分布概率快速分析需求，本节首次提出并详细推导
了具有普适性的星座概率分布解析表达式，引入了地球站可视空域小区内卫星期望值变
量，并系统验证了所提解析算法对于不同构型大型星座的适用性。与传统基于轨道外推的
时域统计法计算结果相比，期望值解析算法结果误差大小与可视空域小区单元半径相关，

小区单元半径越小，解析算法结果误差越小：当可视空域小区单元半径等于 10°时，最大误差为 3.1%，当小区半径减小至 2°时，最大误差小于 0.1%。除此之外，本节还详细分析了地球站部署在不同纬度时对单一构型星座场景及混合构型星座场景计算精度的影响。当地球站纬度从 0°不断增加至星座轨道倾角角度时，卫星轨迹覆盖边缘会逐渐出现未占满小区单元，从而导致计算结果误差增加的情况。利用本节所提解析算法可以快速计算地球站可视空域内特定区域卫星出现期望值，为快速评估卫星星座分布概率、星座系统覆盖性分析及系统间频率干扰分析提供了理论基础及高效计算方法。

（3）星座间同频干扰概率分析

①干扰评价指标

对于 NGSO 星座系统对其他通信系统的干扰评价标准，国际电联已开展了大量的基础研究工作。例如 NGSO 系统对 GSO 系统的干扰分析，基于国际电联建议书 ITU‑R S.1503 中分析方法，可计算 NGSO 星座系统 EPFD，其对 GSO 保护的合规限值 EPFD↓、EPFD↑以及 EPFDis，在国际电联《无线电规则》第 22 条中有详细规定，从而形成了较为完善的系统间干扰分析方法。此外，基于国际电联建议书 ITU‑R S.1323 中考虑集总干扰的分析方法，系统间由干扰引起的等效噪声温度变化需小于或等于接收系统噪声的 6%，即 $\Delta T/T \leqslant 6\%$，这一干扰评价指标也可等效为干扰噪声比小于或等于 -12.2 dB，即 $I/N \leqslant -12.2$ dB。

以上干扰评估标准及计算方法均针对 NGSO 系统与 GSO 系统，对于 NGSO 系统间有害干扰概率评估方法及指标限值，国际上目前并没有统一的规则、标准和解决方案。在国内的相关研究中，清华大学针对 NGSO 系统间干扰分析，创新提出了基于链路夹角的概率分析方法，该方法在复杂的时空关系特征中通过提取地球站/用户共址时受扰链路与干扰链路之间的夹角，比对实时夹角与产生有害干扰时夹角的阈值，判断有害干扰情况是否发生，为 NGSO 星座间干扰分析提供了可参考的指标。但是，在链路干扰保护夹角阈值的计算过程中，这一方法并没有充分考虑当地球站/用户位置发生变化时，星地链路距离实时变化的特性，仅通过某一特定干扰场景下星地距离确定干扰保护夹角阈值，没有充分体现空间位置的时变特性对于干扰评估结果的影响，使分析结果与现实干扰情况可能存在一定偏差。

本小节 NGSO 系统间干扰分析场景依然参考 NGSO 对 GSO 的保护标准，采用 I/N 作为衡量标准。

②星座间有害干扰概率仿真结果

在同频有害干扰分布仿真中，假设典型 Ka 频段链路下行中心频点为 19 GHz，带宽为 3.9 MHz。地面接收机噪声温度为 300 K。以表 7‑6 中所列星座为例，使用 MATLAB 建立通信系统模型，星载天线均采用可动点波束模型，地面用户实时选择仰角最大的卫星接入网络，其中接入卫星波束为凝视跟踪模式，即主瓣中心对准地面用户站，其余卫星同频波束指向各自星下点。星载天线波束方向图模型参考 ITU‑R S.1528。参数取值参考国际电联公布的卫星网络资料，其中 OneWeb 卫星网络资料 ID 为 113 520 120，选取下行波束

GTA，G_m 为 27.6 dBi；O3b－A 卫星网络资料 ID 为 108 520 116，选取下行波束 T1R，G_m 为 37.6 dBi；SpaceX 卫星网络资料 ID 为 117 520 027，选取下行波束 DB283，G_m 为 28.3 dBi。地面终端天线方向图模型参考 ITU－R S. 1428－1。

考虑 NGSO 卫星系统地球站/用户重合且任意系统不实施干扰规避措施的极端情况下，假设受扰系统地球站/用户可选择视野范围内仰角大于 0° 的 NGSO 卫星接入，相同可视范围内施扰系统的任意 NGSO 卫星均有向共址地球站/用户发送同频信号的情况，可计算得到 NGSO 系统间任意两卫星产生同频下行信号时，在地面接收机产生的干扰噪声比，借鉴 ITU－R S. 1323 建议书中指标，计算 $I/N \geqslant -12.2$ dB 的概率，即下行链路中施扰信号强度超过受扰系统保护阈值，从而产生同频有害干扰的概率。在全球不同位置的地球站/用户进行以上计算，即可得到 NGSO 系统间产生有害干扰概率分布图。

图 7－28 所示为 OneWeb 系统对 O3b 系统有害干扰概率分布图，可见地球站/用户位置不同，NGSO 系统间产生大于保护阈值的有害干扰概率也不同。由于 NGSO 星座系统构型的对称性，影响这一概率分布结果的主要是地球站/用户所在纬度。当地球站/用户位于低纬度地区时，OneWeb 系统在较高仰角范围区域的卫星出现概率较低，在低仰角范围区域出现的概率大；而 O3b 系统在较高仰角范围和低仰角范围的卫星出现概率相对平均。这一分布特征的差异，使低纬度地区地球站/用户在可视范围选星组合中，有较多组合可以符合干扰保护阈值，产生有害干扰的总概率较小。随着地球站/用户纬度的增加，卫星

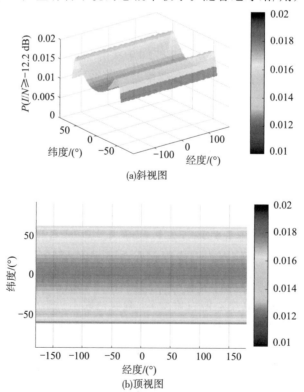

(a)斜视图

(b)顶视图

图 7－28　OneWeb 系统对 O3b 系统有害干扰概率分布图（见彩插）

在可视范围内的出现概率也随之变化，当纬度接近 50°时，两系统的大概率出现区域在低仰角范围发生较大重合，从而使有害干扰概率有所增加。

图 7 - 29 所示为 OneWeb 系统对 SpaceX 系统有害干扰概率分布图，与图 7 - 28 结果对比可见，随着施扰系统构型变化，NGSO 系统间产生有害干扰概率分布特征也随之改变。当地球站/用户位于低纬度地区时，SpaceX 系统与 OneWeb 系统卫星出现概率分布相近，均为在较高仰角范围卫星出现概率较低，在低仰角范围区域卫星出现概率较大。这种特征的叠加大大增加了同频共线干扰的概率，使低纬度地区呈现较高的有害干扰概率。随着纬度增加至大于 50°的范围时，由于 SpaceX 系统特定倾角下的覆盖特性，卫星出现概率分布发生了较大变化，地球站/用户可视范围内，有超过一半的区域不会有卫星出现，从而使这一区域 OneWeb 系统卫星受干扰概率大大降低。

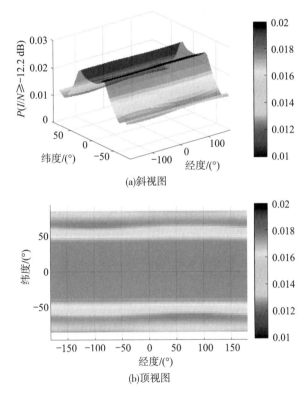

图 7 - 29　OneWeb 系统对 SpaceX 系统有害干扰概率分布图（见彩插）

图 7 - 30 为 O3b 系统对 SpaceX 系统有害干扰概率分布仿真结果，与图 7 - 29 结果对比可见，随着受扰系统构型变化，NGSO 系统间产生有害干扰概率分布特征也随之改变。当地面站位于低纬度地区时，O3b 系统卫星集中出现于东西方向，在高仰角范围和低仰角范围的出现概率相对平均；而 SpaceX 系统在较高仰角范围的卫星出现概率较低，在低仰角范围区域出现概率大。这一卫星出现分布特征的差异使低纬度地区有害干扰概率较低。随着纬度的增加，两系统间卫星出现概率分布特征趋同，受覆盖范围限制，高纬度地区两系统卫星均集中于低仰角区域，从而使有害干扰产生的概率大幅增加。

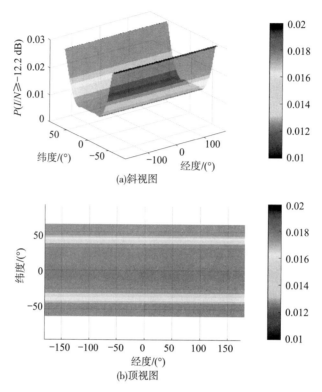

图 7 - 30　O3b 系统对 SpaceX 系统有害干扰概率分布图 （见彩插）

　　基于以上仿真结果可以看出，NGSO 星座系统构型会直接影响不同纬度地球站/用户可视范围内的卫星出现概率分布，而系统间卫星出现概率分布趋同时，会使同频有害干扰的概率增加，反之不同 NGSO 系统卫星在可视空域出现概率分布有较大差异时，有害干扰较低。

7.4　低轨星座系统间干扰评估标准

7.4.1　国际电联研究情况

　　（1）《无线电规则》的相关规定

　　NGSO 卫星系统之间只要使用了相同的频段，就需要开展系统间的频率协调，至于如何开展频率协调，即涉及的具体干扰评价标准等，在《无线电规则》中没有具体给出。

　　（2）国际电联建议书的研究

　　在干扰评估标准方面，自从 20 世纪 90 年代铱星系统的发展掀起了 NGSO 星座系统与其他系统的干扰，ITU - R 就针对 NGSO 星座系统对 GSO 系统建立了较为完整的干扰保护标准体系，包括 APFD（Aggregate Power Flux - Density）、EPFD（Equivalent Power Flux - Density）、I/N、C/N、频谱利用效率等。但这些干扰保护标准几乎都是单链路级的，而低轨星座系统受扰时有多条链路，一条链路受扰并不能代表整个系统的受扰情况。

相应地，现有的对单条链路的保护标准是否适用于低轨星座系统的情况，也需要进一步研究。

①ITU - R S.1323

建议书 ITU - R S.1323 的题目是《卫星固定业务的卫星网络（GSO FSS；NGSO FSS；NGSO MSS 馈线链路）中由其他低于 30 GHz 的同方向 FSS 网络产生的干扰的最大允许电平》。在第 6.4 节中作为研究 NGSO 对 GSO 干扰门限指标的重要建议书进行了详细介绍。但实际上，该建议书中提供的方法 B，也可以作为分析 NGSO 卫星系统之间干扰门限的方法。

S.1323 给出了考虑长期干扰容限时，NGSO 系统单入干扰的计算标准流程和方法，可作为 NGSO 系统操作者与 NGSO 系统协调的依据。计算方法与计算 GSO 的干扰指标相同，即将 NGSO 系统干扰限值曲线分为三段，分别是长期干扰限值 $I_{long-term}$、短期干扰限值 I_{BER}、失去同步限值 $I_{bit-sync}$，通过综合评估每一部分干扰的时间概率综合得到最终可以承受的干扰门限值，计算方法详见第 6.4 节。

但是需要说明的是，该方法只能计算一个 NGSO 系统的一条链路受到来自另一个 NGSO 系统的干扰时的干扰门限指标，也就是通常所说的"链路级"干扰门限指标。由于 NGSO 卫星系统干扰场景具有卫星数目众多和相对关系时变等特点，因此这种单链路的干扰评价指标应用非常有限。比如，按照 S.1323 进行计算，当某条 NGSO 链路受到了不可接受的干扰时，并不能认为整个 NGSO 系统都受到了干扰，导致系统无法正常工作。

②ITU - R S.1431

建议书 ITU - R S.1431 的题目为《提高工作于 10～30 GHz 频段 NGSO FSS 系统之间兼容性的方法》。该建议书一共只有 4 页，对于兼容共用方法只是进行了简单列举，并没有深入展开说明。该建议书中给出了 8 种减缓干扰的措施，包括：

1）使用相同性质的轨道：当几个 NGSO 系统采用几乎相同的轨道参数（高度、倾角等）时，它们可以同频兼容；

2）采取措施避免共线干扰：采用卫星分集技术，发射切换到替代卫星或者停止传输，来避免主波束对主波束耦合而产生的干扰；

3）卫星选择策略：地球站将选择相对于另一个 NGSO 系统的卫星具有最大角度分辨率的卫星进行传输；

4）使用低旁瓣电平的卫星天线：减少 NGSO FSS 地球站天线主波束发射/接收的干扰或者减小必要的规避角；

5）使用低旁瓣电平的地球站天线：减少对地对空链路中 NGSO 卫星系统的干扰，减小规避角；

6）频率信道化：将授权频段细分为更小的频段，然后为每个子带分配一个与最近同频波束的空间间隔波束，以增加 C/I；

7）链路平衡：对于下行链路传输，链路平衡旨在使不同的 NGSO FSS 系统在地球表面的任何给定点处以接近相等的功率通量密度（PFD）运行。过高或过低的 PFD 电平都将引入干扰。对于上行链路传输，链路平衡指的是设计 NGSO FSS 链路来均匀化传输参数，以避免两个系统中的载波电平差异过大；

8）交替极化：两个网络在给定的区域内使用相反的极化，则两个网络可能共享相同的频带。

③ITU – R S.1595

建议书 ITU – R S.1595 的题目为《应用于高椭圆轨道的非地球静止轨道卫星固定业务系统和低中轨道的非地球静止轨道卫星固定业务系统间协调的干扰缓解技术》。该建议书完成于 2002 年，全文共有 28 页，是国际电联建议书中比较少的涉及 HEO 和低轨星座之间的干扰分析。建议书针对 HEO 上的 NGSO 系统与 LEO 和 MEO 上的 NGSO 系统间的频谱共存提出了四种 NGSO 系统的干扰抑制方案，包括 NGSO 卫星分集技术、备用卫星选择策略、NGSO 地球站分集技术、HEO 远地点避免策略，并且根据建模仿真结果对四种方案进行了评估对比。

④ITU – R S.2131

建议书 ITU – R S.2131 的题目为《使用自适应编码和调制确定卫星假设参考数字路径性能目标的测定方法》。该建议书完成于 2019 年，给出将基于 DVB – S2X 调制解调方式的 E_s/N_0 指标转换为频谱利用效率的方法，可用于评估低轨星座系统容量。

表 7 – 8 对低轨星座系统间干扰评估标准进行了归纳与分类。

表 7 – 8　低轨星座系统间的干扰评估标准

序号	规则或建议书编号	条款或建议书名称	类别
1	S.1323	卫星固定业务的卫星网络（GSO FSS；NGSO FSS；NGSO MSS 馈电链路）中由其他低于 30 GHz 的同方向 FSS 网络产生的干扰的最大允许电平	EPFD、I/N
2	S.1431	提高工作于 10～30 GHz 频段 NGSO FSS 系统之间兼容性的方法	EPFD、I/N、C/N
3	S.1595	应用于高椭圆轨道的非地球静止轨道卫星固定业务系统和低中轨道的非地球静止轨道卫星固定业务系统间协调的干扰缓解技术	EPFD、I/N、C/N
4	S.2131	使用自适应编码和调制确定卫星假设参考数字路径性能目标的测定方法	频谱利用效率

7.4.2　建立系统级干扰评估指标

在之前的相关研究中，已经建立了低轨卫星系统之间同频干扰分析的数学模型。也有研究提出了低轨卫星系统之间相互干扰的链路夹角概率分析方法，在此基础上建立了全星座干扰分析软件仿真模型，该模型适用于不同低轨卫星系统之间的同频干扰分析。为验证该方法的有效性，该研究以在国际电联中登记的两个低轨卫星系统，即 OneWeb 卫星网络和 O3b 卫星网络参数为例，计算卫星系统间干扰保护的链路夹角限值范围，并给出了全球范围内卫星链路夹角、干扰状态及干扰超标比例的概率分布结果，为低轨卫星系统之间干扰分析提供了一种可参考的手段。但该方法仅统计出干扰量级，没有提出系统级的干扰指标，没有形成定量化的 NGSO 系统间频率干扰评价体系。在此基础上，也有研究分析了不同轨道构型的 NGSO 系统之间在 Ku 频段下行链路的干扰情况，包含 GSO、MEO、LEO、HEO 四种轨道类型系统之间互相干扰的情况，给出了不同构型星座之间的不同的干扰规避策略。针对星座构型与地球站可视空域内卫星出现概率分布特性的关系，有研究建立了概率评估参数指标，并以 OneWeb 系统、O3b 系统以及 SpaceX 系统为例，分析了全球范围地球站不同 NGSO 系统间发生有害干扰的概率分布特性，并进一步考虑了新型星载天线性能，给出了系统间卫星出现概率分布与有害干扰概率量级之间的关系。此外，有些研究在大量 NGSO 系统间干扰分析的基础上，初步提出了容量损失的概念，给出了区别于单一链路级指标参数的系统级干扰评估方法。

在目前实践中，NGSO 系统间频率干扰分析通常参考 NGSO 星座与 GSO 卫星的分析方法，采用链路级干扰评价指标作为判断有害干扰的标准，但对于存在多条链路的 NGSO 星座系统，单链路级的指标不能够全面反映整个系统受干扰程度。笔者在本节中通过在容量损失评估指标这一系统级干扰评估方法相关研究的基础上，引入自适应编码和调制后的频率利用效率参考值，构建多链路系统容量评估方法，在不同规避措施（例如空域隔离角、地球站地理隔离）条件下，给出了混合构型星座间干扰仿真结果，并针对性地提出了适用于不同规模星座的干扰规避策略建议。

（1）系统级干扰评估指标

NGSO 通信星座系统通常由一种或多种轨道构型组成，具有多重覆盖特性，即地球站可视空域内卫星数量大于 1，所以地球站接入星座系统时存在多条链路可选，与此同时，每个卫星通常也设计有多个波束，具备同时建立多条链路服务多个地面终端的能力，因此，仅评估单个链路的性能恶化或失效并不能真实反映整个系统性能的恶化程度，而往往会高估有害干扰量级。在这种情况下，I/N、C/I、$C/(N+I)$ 等针对单个链路的干扰保护标准并不能完整地代表系统性能的好坏，因此，本节提出了容量损失 ΔR 和相应的参考值概念，初步构建低轨星座系统级干扰评价准则。

首先，受扰系统接收机处的载波信号与干扰噪声比 $C/(N+I)$ 的计算公式为

$$C/(N+I) = -10 \log_{10}\left(N/C + \sum_{i=1}^{N} I_i/C\right) \tag{7-18}$$

式中，N/C 和 I_i/C 是受扰卫星系统自身载波信号噪声比和第 i 个施扰卫星系统载波干扰比的倒数（真值）。

其次，考虑到容量 R 与带宽 BW 和频谱利用效率 SE 相关，其中，频谱利用效率和链路 E_s/N_0 呈正相关关系。

$$R = BW \times SE \tag{7-19}$$

图 7-31 给出了基于曲线拟合方法，通过使用两个最小二乘最小误差二阶多项式拟合的非线性卫星信道上的 DVB-S2X ACM 的频谱效率，给出了 E_s/N_0 和频谱利用效率的映射关系。

式（7-20）给出了容量损失 ΔR 的计算方法

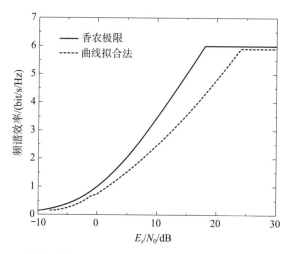

图 7 - 31　拟合非线性卫星信道上的 DVB - S2X ACM 的频谱效率与
E_s/N_0 和频谱利用效率的映射关系

$$\Delta R = 1 - \frac{BW_{act} \times SE_{act}}{BW_{full} \times SE_{ref}} \qquad (7 - 20)$$

式中，BW_{act} 是实际工作带宽；BW_{full} 是全部可用带宽；SE_{ref} 是参考频谱利用效率，这里等于 DVB - S2X 标准中的最大频谱利用效率 5.9 bits/s/Hz。同时，这里仅考虑 $BW_{act}=BW_{full}$ 的情况，也就是说假设两个低轨星座系统间频段完全重叠，通过获取链路 $C/(N+I)$，得到单链路频谱利用效率，通过与 DVB - S2X 标准中最高频谱利用效率 5.9 bit/s/Hz 相比较，得到容量损失 ΔR。通过统计多链路容量损失均值，刻画在不同场景下系统性能的损失。

（2）干扰场景

本节重点关注 Ka 频段下行两个 NGSO 星座系统之间的同频同极化干扰。图 7 - 32 展示了两个 NGSO 星座系统地球站同址时的下行干扰场景。NGSO 星座系统 1 与自身地球站通信时会对 NGSO 星座系统 2 地球站产生干扰，反之亦然。

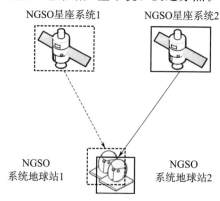

图 7 - 32　NGSO 系统间地球站同址时的干扰场景示意图

假设每个 NGSO 星座系统地球站在同一时刻仅与自身系统的一颗 NGSO 卫星通信。

NGSO 星座系统的初始选星策略为，每个星座地球站选择仰角最大的卫星进行通信，卫星天线主瓣始终指向接入链路的地球站，地球站天线主瓣始终指向接入链路的卫星。本节考虑了以下四种不同的场景：

1）基线场景：每个星座系统独立运营，不考虑其他星座系统的干扰；

2）干扰场景：两个星座系统独立运营，互相对另一个星座均产生同频干扰；

3）NGSO 星座系统 1 主动进行波束避让：NGSO 星座系统 1 为规避对 NGSO 星座系统 2 的干扰，地球站采取空域隔离角主动规避 NGSO 星座系统 2，NGSO 星座系统 2 仍按照初始选星策略通信；

4）NGSO 星座系统 2 主动进行波束避让：NGSO 星座系统 2 为规避对 NGSO 星座系统 1 的干扰，地球站采取空域隔离角主动规避 NGSO 星座系统 1，NGSO 星座系统 1 仍按照初始选星策略通信。

使用空域隔离角进行干扰减缓是一种基于天线波束指向的干扰规避技术，在受扰卫星系统的链路与施扰系统的所有干扰链路之间施加最小隔离角，以降低干扰强度。隔离角顶点为受扰系统地球站，两个端点分别是受扰系统卫星和施扰系统卫星。图 7 - 33 所示为空域隔离角示意图。当没有干扰减缓措施时，卫星系统和地球站的选星策略是两个系统地球站都选取仰角最高的卫星接入链路，这样 NGSO 星座系统 1 卫星和 NGSO 星座系统 2 卫星的链路夹角是 φ_1。当 NGSO 星座系统 1 应用空域隔离角作为干扰减缓措施时，设定空域隔离角 φ_{th} 来判定两系统链路夹角和空域隔离角的大小关系。当链路夹角 $\varphi_1 \leqslant \varphi_{th}$ 时，NGSO 星座系统 1 卫星不和地球站建立通信链路，应选取链路夹角 $\varphi_2 > \varphi_{th}$ 的卫星建立通信链路。

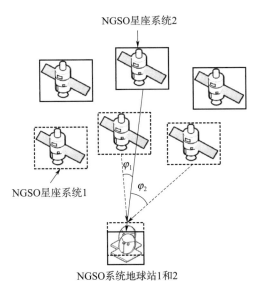

图 7 - 33　空域隔离角示意图

地球站地理隔离是基于地球站空间位置分集技术，通过拉开两个系统的地球站间距，避免受扰系统卫星、施扰系统卫星和地球站出现"三点一线"的共线场景，从而减缓受扰系统接收到的干扰功率量级。图 7 - 34 展示了地球站地理隔离的场景，两系统地球站通过设置隔离间距，避免链路间共线场景。

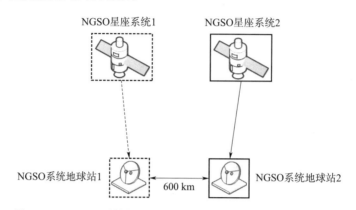

图 7 - 34　NGSO 系统间地球站间距 600 km 时的干扰场景示意图

（3）仿真参数设置

本节采用基于时间序列的干扰仿真分析方法，仿真时间步长为 1 min，对于每个场景仿真总时长为 60 天。以下详细描述了仿真星座构型和仿真链路参数。

①星座构型（表 7 - 9）

本节分析了大规模和中小规模星座系统之间下行链路兼容共用的场景。小规模星座是指达到全球单重覆盖的星座系统，中规模星座是指达到全球 2 重～3 重覆盖的星座系统，大规模星座是指超过 3 重覆盖的星座系统。选取 SpaceX 申报的 USASAT - NGSO - 3B - R 网络资料的参数作为大规模系统仿真参数，设计典型的混合构型星座系统参数作为中规模及小规模系统仿真参数。

表 7 - 9　星座构型

参数	大规模星座	中规模星座		小规模星座	
轨道类型	USASAT - NGSO - 3B - R	倾斜轨道	极地轨道	倾斜轨道	极地轨道
轨道高度/km	550	1 150	1 150	1 150	1 150
轨道倾角/(°)	53	52	88	52	88
轨道面数量(个)	24	18	7	12	7
每个轨道面卫星数量(颗)	66	25	12	10	10
卫星总数(颗)	1 584	450	84	120	70

②通信链路参数

选取 SpaceX 申报的 USASAT - NGSO - 3B - R 网络资料的载波参数作为大规模系统下行通信链路参数。设计典型的混合构型星座系统链路参数作为中小规模系统下行通信链路仿真参数，见表 7 - 10。

表 7 - 10　下行通信链路参数

参数	大规模星座	中小规模星座
轨道类型	USASAT - NGSO - 3B - R	Inclined & Polar
卫星天线增益/dBi	37.9	25
卫星天线方向图	IFIC 2853	ITU - R S.1528 - 0
EIRP 密度/(dBW/Hz)	−45.89	−47
地球站天线增益/dBi	46	56
地球站天线 3dB 波束宽度/(°)	0.8	0.3
地球站天线方向图	AP8	ITU - R S.580 - 6
地球站噪声温度/K	347	300

（4）仿真结果分析

仿真场景具体设置为两系统地球站同址和地球站间距为 600 km，每种场景都针对单链路和多链路进行了不同场景的仿真分析。根据表 7 - 9 和表 7 - 10 中星座构型参数以及通信链路参数建立干扰仿真分析模型，通过获取每一时刻链路 $C/(N+I)$，得到链路频谱利用效率，再通过式（7 - 20）计算得到该时刻容量损失 ΔR，统计仿真时长中所有时刻的 ΔR，利用式（7 - 21）计算互补累积分布函数（Complementary Cumulative Distribution Function，CCDF）。CCDF 曲线表示所有大于横坐标 ΔR 的值出现概率的和。

$$CCDF(\Delta R) = P(x > \Delta R) \qquad (7 - 21)$$

①两系统地球站同址

（a）单链路

两系统地球站同址时的单链路干扰场景如图 7 - 32 所示。小规模星座系统与大规模星座系统地球站容量损失的仿真结果如图 7 - 35 所示，红色线条为大规模星座系统容量恶化情况，蓝色线条为小规模星座系统容量恶化情况。线条越靠左，证明容量恶化越少，系统性能越好。

粗实线代表"（2）干扰场景"中描述的"1）基线场景"，即只有一个系统单独工作时的容量损失。细实线代表 2）干扰场景，即两个系统互相干扰时，各个系统的容量损失。虚线和点线分别代表 3）和 4）场景，即有一个系统采取主动规避措施来减缓干扰。具体地，虚线代表小规模星座系统采用隔离角主动规避时的容量损失，点线代表大规模星座系统采用隔离角主动规避时的容量损失。隔离角顶点为地球站，两个端点分别为接入地球站系统的卫星和另一系统的所有卫星，即以主动采取规避措施的系统地球站为顶点，两个端点分别为主动采取规避措施的系统中接入地球站的卫星、另一系统的所有卫星。本节仿真所使用的隔离角为 5°。

仿真结果显示，大规模星座系统单独工作时容量损失为 0。小规模星座系统单独工作时有一定的容量损失，这是由于卫星数量较少，地球站可能会选取较低仰角的卫星建立链路，与 DVB - S2X 最大频谱利用效率 5.9 bit/s/Hz 相比，在 1% 的时间概率以下有约 3% 的容量损失。

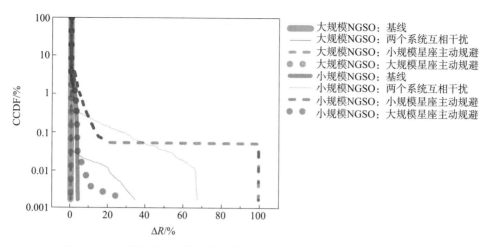

图 7 - 35　小规模星座系统与大规模星座系统地球站容量损失的仿真结果
（地球站同址单链路）（见彩插）

　　细实线代表两系统互相干扰，不采取任何规避措施时的容量损失。仿真结果显示，两系统都有一定的容量损失。

　　虚线为小规模星座系统主动规避大规模星座系统，仿真结果显示，小规模星座系统容量损失较大，在 0.04％ 的时间概率以下直接就达到了 100％，容量损失 100％ 也就是发生了断链的情况；而大规模星座系统则没有容量损失。仿真结果显示，小规模星座系统主动规避大规模星座系统，会给小规模星座系统带来较大的容量损失。

　　点线为大规模星座系统主动规避小规模星座系统，采用这种规避措施，大规模星座系统没有容量损失，小规模星座系统容量损失也小于不采取任何规避措施时的情况。

　　从图 7 - 35 可以看出，在 0.001％ 时间概率以下，若大规模星座主动采取干扰规避措施，最大系统容量损失将从 35％ 降低为 0；若小规模星座主动采取干扰规避措施，最大系统容量损失将从 78％ 恶化为 100％。结果表明，随着星座规模增大，主动规避措施可有效缓解频率干扰带来的容量损失，反之当星座规模减小，主动规避措施会增加链路中断风险，造成系统容量恶化。

　　也就是说，当小规模星座系统主动规避大规模星座系统时，会对小规模星座系统的容量造成较大损失，甚至会导致无法连续覆盖，产生断链场景。但反过来，若大规模星座系统采取规避措施，不但不会对自身的容量造成损失，小规模星座系统的性能也会比不采取任何规避措施时有所提升。

　　图 7 - 36 所示为两系统地球站同址，中规模和大规模星座系统地球站容量损失的仿真结果。红色线条为大规模星座系统容量恶化情况，蓝色线条为中规模星座系统容量恶化情况。仿真结果显示，在这种场景下，大规模和中规模星座系统单独工作时的容量损失均为 0。不采取任何规避措施时，都有一定的容量损失。当中规模星座系统主动规避时，自身没有容量损失，大规模星座系统有一定的容量损失；当大规模星座系统主动规避时，自身没有容量损失，中规模星座系统有一定的容量损失。

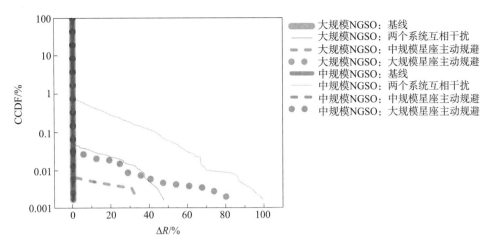

图 7 - 36 中规模星座系统与大规模星座系统地球站容量损失的仿真结果
（地球站同址单链路）（见彩插）

图 7 - 36 的仿真结果与图 7 - 35 中小规模星座系统和大规模星座系统的仿真结果有较大区别。这展示了一个现象，当两个星座系统都是能够满足多重覆盖、数量较多的星座系统，如果都不采取规避措施，双方容量损失较大；如果一方主动采取规避措施，主动规避方容量损失改善大于被规避方容量损失改善。

这是由于主动采取规避措施的系统知晓被规避星座系统的星历等数据，通过采取主动规避措施，可以避开存在较大概率产生强干扰的链路，降低自身系统容量损失。而被规避的星座系统继续使用原来的选星策略接入系统，与主动规避相比，地球站将接收到更多的干扰信号功率，从而造成部分容量损失。

因此，建议当两个星座系统都是数量较多、能够满足多重覆盖的星座系统，互相进行协调时需知晓对方星座系统星历和链路等参数，主动采取规避措施，就能够保证自身星座系统容量没有损失。

（b）两条链路

两系统同址的两条链路干扰场景如图 7 - 37 所示。

图 7 - 38 所示为两系统地球站同址，每个系统有两条链路时，小规模和大规模星座系统地球站容量损失的仿真结果。

仿真结果显示，大规模星座系统在单独工作、主动规避、被小规模星座系统规避时均没有容量损失。仅在不采取任何规避措施时在 0.01% 的时间概率以下有容量损失，容量损失小于图 7 - 35 的单链路场景，可以看出，增加站点部署数量对于减缓容量损失有积极的作用。

小规模星座系统在单独工作时有一定的容量损失。当有干扰且无规避措施时，0.01% 时间概率以下约有 40% 的损失，容量损失小于图 7 - 35 单链路场景，可以看出，增加站点部署数量对于减缓容量损失有积极的作用。当小规模星座系统主动规避大规模星座系统时，自身容量损失更大；当大规模星座系统主动规避小规模星座系统时，小规模星座系统容量损失较小。这和图 7 - 35 单链路场景现象一致。

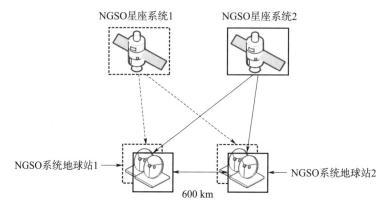

图 7-37　NGSO 系统间地球站同址，每个系统有两个间距 600 km 地球站
（即两条链路）场景干扰示意图

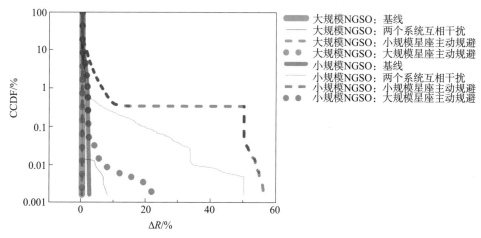

图 7-38　小规模星座系统与大规模星座系统地球站容量损失的仿真结果
（地球站同址，两条链路）（见彩插）

图 7-39 所示为两系统地球站同址，每个系统有两条链路时，中规模和大规模星座系统地球站容量损失的仿真结果。

仿真结果显示，大规模星座系统在单独工作、主动规避时均没有容量损失。在不采取任何规避措施时在 0.01% 的时间概率以下有近 10% 的容量损失，容量损失小于图 7-36 单链路场景，可以看出，增加站点部署数量对于减缓容量损失有积极的作用。被中规模星座系统规避时在 0.001% 的时间概率以下有 5% 的容量损失。

中规模星座系统在单独工作、主动规避时均没有容量损失。在不采取任何规避措施时，有较大的容量损失，容量损失小于图 7-36 单链路场景，同样地，增加站点部署数量对于减缓容量损失有积极的作用。被大规模星座系统规避时有一定的容量损失，但容量损失小于无规避场景。这和单链路场景图 7-36 现象一致，即当两个星座系统都是能够满足多重覆盖、数量较多的星座系统，如果都不采取规避措施，双方容量损失较大；如果一方

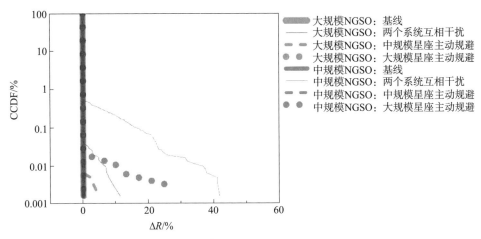

图 7-39　中规模星座系统与大规模星座系统地球站容量损失的仿真结果

（地球站同址，两条链路）（见彩插）

主动采取规避措施，主动规避方容量损失改善大于被规避方容量损失改善。

②两系统地球站间距 600 km

（a）单链路

两系统地球站间距 600 km 的单链路干扰场景如图 7-34 所示。图 7-40 所示为两系统地球站间距 600 km，单链路情况下，小规模和大规模星座系统地球站容量损失的仿真结果。

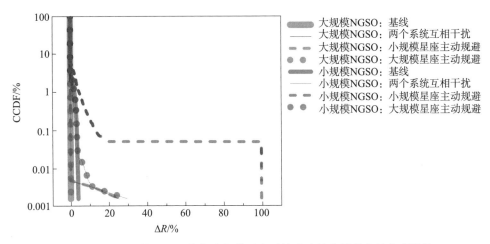

图 7-40　小规模星座系统与大规模星座系统地球站容量损失的仿真结果

（地球站间距 600 km，单链路）（见彩插）

仿真结果显示，两系统独立工作时，大规模星座系统没有容量损失，小规模星座系统有一定的容量损失，这和地球站同址时小规模星座系统独立工作，即图 7-35 的仿真结果是一致的。在有干扰无规避措施的情况下，两站间距 600 km 的场景下，大规模和小规模星座系统容量损失比图 7-35 两站同址场景要少很多，这表明，地球站地理隔离对于干扰减缓有积极的作用。由于已经隔离了 600 km，即使采取空域隔离角的规避措施，也不会减小单链路的容量损失，即不会对系统性能的提升有好处。

当小规模星座系统主动规避大规模星座系统时，自身容量损失更大；当大规模星座系统主动规避小规模星座系统时，小规模星座系统容量损失较小。这和图 7-35 单链路场景现象一致。印证了以下观点，小规模星座系统主动规避大规模星座系统得不偿失，大规模星座系统有一定的抗干扰能力，在主动规避其他星座系统时，也能保证自身系统容量性能没有损失。

图 7-41 所示为两系统地球站间距 600 km，单链路情况下，中规模和大规模星座系统地球站容量损失的仿真结果。

仿真结果显示，两系统独立工作时，都没有容量损失。不采取规避措施时，都有一定的容量损失，与图 7-36 地球站同址情况相比，容量损失小于同址情况。这表明，地球站地理隔离对于干扰减缓有积极的作用。

当中规模星座系统主动规避时，自身没有容量损失，大规模星座系统有一定的容量损失；当大规模星座系统主动规避时，自身没有容量损失，中规模星座系统有一定的容量损失。这和图 7-36 单链路地球站同址现象一致，即当两个星座系统都是能够满足多重覆盖、数量较多的星座系统，如果都不采取规避措施，双方容量损失较大；如果一方主动采取规避措施，主动规避方容量损失改善大于被规避方容量损失改善。

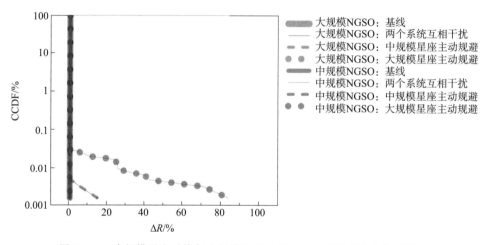

图 7-41 中规模星座系统与大规模星座系统地球站容量损失的仿真结果
（地球站间距 600 km，单链路）（见彩插）

（b）多链路

两系统地球站间距 600 km 的多链路干扰场景如图 7-42 所示。

图 7-43 所示为两系统地球站间距 600 km，多链路情况下，小规模和大规模星座系统地球站容量损失的仿真结果。

仿真结果显示，大规模星座系统在单独工作、主动规避时无容量损失。不采取任何规避措施和被小规模星座系统主动规避时有相同的容量损失。

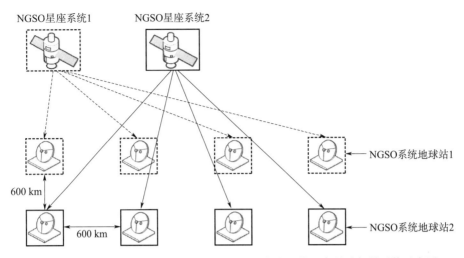

图 7-42　NGSO 系统间地球站间距 600 km，每个系统四条链路场景干扰示意图

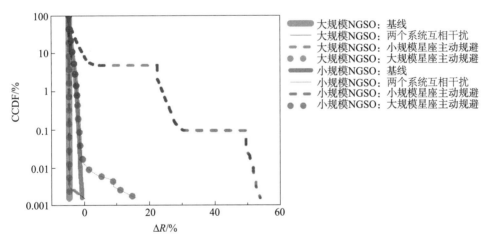

图 7-43　小规模星座系统与大规模星座系统地球站容量损失的仿真结果
（地球站间距 600 km，多链路）（见彩插）

　　小规模星座系统在单独工作的情况下有一定的容量损失。不采取规避措施时，有一定的容量损失，与图 7-40 单链路情况相比，容量损失小于单链路情况。这表明，增加地球站部署数量对于减缓容量损失有积极的作用。大规模星座系统主动规避小规模星座系统和不规避的容量损失相同，这是由于当两系统地球站已经隔离开，空域隔离角规避的意义和效果不大。

　　小规模星座系统主动规避大规模星座系统会给自身带来较大的容量损失，这和图 7-40 单链路场景一致。印证了以下结论，小规模星座系统主动规避大规模星座系统得不偿失，大规模星座系统有一定的抗干扰能力，在主动规避其他星座系统时，也能保证自身系统容量性能没有损失。

　　图 7-44 所示为两系统地球站间距 600 km，多链路情况下，中规模和大规模星座系统

地球站容量损失的仿真结果。

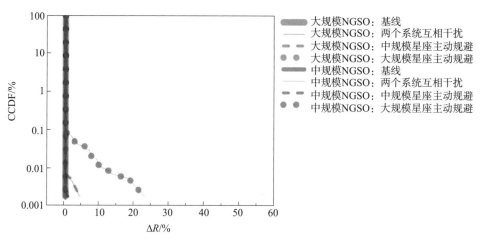

图 7-44　中规模星座系统与大规模星座系统地球站容量损失的仿真结果

（地球站间距 600 km，多链路）（见彩插）

仿真结果显示，大规模和中规模星座系统在单独工作、主动规避时无容量损失，和图 7-41 单链路场景一致。印证了以下观点，当两个星座系统都是能够满足多重覆盖、数量较多的星座系统，如果都不采取规避措施，双方容量损失较大；如果一方主动采取规避措施，主动规避方容量损失改善大于被规避方容量损失改善。

大规模和中规模星座系统在有干扰不规避和对方星座系统主动规避时容量损失相同，这是由于当两系统地球站已经隔离开，空域隔离角规避的意义和效果不大。同时，大规模和中规模星座系统在有干扰不规避时容量损失小于单链路情况（图 7-41）。这表明，增加地球站部署数量对于减缓容量损失有积极的作用。

（5）小结

本节建立了以容量损失作为评价 NGSO 星座系统间同频干扰程度的系统级干扰评估指标，并按照 ITU-R 公布的卫星网络资料参数对 NGSO 星座系统间同频干扰场景进行了建模，通过采取不同的规避措施对容量损失进行了评估。最后，给出了大、中、小规模星座系统干扰规避的策略建议。

针对小规模星座系统，当小规模星座系统主动规避大规模星座系统时，会对小规模星座系统的容量造成较大损失，甚至会导致无法连续覆盖，产生断链场景。但反过来，若大规模星座系统采取规避措施，不但不会对自身的容量造成损失，小规模星座系统的性能也会比不采取任何规避措施时有所提升。

针对卫星数量较多、能够满足多重覆盖的大规模和中规模星座系统，建议两个星座系统间开展国际频率技术协调时，积极交换双方卫星系统星历和链路等参数，并主动采取规避措施，确保自身系统容量性能不受损失。

针对地球站，不同 NGSO 星座系统地球站采取一定的隔离间距，能够保证自身系统容量性能不受损失。同时，增加地球站点部署数量，对于减缓容量损失有积极的作用。

7.5 低轨星座系统间兼容共用策略

通过上述干扰分析结果，来自新兴的日益密集的 NGSO 星座的干扰确实令人担忧，因为这些新部署的卫星之间相互作用太过复杂，难以通过简单的干扰抑制技术进行控制和管理。因此，需要更复杂的工程解决方案和可能更严格的规则要求实现对上述干扰的控制和管理。目前，国内外低轨星座系统间的干扰规避机理与方法研究主要集中在时分、频分和空分三个方面，这三种方法是主流的系统间频率兼容方法。由于不同的 NGSO 系统归属于不同的国家或公司，时分方法需要两系统间彼此透明，几乎不太可能。频分和空分是主要的兼容方法，但频分会导致可用的频率资源减少，会直接减小系统容量；空分目前主要采用隔离角的方式，在保证单链路性能的前提下，同样也会牺牲系统的总容量。

7.5.1 频域兼容策略

（1）频段选择

Ku 频段的情况比 Ka 和 V 频段的情况更加复杂，主要原因有两个：

1）GSO 系统在整个 Ku 频段都处于优势地位，在国际电联无线电规则下具有优先权，按照无线电相关规则，NGSO 系统必须避免在整个 Ku 频段内对 GSO 系统产生干扰，从而限制 NGSO 系统的操作。

2）各星座对 Ku 频段的利用方式更加多样化，可能会导致更加不对称的 NGSO - NGSO 干扰。比如，SpaceX 公司的 LEO 系统和 OneWeb 公司的 MEO 系统通过 Ku 频段与其用户终端进行通信。OneWeb 公司提出了一个大型 LEO 系统，该系统波束大部分为固定的、向下的高椭圆波束，其干扰几何模型与其他星座模型相差甚远；Space Norway 正提议一个由 6 颗卫星组成的小型星座，这些卫星位于大偏心率轨道（HEO）中，计划服务北纬地区。这种差异较大的系统之间的共存可能比之前讨论的系统共存更加困难。因此，NGSO - NGSO 干扰在 Ku 频段可能更加严重。

NGSO 系统如果选择 Ka 和 V 频段，相比 Ku 频段更易实现与 GSO 和 NGSO 系统的兼容要求。

（2）分频使用

分频使用大大降低了被干扰星座和干扰星座的吞吐量，与无干扰抑制时最高两个百分点相比，它可能导致吞吐量下降百分比在基准场景的基础上增加至少 50 个百分点。如果大型星座由于对其他星座造成干扰而触发分频使用，其吞吐量下降百分比的增加值与小型星座的增加值一样，甚至更大。分频使用不是实际应用的一种干扰抑制方法，但这是 FCC 鼓励协调的一种备用方法。分频使用对大型星座的影响与小型星座一样大，甚至更大，这使小型星座在与大型星座达成协调协议时具有一定的协商优势。

7.5.2 空域兼容策略

笔者所在课题组的研究结果表明，不同构型的星座系统在可视空域出现概率分布的差异性，为两个星座系统之间通过空域隔离实现频率兼容共用提供了可能性。空域隔离措施的具体实施，既可以通过通信体制协议的设计使卫星仅在指定空域发射/接收信号，也可以通过为地球站的控制软件提前写入代码、预置选星策略来实现。考虑到我国的 NGSO 星座系统与国际同频卫星系统的频率协调工作刚刚起步，干扰规避的需求尚未完全固化，通过指定卫星在某空域发射/接收的干扰规避方案不能灵活地满足新的干扰规避要求，也为星座系统设计与建设带来较大的开销，因此，技术层面建议通过地球站预置选星策略来实现对其他卫星系统的干扰规避，优化提升频谱资源综合利用率。

（1）基于概率分布限值的空域干扰规避方法（图 7-45）

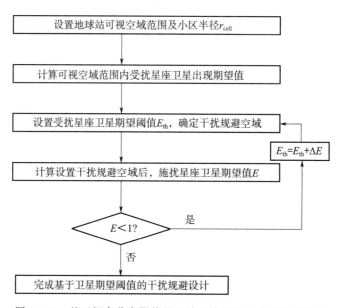

图 7-45　基于概率分布限值的空域干扰规避方法设计流程图

所谓"基于概率分布限值"具体指基于卫星期望阈值的干扰规避设计，设计基础为第 7.3.2 节中介绍的卫星地球站可视空域小区单元内卫星期望值的计算。具体步骤如下：

第一步，设置地球站可视空域范围及小区半径 r_{cell} ，其中小区半径 r_{cell} 需大于施扰星座系统地球终端天线主瓣半波束角。

第二步，计算受扰星座卫星出现期望值，获得可视空域内受扰星座卫星概率分布特征。

第三步，设置受扰星座卫星期望阈值 E_{th} ，确定干扰规避空域。

第四步，计算设置干扰规避空域之后，施扰星座的卫星期望值 E 。

第五步，判断施扰星座卫星期望值 E 是否小于 1，若 E 小于 1，则返回第三步，增大受扰星座卫星期望阈值 E_{th} ，即减小干扰规避空域范围。

第六步，若施扰星座卫星期望值 E 大于或等于 1，即设置干扰规避区域后，施扰星座卫星出现期望值不小于 1，则完成了基于卫星期望阈值的干扰规避设计。

下面以 OneWeb 极轨星座 L5 卫星网络作为施扰星座、典型 ISGO 星座（倾角为 70°）

作为被干扰星座为例，给出针对施扰星座地面终端的空域规避方案设计，降低两个 NGSO
星座系统之间有害干扰概率。表 7 - 11 给出了被干扰星座以及施扰星座的轨道参数。

表 7 - 11　被干扰星座以及施扰星座的轨道参数

轨道参数	被干扰星座	施扰星座
轨道倾角/(°)	70	87.9
轨道平面总数(个)	3	18
每个轨道卫星数(颗)	1	40
轨道高度/km	35 876	1 200

第一步，设置地球站可视空域范围为地球站仰角大于 10°，小区半径 $r_{cell} = 5°$（六边形
小区边长的两个端点分别与地球站连线之间的夹角为 5°）。空域被划分为 313 个小区，如
图 7 - 46 所示。

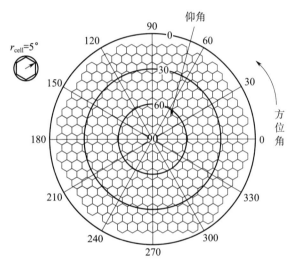

图 7 - 46　地球站仰角大于 10°，小区半径 $r_{cell} = 5°$时空域划分结果示意图

第二步，计算受扰星座卫星出现期望值，获得可视空域内受扰星座卫星概率的分布特
征，如图 7 - 47 所示。

第三步，设置受扰星座的卫星期望阈值 $E_{th} = 0.02$，则干扰规避空域为图 7 - 48 虚线
圆环之间的区域，即受扰星座卫星出现期望值大于所设阈值的区域，也是施扰星座地球站
天线指向需要规避的区域。

第四步，计算设置干扰规避区域之后，施扰星座卫星期望值为 E。施扰星座卫星期
望分布及规避区示意图如图 7 - 49 所示。

第五步，判断施扰星座卫星期望值 E 是否小于 1。如图 7 - 49 所示，在规避区域以外
的可视空域，施扰星座的卫星期望值 E 大于 1，说明考虑地球站天线指向规避指定区域之
后，视距范围内仍然有可以接入的卫星，即干扰规避区域的设计并未影响施扰星座的覆盖
性及可接入性。

第六步，设置干扰规避区域后，施扰星座卫星期望值 E 大于或等于 1，完成基于卫星
期望阈值的干扰规避设计。所提方法设计的干扰规避区域，即图 7 - 48 和图 7 - 49 中两个

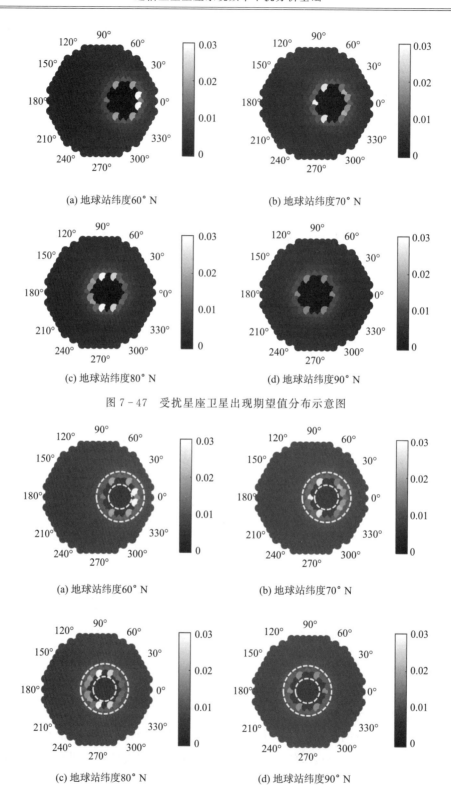

(a) 地球站纬度60° N

(b) 地球站纬度70° N

(c) 地球站纬度80° N

(d) 地球站纬度90° N

图 7 - 47　受扰星座卫星出现期望值分布示意图

(a) 地球站纬度60° N

(b) 地球站纬度70° N

(c) 地球站纬度80° N

(d) 地球站纬度90° N

图 7 - 48　当受扰星座的卫星期望阈值 $E_{th} = 0.02$ 时，规避空域示意图

虚线圆之间的区域。经仿真评估，使用所提方法设置干扰规避区后，可将星座之间同频干扰概率降低约三个数量级。

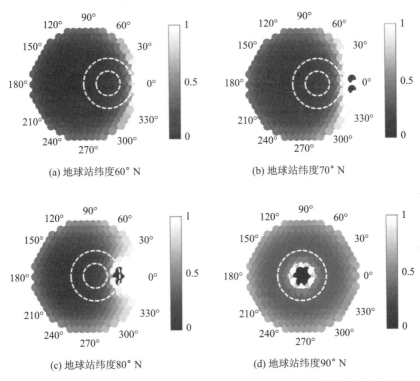

(a) 地球站纬度60° N　　　　　　　(b) 地球站纬度70° N

(c) 地球站纬度80° N　　　　　　　(d) 地球站纬度90° N

图 7-49　当卫星期望阈值 $E_{th} = 0.02$ 时，施扰星座卫星期望分布及规避区示意图

（2）基于地球站俯仰方位角度联合划分的频率干扰规避方法（图 7-50）

基于地球站俯仰方位角度联合划分的频率干扰规避方法，主要针对服务区存在重叠的异构卫星星座系统之间同频干扰的问题，通过地球站俯仰方位角度联合划分的方法，解决四个方面难题：一是对于通信链路使用频率相同的两个卫星星座系统来说，若服务于同一地区，将存在较大概率的同频干扰，使用所提方法，可有效降低干扰概率；二是所提方法仅从地球站的角度实施干扰规避策略，避免增加卫星星座体制协议的复杂性，工程上更易实现；三是所提方法只需对地球站可视空间从俯仰角度和方位角度进行联合划分，避免在时域直接评估星地时变链路之间的干扰程度，有效降低了干扰规避算法的复杂度；四是在对空域进行划分后，通过计算卫星在特定空域出现的期望值，可验证星座系统通信能力，在设置规避策略后仍然维持在一定水平，能够确保干扰规避策略的实施不影响两个星座系统各自连续通信的需求。

基于地球站俯仰方位角度联合划分的频率干扰规避方法的设计基础为第 7.3.2 节中介绍的卫星在轨道壳的概率密度函数的计算。具体步骤如下：

第一步，设置地球站可视空域范围及小区半径 r_{cell}，其中小区半径 r_{cell} 需大于施扰星座系统地球终端天线主瓣半波束角。

第二步，设置隔离空域，其中俯仰角初始划分范围 E_{le}、方位角初始划分范围 A_{zi}。

第三步，设置隔离空域划分后卫星最小期望值 E_{min} 。

第四步，计算设置隔离空域后卫星期望值 E 。

第五步，判断星座设置隔离空域后卫星期望值 E 与最小期望值 E_{min} 的关系。若 E 小于卫星最小期望值 E_{min} ，则继续判断俯仰划分范围是否可调，若是，则调整俯仰角划分范围（$E_{le} = E_{le} + \Delta E_{le}$），若否，则调整方位角划分范围（$A_{zi} = A_{zi} + \Delta A_{zi}$），并将调整后参数输入第二步参数设置。

第六步，若星座设置隔离空域后卫星期望值 E 大于或等于最小期望值 E_{min} ，则完成了基于地球站俯仰方位角度联合划分的干扰规避设计。

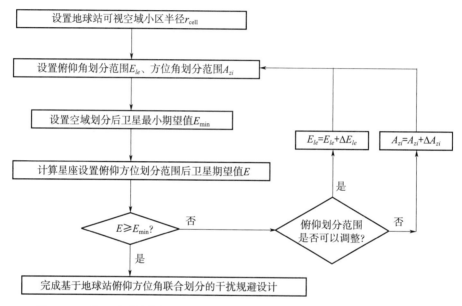

图 7 - 50　基于地球站俯仰方位角度联合划分的频率干扰规避方法设计流程图

下面以星座 A（Delta 型星座）与星座 B（Star 型星座）之间的同频干扰为例给出基于地球站俯仰方位角度联合划分的空域干扰规避方法。表 7 - 12 给出了两个 NGSO 星座的轨道参数。

表 7 - 12　NGSO 通信星座轨道参数

轨道参数	星座 A	星座 B
轨道倾角/(°)	53	97.6
轨道平面总数(个)	72	6
每个轨道卫星数(颗)	22	58
轨道高度/km	550	560
地球站通信最小仰角/(°)	10	10

星座 A 为倾斜轨道星座，主要服务纬度小于 60°的区域，星座 B 为近极轨道星座，主要服务区为极区，次要服务区为中低纬度区域。两个星座在纬度小于 60°的区域重叠覆盖，存

在同频干扰风险。以下采用地球站俯仰方位角度联合划分的干扰规避方法设计规避方案。

第一步，将最小可视空域小区半径 r_{cell} 设置为 $5°$。

第二步，设置俯仰角划分初始范围 $E_{le}=50°$、方位角划分初始范围 $A_{zi}=60°$，隔离空域初始划分结果如图 7-51 所示，星座 A 地球站可接入白色空域，星座 B 地球站可接入灰色空域，通过空域划分隔离地球站天线波束指向，降低同频干扰概率。

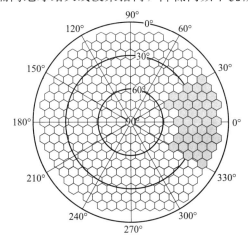

图 7-51 当俯仰角划分范围 $E_{le}=50°$、方位角划分范围 $A_{zi}=60°$划分空域

第三步，设置划分隔离空域后卫星最小期望值 $E_{min}=1$，即两个卫星星座系统在各自划分的空域内卫星期望值为 1。

第四步，计算星座设置隔离空域后卫星期望值 E。图 7-52 和图 7-53 分别给出了星座 A 和星座 B 的卫星出现期望值分布示意图，卫星期望值 E 即两系统期望值分布在各自划分空域内的积分值。

第五步，判断星座设置隔离空域后卫星期望值 E 与最小期望值 E_{min} 的关系。若 E 小于卫星最小期望值 E_{min}，则继续判断俯仰划分范围是否可调，假设俯仰角不可调，则增大方位角划分范围（$A_{zi}=A_{zi}+\Delta A_{zi}$），其中，$\Delta A_{zi}=60°$，则更新后空域划分参数为 $E_{le}=50°$、$A_{zi}=120°$，如图 7-54 所示。

重复第二步至第五步，判断星座设置隔离空域后卫星期望值 E 是否小于卫星最小期望值 E_{min}，若是，则继续判断俯仰划分范围是否可调，假设俯仰角不可调，则增大方位角划分范围（$A_{zi}=A_{zi}+\Delta A_{zi}$），其中，$\Delta A_{zi}=60°$，则更新后空域划分参数为 $E_{le}=50°$、$A_{zi}=180°$，如图 7-55 所示。

进一步增加方位角划分范围至 $240°$、$300°$ 及 $360°$，隔离空域划分范围如图 7-56～图 7-58 所示。

此外，考虑到星座 B 系统可以在任意纬度设置地球站，其空域视场边缘的卫星期望值分布均大于空域中心，若在通信链路建立过程中对俯仰角范围相对宽松，则可适度调整俯仰角划分范围（$E_{le}=E_{le}+\Delta E_{le}$），其中，$\Delta E_{le}=-20°$，则更新后空域划分参数为 $E_{le}=30°$、$A_{zi}=360°$，如图 7-59 所示。

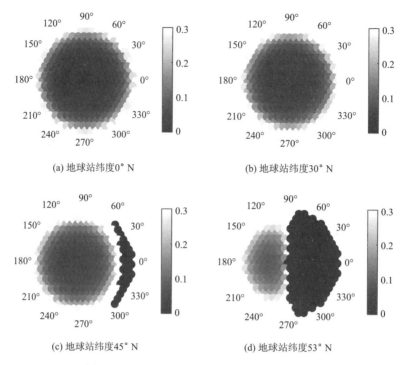

(a) 地球站纬度0° N

(b) 地球站纬度30° N

(c) 地球站纬度45° N

(d) 地球站纬度53° N

图 7-52　星座 A 卫星出现期望值分布示意图

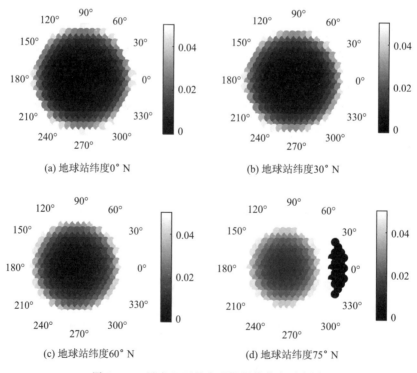

(a) 地球站纬度0° N

(b) 地球站纬度30° N

(c) 地球站纬度60° N

(d) 地球站纬度75° N

图 7-53　星座 B 卫星出现期望值分布示意图

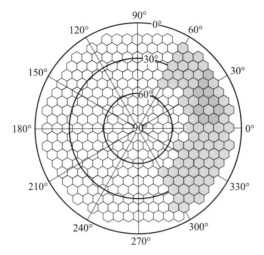

图 7 - 54　当俯仰角划分范围 E_{le} =50°、方位角划分范围 A_{zi} =120°划分空域

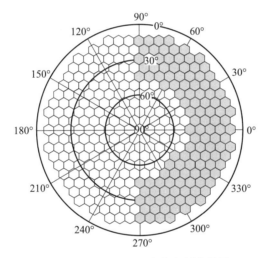

图 7 - 55　当俯仰角划分范围 E_{le} =50°、方位角划分范围 A_{zi} =180°划分空域

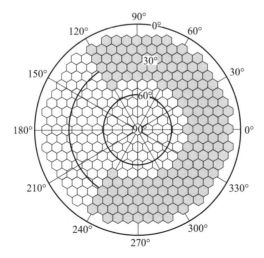

图 7 - 56　当俯仰角划分范围 E_{le} =50°、方位角划分范围 A_{zi} =240°划分空域

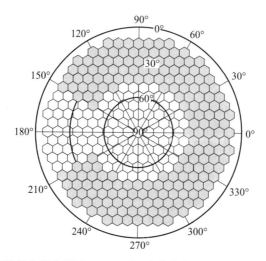

图 7-57　当俯仰角划分范围 $E_{le}=50°$、方位角划分范围 $A_{zi}=300°$划分空域

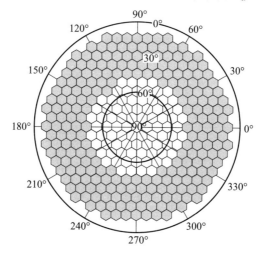

图 7-58　当俯仰角划分范围 $E_{le}=50°$、方位角划分范围 $A_{zi}=360°$划分空域

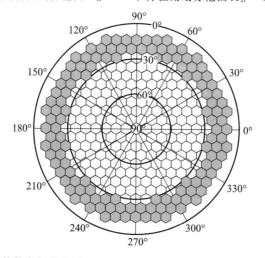

图 7-59　当俯仰角划分范围 $E_{le}=30°$、方位角划分范围 $A_{zi}=360°$划分空域

若将最小可视空域的小区半径 r_{cell} 设置为 $2.5°$，当空域划分参数为 $E_{le} = 30°$、$A_{zi} = 360°$时，空域划分结果如图 7 - 60 所示。

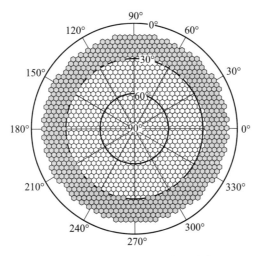

图 7 - 60　当俯仰角划分范围 $E_{le} = 30°$、方位角划分范围 $A_{zi} = 360°$划分空域

在上述分析过程中，将星座 A 与星座 B 空域划分后卫星最小期望值 E_{min} 均设置为 1，即确保两系统在空域划分后均要确保卫星在划分区域里出现期望值大于或等于 1。而在实际情况中，因为星座 B 为近极轨道星座，其主要服务区为极区，中低纬度区域为次要服务区，无须确保不间断连续通信服务，可适当降低划分区域内卫星最小期望值 E_{min} 至 0.8。则在图 7 - 60 所示的基础上，可进一步减小方位角划分范围（$A_{zi} = A_{zi} + \Delta A_{zi}$），其中，$\Delta A_{zi} = -120°$，则更新后空域划分参数为 $E_{le} = 30°$、$A_{zi} = 240°$，如图 7 - 61 所示，即星座 B 在图 7 - 61 所示灰色区域（以正北方向为基准，向东向西各 $120°$，俯仰角 $10° \sim 30°$）范围内寻找星座 B 系统内卫星接入，星座 A 在其余白色区域寻星接入，以地球站天线指向空间隔离的方法确保同频干扰概率显著降低。

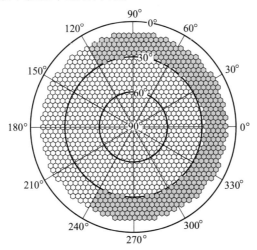

图 7 - 61　当俯仰角划分范围 $E_{le} = 30°$、方位角划分范围 $A_{zi} = 240°$划分空域

第 8 章　总结与展望

我国在轨稳定运行的卫星数量已超过 600 颗，通信星座及其他类型卫星系统正在筹划建设之中。欧美巨型低轨星座系统的大规模快速部署，一方面对我国在轨卫星系统的安全用频带来了巨大的挑战，另一方面，对我国申报时间相对较晚、国际协调地位落后的卫星系统建设与部署形成了较大约束。

根据国际电联相关规定，低轨星座系统的选频用频，既要无条件保护工作在地球静止轨道的卫星系统不受干扰，又需要与申报协调地位优先的其他低轨星座实现兼容共用，也就是说，起步较早且优先掌握了频率轨道资源的卫星运营商在频率使用和协调中占据了有利的地位，后来者需要努力寻找与已部署系统兼容共用的有效途径。

本书重点围绕大规模低轨星座系统带来的频率干扰这一核心问题，系统地分析了大规模低轨卫星星座对地球静止轨道卫星系统的频率兼容策略，研究了国际标准制定历程及功率限值体系合理性；针对目前低轨星座系统之间干扰判定未有共识方法、兼容共用策略有效性等现状，开展深入研究，在传统单链路级干扰保护标准的基础上，建立了基于系统容量恶化率的干扰评估指标体系，从而全面反映低轨星座系统受到同频干扰的整体影响；分别基于轨道外推的时域分析法和卫星位置概率分析法开展了低轨星座系统之间干扰建模与仿真分析，提出了一种基于地球站视场空域预规划的低轨卫星星座之间干扰规避策略，可以大幅降低传统由卫星主动实施干扰规避带来的卫星系统设计复杂度。

在阿联酋迪拜举办的 2023 年世界无线电通信大会（WRC-23）可谓是风云际会，来自 193 个成员国的 4000 余名代表围绕地面移动通信新增划分、北斗短报文服务全球应用、卫星互联网未来可持续发展、航空和航海现代化频率使用、气候变化与气象探测频率使用等内容进行了激烈的讨论，在高效、平等利用无线电频谱资源的国际政策法规方面取得了丰硕成果。针对低轨通信星座，国际电联对星座系统的建设速度以及在轨运营规模的维持能力提出了明确要求，同时颁布了轨道容差限值和集总干扰协调机制等规定，并将在未来四年推进星座系统相关规则的持续演进。

面对国际竞速、"先登先占"的空间频率轨道资源，以及用户对天地一体化、多领域融合发展应用的迫切需求，空间频率轨道资源已经从传统的单一领域内部兼容共存转变为星地多领域系统同频共用。表 8-1 给出了 2027 年世界无线电通信大会（WRC-27）已经明确的 19 项主要议题情况，其中 14 项议题都与卫星通信频谱使用相关。空间业务，尤其是与卫星通信系统相关的无线电频谱技术及规则研究，将成为国际电联 2023—2027 年研究周期最为重要的主题。

表 8 - 1　WRC - 27 主要研究议题情况

议题编号	研究内容	分类
1.1	Q/V 频段 GSO 和 NGSO 动中通	卫星通信
1.2	Ku 频段 FSS 使用小天线	卫星通信
1.3	51.4～52.4 GHz 用于 NGSO 关口站	卫星通信
1.4	在 17 GHz 为 FSS 和 BSS 新增划分	卫星通信
1.5	限制 NGSO 星座终端在未授权区域工作	卫星通信
1.6	FSS 系统公平使用 Q/V 频段	卫星通信
1.7	IMT 新增频谱研究	地面业务
1.8	在 THz 频段为无线电定位业务新增划分	地面业务
1.9	航空移动现代化	地面业务
1.10	通信卫星使用 E 频段的规则框架	卫星通信
1.11	L 频段星地频谱用于星间	卫星通信
1.12	卫星物联网新增频谱研究	卫星通信
1.13	手机直连频谱研究	卫星通信
1.14	MSS 新增频谱研究	卫星通信
1.15	涉月球通信新增频谱研究	卫星通信（以月球为中心）
1.16	NGSO 星座对射电天文的保护	卫星通信
1.17	空间天气传感器(被动)新增频谱研究	卫星遥感
1.18	76 GHz 以上无源业务的保护	卫星通信
1.19	EESS(无源)新增频谱研究	卫星遥感

围绕卫星通信系统频谱使用规则，WRC - 27 除了继续规范低轨星座对于近地空间频率轨道资源使用的规范性与公平性，聚焦对于非授权区域的终端管控、射电天文宁静区保护，同时关注产业新热点应用，设立卫星移动地球站、手机直连卫星、卫星物联网、月面通信等议题。除此之外，随着高频段空间电子设备技术日趋成熟，应用需求及产业规模不断扩大，涉及 Q/V 频段乃至 E 频段的技术规则研究占比大幅增加。

随着低轨通信星座系统的大规模部署，近地空间频率轨道资源的供需矛盾日益突出，空间无线电业务之间、地面与空间无线电业务之间的用频矛盾日益增多，空间频率轨道资源的高效率利用将不断面临星地间多领域系统频率兼容挑战。在 2027 年世界无线电通信大会研究周期伊始，建议尽快统筹谋划好国际电联议题研究，在国际大规模星座系统同频共存协调机制完善前，尽快在频率兼容分析方法标准化、规避策略设计、资源预划分等领域技术见底，确保在国际电联组织的相关标准制定中，从技术层面高效提出合理化建议。此外，我国卫星领域相关政策法规还在制定完善过程中，应做好频率技术与管理能力提升长远谋划，使频率专业水平与我国卫星领域政策法规建设需求相匹配，以技术支撑管理，用管理牵引技术，实现频率技术与管理的良性互动，在推进空间事业发展的新征程上，为加快建设航天强国做出更大贡献。

附 录

附录 A 国际电联发布的 EPFD 限值规定

表 A-1 NGSO 系统在卫星固定业务某些频段内的 EPFD↓限值

频段/GHz	EPFD↓/[dB(W/m²)]	不超出 EPFD↓的时间百分比	参考带宽/kHz	参考天线直径和参考辐射模式
10.7~11.7(所有区)、11.7~12.2 (2区)、12.2~12.5 (3区)和12.5~12.75 (1区和3区)	−175.4	0	40	60 cm ITU-R S.1428-1 建议书
	−174	90		
	−170.8	99		
	−165.3	99.73		
	−160.4	99.991		
	−160	99.997		
	−160	100		
	−181.9	0	40	1.2 m ITU-R S.1428-1 建议书
	−178.4	99.5		
	−173.4	99.74		
	−173	99.857		
	−164	99.954		
	−161.6	99.984		
	−161.4	99.991		
	−160.8	99.997		
	−160.5	99.997		
	−160	99.9993		
	−160	100		
	−190.45	0	40	3 m ITU-R S.1428-1 建议书
	−189.45	90		
	−187.45	99.5		
	−182.4	99.7		
	−182	99.855		
	−168	99.971		
	−164	99.988		
	−162	99.995		
	−160	99.999		
	−160	100		
	−195.45	0	40	10 m ITU-R S.1428-1 建议书
	−195.45	99		
	−190	99.65		
	−190	99.71		
	−172.5	99.99		
	−160	99.998		
	−160	100		

续表

频段/GHz	EPFD↓/[dB(W/m²)]	不超出 EPFD↓的时间百分比	参考带宽/kHz	参考天线直径和参考辐射模式
17.8~18.6	−175.4	0	40	1 m ITU－R S.1428－1 建议书
	−175.4	90		
	−172.5	99		
	−167	99.714		
	−164	99.971		
	−164	100		
	−161.4	0	1 000	
	−161.4	90		
	−158.5	99		
	−153	99.714		
	−150	99.971		
	−150	100		
	−178.4	0	40	2 m ITU－R S.1428－1 建议书
	−178.4	99.4		
	−171.4	99.9		
	−170.5	99.913		
	−166	99.971		
	−164	99.977		
	−164	100		
	−164.4	0	1 000	
	−164.4	99.4		
	−157.4	99.9		
	−156.5	99.913		
	−152	99.971		
	−150	99.977		
	−150	100		
	−185.4	0	40	5 m ITU－R S.1428－1 建议书
	−185.4	99.8		
	−180	99.8		
	−180	99.943		
	−172	99.943		
	−164	99.998		
	−164	100		
	−171.4	0	1 000	
	−171.4	99.8		
	−166	99.8		
	−166	99.943		
	−158	99.943		
	−150	99.998		
	−150	100		

续表

频段/GHz	EPFD↓/[dB(W/m²)]	不超出 EPFD↓ 的时间百分比	参考带宽/kHz	参考天线直径和 参考辐射模式
19.7～20.2	−187.4	0	40	70 cm ITU−R S.1428−1 建议书
	−182	71.429		
	−172	97.143		
	−154	99.983		
	−154	100		
	−173.4	0	1 000	
	−168	71.429		
	−158	97.143		
	−140	99.983		
	−140	100		
	−190.4	0	40	90 cm ITU−R S.1428−1 建议书
	−181.4	91		
	−170.4	99.8		
	−168.6	99.8		
	−165	99.943		
	−160	99.943		
	−154	99.997		
	−154	100		
	−176.4	0	1 000	
	−167.4	91		
	−156.4	99.8		
	−154.6	99.8		
	−151	99.943		
	−146	99.943		
	−140	99.997		
	−140	100		
	−196.4	0	40	2.5 m ITU−R S.1428−1 建议书
	−162	99.98		
	−154	99.999 43		
	−154	100		
	−182.4	0	1 000	
	−148	99.98		
	−140	99.999 43		
	−140	100		
	−200.4	0	40	5 m ITU−R S.1428−1 建议书
	−189.4	90		
	−187.8	94		
	−184	97.143		
	−175	99.886		
	−164.2	99.99		
	−154.6	99.999		
	−154	99.999 2		
	−154	100		

续表

频段/GHz	EPFD↓/[dB(W/m²)]	不超出 EPFD↓ 的时间百分比	参考带宽/kHz	参考天线直径和 参考辐射模式
19.7～20.2	−186.4 −175.4 −173.8 −170 −161 −150.2 −140.6 −140 −140	0 90 94 97.143 99.886 99.99 99.999 99.999 2 100	1 000	5 m ITU－R S.1428－1 建议书
3.7～4.2	−195.4	100	4	1.8*
	−197.9	100	4	2.4
	−201.6	100	4	3.7
	−203.3	100	4	4.5
	−204.5	100	4	5.5
	−207.5	100	4	8
	−208.5	100	4	10
	−212.0	100	4	15

注: * 见附录 B。

表 A‑2　某些频段内卫星固定业务 NGSO 系统发射至 30 cm、45 cm、60 cm、

90 cm、120 cm、180 cm、240 cm 和 300 cm 的卫星广播业务天线的 EPFD↓限值

频段/GHz	EPFD↓/[dB(W/m²)]	不超出 EPFD↓的 时间百分比	参考带宽/kHz	参考天线直径和 参考辐射模式
11.7～12.5 频段(1 区)、 11.7～12.2 和 12.5～12.75 频段(3 区)、 12.2～12.7 频段(2 区)	−165.841 −165.541 −164.041 −158.6 −158.6 −158.33 −158.33	0 25 96 98.857 99.429 99.429 100	40	30 cm ITUR BO.1443－3 建议书 附件 1
	−175.441 −172.441 −169.441 −164 −160.75 −160 −160	0 66 97.75 99.357 99.809 99.986 100	40	45 cm ITUR BO.1443－3 建议书 附件 1
	−176.441 −173.191 −167.75 −162 −161 −160.2 −160 −160	0 97.8 99.371 99.886 99.943 99.971 99.997 100	40	60 cm ITUR BO.1443－3 建议书 附件 1

续表

频段/GHz	EPFD↓/[dB(W/m²)]	不超出 EPFD↓的时间百分比	参考带宽/kHz	参考天线直径和参考辐射模式
11.7～12.5 频段(1 区)、11.7～12.2 和 12.5～12.75 频段(3 区)、12.2～12.7 频段(2 区)	−178.94	0	40	90 cm ITUR BO.1443-3 建议书 附件 1
	−178.44	33		
	−176.44	98		
	−171	99.429		
	−165.5	99.714		
	−163	99.857		
	−161	99.943		
	−160	99.991		
	−160	100		
	−182.44	0	40	120 cm ITUR BO.1443-3 建议书 附件 1
	−180.69	90		
	−179.19	98.9		
	−178.44	98.9		
	−174.94	99.5		
	−173.75	99.68		
	−173	99.68		
	−169.5	99.85		
	−167.8	99.915		
	−164	99.94		
	−161.9	99.97		
	−161	99.99		
	−160.4	99.998		
	−160	100		
	−184.941	0	40	180 cm ITUR BO.1443-3 建议书 附件 1
	−184.101	33		
	−181.691	98.5		
	−176.25	99.571		
	−163.25	99.946		
	−161.5	99.974		
	−160.35	99.993		
	−160	99.999		
	−160	100		
	−187.441	0	40	240 cm ITUR BO.1443-3 建议书 附件 1
	−186.341	33		
	−183.441	99.25		
	−178	99.786		
	−164.4	99.957		
	−161.9	99.983		
	−160.5	99.994		
	−160	99.999		
	−160	100		

续表

频段/GHz	EPFD↓/[dB(W/m²)]	不超出 EPFD↓的时间百分比	参考带宽/kHz	参考天线直径和参考辐射模式
11.7~12.5 频段（1区）、11.7~12.2 和 12.5~12.75 频段（3区）、12.2~12.7 频段（2区）	−191.941	0	40	300 cm ITUR BO.1443-3 建议书 附件1
	−189.441	33		
	−185.941	99.5		
	−180.5	99.857		
	−173	99.914		
	−167	99.951		
	−162	99.983		
	−160	99.991		
	−160	100		

表 A-3　NGSO 系统在卫星固定业务某些频段内的 EPFD↓限值（GSO 小倾角）

频段/GHz	EPFD↓/[dB(W/m²)]	不超过 EPFD↓的时间百分比	参考带宽/kHz	GSO 接收地球站天线直径/m	GSO 卫星轨道倾角/(°)
2005 年 12 月 31 日之后：10.7~11.7 频段（所有区）、11.7~12.2 频段（2区）、12.2~12.5 频段（3区）、12.5~12.75 频段（1区和3区）	−163			3	
	−166	100	40	6	≤2.5
	−167.5			9	
	−169.5			≥18	
	−160			3	
	−163	100	40	6	>2.5且≤4.5
	−164.5			9	
	−166.5			≥18	
2005 年 12 月 31 日之前：10.7~11.7 频段（所有区）、11.7~12.2 频段（2区）、12.2~12.5 频段（3区）、12.5~12.75 频段（1区和3区）	−161.25			3	
	−164	100	40	6	≤2.5
	−165.5			9	
	−167.5			≥18	
	−158.25			3	
	−161			6	>2.5且≤4.5
	−162.5	100	40	9	
	−164.5			≥18	

频段/GHz	EPDF↓[dB(W/m²)]	不超过 EPFD↓的时间百分比	参考带宽/kHz	GSO 接收地球站天线增益/dBi	GSO 卫星轨道倾角/(°)
19.7~20.2	−157	100	40	≥49	≤2.5
	−157	100	40	≥43	≤2.5
	−155	100	40	≥49	>2.5和≤4.5
19.7~20.2	−143	100	1 000	≥49	≤2.5
	−143	100	1 000	≥43	≤2.5
	−141	100	1 000	≥49	>2.5和≤4.5
17.8~18.6	−164	100	40	≥49	≤2.5
	−162	100	40	≥49	>2.5和≤4.5
17.8~18.6	−150	100	1 000	≥49	≤2.5
	−148	100	1 000	≥49	>2.5和≤4.5

表 A‑4　卫星固定业务 NGSO 系统对 3 m 和 10 m GSO 地球站的补充 EPFD↓限值

EPFD↓/ {dB[W/(m² · 40 kHz)]}	不超过 EPFD↓的 时间百分比	GSO 接收地球站天线 直径/m
−182	99.9	
−179	99.94	
−176	99.97	
−171	99.98	
−168	99.984	3
−165	99.993	
−163	99.999	
−161.25	99.999 75	
−161.25	100	
−185	99.97	
−183	99.98	
−179	99.99	
−175	99.996	
−171	99.998	10
−168	99.999	
−166	99.999 8	
−166	100	

表 A‑5　NGSO 系统在卫星固定业务某些频段内的 EPFD↑限值

频段	EPFD↑ [dB(W/m²)]	不超出 EPFD↑ 的时间百分比	参考带宽/kHz	参考天线波束宽和 参考辐射模式
5 925～6 725 MHz	−183.0	100	4	1.5° ITU‑R S.672‑4 建议书, $L_s = -20$
12.5～12.75 GHz 12.75～13.25 GHz 13.75～14.5 GHz	−160	100	40	4° ITU‑R S.672‑4 建议书, $L_s = -20$
17.3～18.1 GHz （1 区和 3 区） 17.8～18.1 GHz （2 区）	−160	100	40	4° ITU‑R S.672‑4 建议书, $L_s = -20$
27.5～28.6 GHz	−162	100	40	1.55° ITU‑R S.672‑4 建议书, $L_s = -10$
29.5～30 GHz	−162	100	40	1.55° ITU‑R S.672‑4 建议书, $L_s = -10$

表 A - 6　NGSO 系统在卫星固定业务某些频段内的 EPFDis 限值

频段/GHz	EPFD is/ [dB(W/m²)]	不超过 EPFDis 电平的 时间百分比	参考带 宽/kHz	参考天线带宽和 参考辐射模式
10.7~11.7 (1 区) 12.5~12.75 (1 区) 12.7~12.75 (2 区)	-160	100	40	4° ITU - R S. 672 - 4 建议书， $L_s = -20$
17.8~18.4	-160	100	40	4° ITU - R S. 672 - 4 建议书， $L_s = -20$

附录 B　GSO 系统地球站天线辐射特性参考

1) 当 $\left(\dfrac{D}{\lambda}\right) \geqslant 100$ 时：

$$G(\varphi) = \begin{cases} G_{\max} - 2.5 \times 10^{-3} \left(\dfrac{D}{\lambda}\varphi\right)^2, & 0 \leqslant \varphi < \varphi_m \\ G_1, & \varphi_m \leqslant \varphi < \varphi_r \\ 29 - 25\log\varphi, & \varphi_r \leqslant \varphi < 20° \\ -3.5, & 20° \leqslant \varphi < 26.3° \\ 32 - 25\log\varphi, & 26.3° \leqslant \varphi < 48° \\ -10, & 48° \leqslant \varphi \leqslant 180° \end{cases}$$

2) 当 $42 \leqslant \left(\dfrac{D}{\lambda}\right) < 100$ 时：

$$G(\varphi) = \begin{cases} G_{\max} - 2.5 \geqslant 10^{-3} \left(\dfrac{D}{\lambda}\varphi\right)^2, & 0 \leqslant \varphi < \varphi_m \\ G_1, & \varphi_m \leqslant \varphi < 100\left(\dfrac{\lambda}{D}\right) \\ 29 - 25\log\varphi, & 100\left(\dfrac{\lambda}{D}\right) \leqslant \varphi < 20° \\ -3.5, & 20° \leqslant \varphi < 26.3° \\ 32 - 25\log\varphi, & 26.3° \leqslant \varphi < 48° \\ -10, & 48° \leqslant \varphi \leqslant 180° \end{cases}$$

3) 当 $\left(\dfrac{D}{\lambda}\right) < 42$ 时：

$$G(\varphi) = \begin{cases} G_{\max} - 2.5 \geqslant 10^{-3}\left(\dfrac{D}{\lambda}\varphi\right)^2, & 0 \leqslant \varphi < \varphi_m \\[2mm] G_1, & \varphi_m \leqslant \varphi < 100\left(\dfrac{\lambda}{D}\right) \\[2mm] 32 - 25\log\varphi, & 100\left(\dfrac{\lambda}{D}\right) \leqslant \varphi < 48° \\[2mm] -10, & 48° \leqslant \varphi \leqslant 180° \end{cases}$$

式中，D 为天线直径；λ 为波长；φ 为天线离轴角度，单位为（°）；G_1 为第一旁瓣增益，$G_1 = 2 + 15\log\left(\dfrac{D}{\lambda}\right)$，单位为 dBi；$\varphi_m = \dfrac{20\lambda}{D}\sqrt{G_{\max} - G_1}$，单位为（°）；$\varphi_r = 15.85\left(\dfrac{D}{\lambda}\right)^{-0.6}$，单位为（°）；$G_{\max} = 7.7 + 20\log\left(\dfrac{D}{\lambda}\right)$，单位为 dBi。

参考文献

［1］ 周志成. 通信卫星工程［M］. 北京：中国宇航出版社，2014.

［2］ PETER FORTESCUE，GRAHAM SWINERD，JOHN STARK. 航天器系统工程［M］. 北京：科学出版社，2014.

［3］ 周志成，曲广吉. 通信卫星总体设计和动力学分析［M］. 北京：中国科学技术出版社，2013.

［4］ 杨嘉墀. 航天器轨道动力学与控制［M］. 北京：中国宇航出版社，2001.

［5］ PAHL JOHN. Interference Analysis：Modelling Radio Systems for Spectrum Management［M］. ［S. l.］：Wiley，2016.

［6］ FROEHLICH A. Legal Aspects Around Satellite Constellations［M］. ［S. l.］：Springer，2020.

［7］ IPPOLITO L J. Satellite Communications Systems Engineering：Atmospheric Effects，Satellite Link Design and System Performance［M］. ［S. l.］：Wiley，2008.

［8］ MARAL G，BOUSQUET M，EDITOR Z S C. Satellite Communications Systems［M］. ［S. l.］：Wiley，2009.

［9］ MINOLI D. Innovations in Satellite Communications and Satellite Technology（The Industry Implications of DVB－S2X，High Throughput Satellites，Ultra HD，M2M，and IP）［M］. ［S. l.］：Wiley，2015.

［10］ 钟顺时. 天线理论与技术［M］. 北京：电子工业出版社，2011.

［11］ BROWN A D. Electronically Scanned Arrays：MATLAB Modeling and Simulation［M］. ［S. l.］：CRC Press，2017.

［12］ 田开波，杨振，张楠. 空天地一体化网络技术展望［J］. 中兴通讯技术，2021，27（5）：1－6.

［13］ 薛文，胡敏，阮永井，等. 基于 TLE 的 Starlink 星座第一阶段部署情况分析［J］. 中国空间科学技术，2022，42（5）：24－33.

［14］ 杨文翰，花国良，冯岩，等. 星链计划卫星网络资料申报情况分析［J］. 天地一体化信息网络，2021，2（1）：60－68.

［15］ LIU H L，CHU Y，ZHANG Y，et al. Strategy of Multi－Beam Spot Allocation for GEO Data Relay Satellite Based on Modified K－Means Algorithm［J］. Mathematics，2021，9（15）：1718.

［16］ 段佳. 空间频率和轨道资源分配规则研究：基于低轨通信卫星星座建设的视角［J］. 国际太空，2020，10：40－45.

［17］ LIU H L，SUN Q，CHU Y，et al. Estimation of the co－frequency Interference with the Consideration of the Beam Behavior Characteristics of Novel Spaceborne Antenna［C］// 73rd International Astronautical Congress（IAC），Paris：International Astronautical Federation，2022.

［18］ 胡晓月，杨森，康凯，等. 基于认知无线电的 GEO 与 LEO 卫星频谱共存［J］. 中国空间科学技术，2021，41（3）：39－45.

［19］ 刘帅军，胡月梅，范春石，等. 低轨卫星星座动态波束关闭算法［J］. 通信学报，2020，41（4）：190－196.

[20] ZHANG C, JIANG C, JIN J, et al. Spectrum Sensing and Recognition in Satellite Systems [J]. IEEE Transactions on Vehicular Technology, 2019, 68 (3): 2502 - 2516.

[21] 刘慧梁, 孙茜, 楚尧, 等. 非静止轨道通信卫星座间同频干扰概率分析 [J]. 空间电子技术, 2022, 5 (1): 29 - 35.

[22] 贾敏, 孟士尧, 郭庆, 等. 低轨大规模卫星座系统建模与干扰分析 [J]. 太赫兹科学与电子信息学报, 2022, 20 (1): 34 - 39.

[23] 张晓燕, 刘畅, 李明明, 等. 非静止轨道卫星星座系统功率通量密度包络的计算方法 [J]. 电波科学学报, 2021, 36 (5): 747 - 754.

[24] 李伟, 魏文康, 刘畅, 等. 基于空间位置概率的 NGSO 通信星座干扰仿真分析研究 [J]. 电波科学学报, 2021, 36 (3): 483 - 490.

[25] 靳瑾, 李娅强, 张晨, 等. 全球动态场景下非静止轨道通信星座干扰发生概率和系统可用性 [J]. 清华大学学报 (自然科学版), 2018, 58 (9): 833 - 840.

[26] 彭菲, 刘慧梁, 孙茜, 等. 非静止轨道星座系统级干扰评估研究 [J/OL]. 中国空间科学技术: 1 - 10 [2023 - 04 - 27]. http://kns. cnki. net/kcms/detail/11. 1859. v. 20230116. 1857. 001. html.

[27] LIN Z, JIN J, YAN J, et al. A Method for Calculating the Probability Distribution of Interference Involving Mega - Constellations [J]. Advances in Astronautics Science and Technology, 2021, 4: 107 - 117.

[28] ITU. Coordination of the USASAT - NGSO - 3B - R satellite network in IFIC 2853 CRc4424 [DB/OL]. ITU, 2017 (2017 - 09 - 05) [2022 - 12 - 23]. https://www. itu. int/en/ITU - R/terrestrial/brific/Pages/default. aspx.

[29] ITU - R. Analytical Method for Determining the Statistics of Interference Between non - geostationary - satellite Orbit Fixed - satellite Service Systems and Other non - geostationary - satellite Orbit Fixed - satellite Service Systems or Geostationary - satellite Orbit Fixed - satellite Service Networks: Recommendation ITU - R S. 1529 [R]. Geveva: International Telecommunication Union, 2000.

[30] ITU - R. Analytical Method to Calculate Short - term Visibility and Interference Statistics for non - geostationary Satellite Orbit Satellites as Seen From a Point on the Earth's Surface: Recommendation ITU - R S. 1257 [R]. Geveva: International Telecommunication Union, 2002.

[31] ITU - R. Method for the Determination of Performance Objectives for Satellite Hypothetical Reference Digital Paths Using Adaptive Coding and Modulation: Recommendation ITU - R S. 2131 - 1 [R]. Geneva: ITU - R, 2022.

[32] ITU - R. Satellite Antenna Radiation Patterns for non - geostationary Orbit Satellite Antennas Operating in the Fixed - satellite Service Below 30 GHz: Recommendation ITU - R S. 1528 - 0 [R]. Geneva: ITU - R, 2001.

[33] ITU. Radio Regulations, AP8 APERR _ 001V01 [R]. Geneva: ITU - R, 2019.

[34] ITU - R, Radiation Diagrams for Use as Design Objectives for Antennas of Earth Stations Operating with Geostationary Satellites: Recommendation ITU - R S. 580 - 6 [R]. Geneva: ITU - R, 2004.

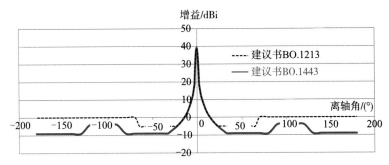

图 6-14　90 cm 口径天线 ITU-R BO.1213 和 BO.1443 天线增益公式比较示意图（P153）

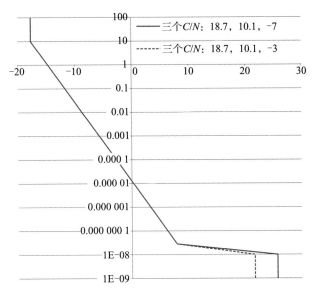

图 6-18　基准 C/N 与改变 $(C/N)_{\text{bit-sync}}$ 对比（P164）

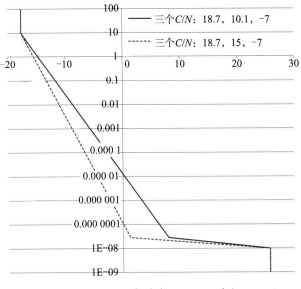

图 6-19　基准 C/N 与改变 $(C/N)_t$ 对比（P164）

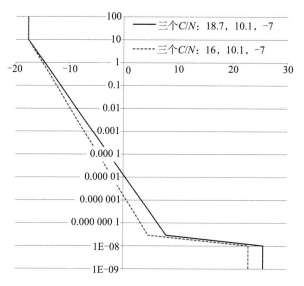

图 6 - 20　基准 C/N 与改变 $(C/N)_{cs}$ 对比（P165）

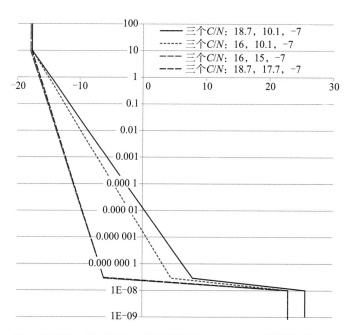

图 6 - 21　$(C/N)_{cs}$ 和 $(C/N)_t$ 之间差值变小，对 I/N 限值的影响（P165）

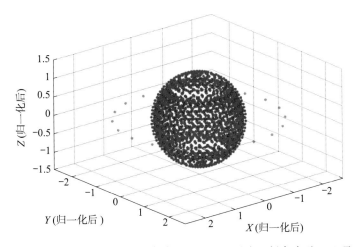

图 7-15　星座构型示意图（蓝色表示 OneWeb 星座，绿色表示 O3b 星座，
红色表示 SpaceX 星座）（P188）

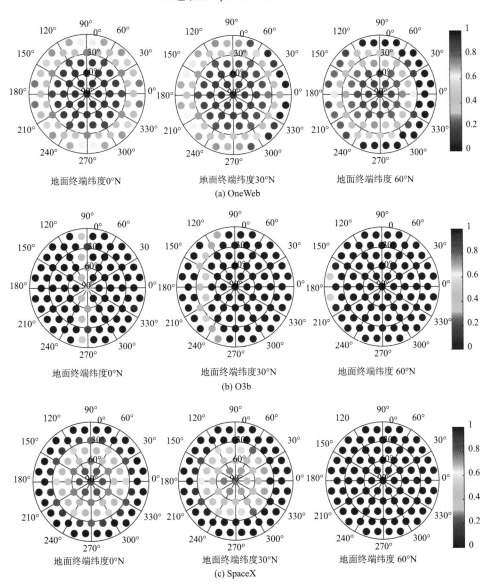

地面终端纬度0°N　　　　地面终端纬度30°N　　　　地面终端纬度60°N

(a) OneWeb

地面终端纬度0°N　　　　地面终端纬度30°N　　　　地面终端纬度60°N

(b) O3b

地面终端纬度0°N　　　　地面终端纬度30°N　　　　地面终端纬度60°N

(c) SpaceX

图 7-17　卫星星座在不同纬度地面终端可视空域分布关系图（P190）

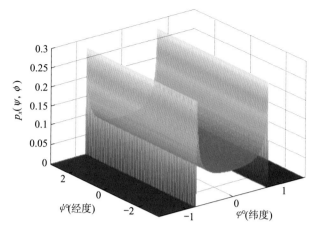

图 7 - 19　倾角为 45°时卫星概率密度函数 （P192）

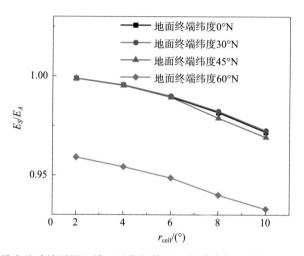

图 7 - 23　构型 A 星座地球站可视空域卫星期望值基于轨道外推法计算结果 E_S 与基于位置概率
解析法计算结果 E_A 的比值 （P196）

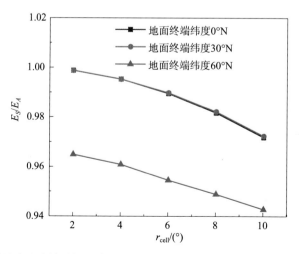

图 7 - 27　混合构型星座地球站可视空域卫星期望值基于轨道外推法计算结果 E_S 与基于位置概率
解析法计算结果 E_A 的比值 （P198）

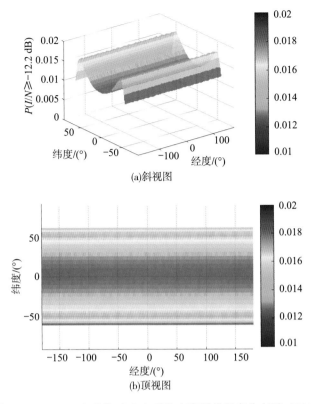

图 7 - 28　OneWeb 系统对 O3b 系统有害干扰概率分布图（P200）

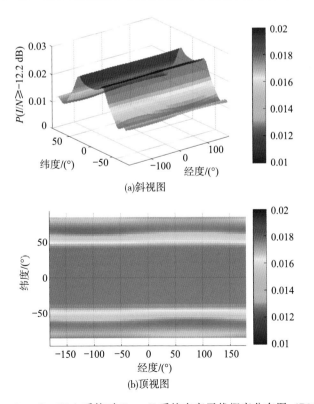

图 7 - 29　OneWeb 系统对 SpaceX 系统有害干扰概率分布图（P201）

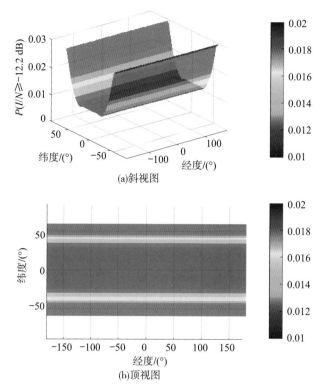

(a)斜视图

(b)顶视图

图 7 - 30　O3b 系统对 SpaceX 系统有害干扰概率分布图（P202）

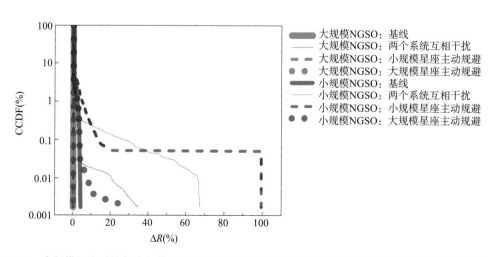

图 7 - 35　小规模星座系统与大规模星座系统地球站容量损失的仿真结果（地球站同址单链路）（P210）

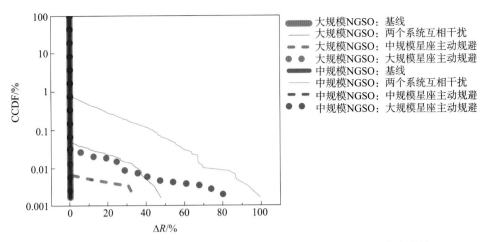

图 7-36 中规模星座系统与大规模星座系统地球站容量损失的仿真结果

（地球站同址单链路）（P211）

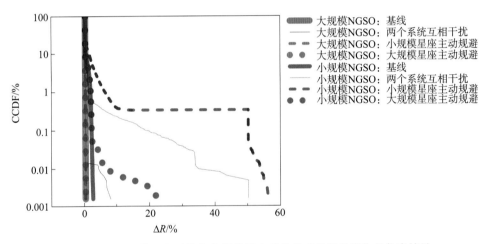

图 7-38 小规模星座系统与大规模星座系统地球站容量损失的仿真结果

（地球站同址，两条链路）（P212）

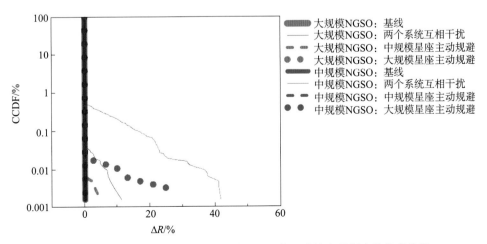

图 7-39 中规模星座系统与大规模星座系统地球站容量损失的仿真结果

（地球站同址，两条链路）（P213）

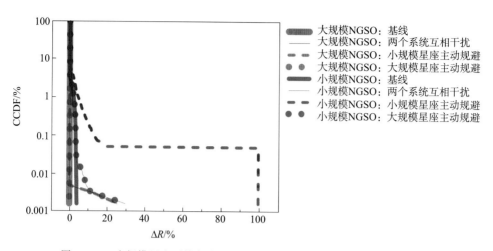

图 7-40 小规模星座系统与大规模星座系统地球站容量损失的仿真结果

（地球站间距 600 km，单链路）（P213）

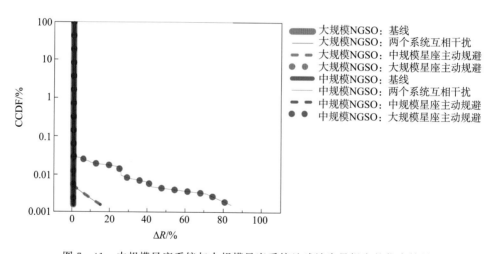

图 7-41 中规模星座系统与大规模星座系统地球站容量损失的仿真结果

（地球站间距 600 km，单链路）（P214）

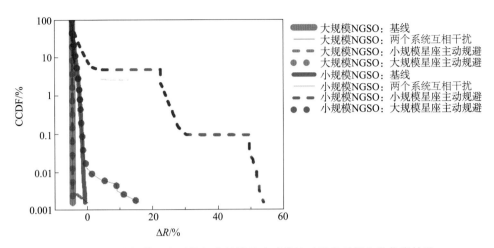

图 7 - 43 小规模星座系统与大规模星座系统地球站容量损失的仿真结果

（地球站间距 600 km，多链路）（P215）

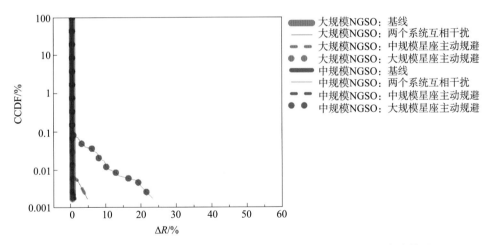

图 7 - 44 中规模星座系统与大规模星座系统地球站容量损失的仿真结果

（地球站间距 600 km，多链路）（P216）